スラスラわかる

Beginner's Best Guide to Programming

Java

中垣健志、林満也 著

Kenji Nakagaki, Mitsuya Hayashi

第**3**版

本書内容に関するお問い合わせについて

このたびは翔泳社の書籍をお買い上げいただき、誠にありがとうございます。弊社では、読者の皆様からのお問い合わせに適切に対応させていただくため、以下のガイドラインへのご協力をお願い致しております。下記項目をお読みいただき、手順に従ってお問い合わせください。

●ご質問される前に

弊社Webサイトの「正誤表」をご参照ください。これまでに判明した正誤や追加情報を掲載しています。

正誤表　https://www.shoeisha.co.jp/book/errata/

●ご質問方法

弊社Webサイトの「刊行物Q&A」をご利用ください。

刊行物Q&A　https://www.shoeisha.co.jp/book/qa/

インターネットをご利用でない場合は、FAXまたは郵便にて、下記 "翔泳社 愛読者サービスセンター" までお問い合わせください。
電話でのご質問は、お受けしておりません。

●回答について

回答は、ご質問いただいた手段によってご返事申し上げます。ご質問の内容によっては、回答に数日ないしはそれ以上の期間を要する場合があります。

●ご質問に際してのご注意

本書の対象を越えるもの、記述個所を特定されないもの、また読者固有の環境に起因するご質問等にはお答えできませんので、予めご了承ください。

●郵便物送付先およびFAX番号

送付先住所　〒160-0006　東京都新宿区舟町5
FAX番号　　03-5362-3818
宛先　　　　（株）翔泳社 愛読者サービスセンター

まえがき
〜第3版に寄せて〜

　Javaの最初のリリースは1996年のことでした。それから四半世紀がたった今、さまざまなプログラミング言語が登場し、あるものは人気の言語として定着し、またあるものは使われることが少なくなり利用者も減っていきました。そのような栄枯盛衰の世の中において、Javaはいまだに現役のプログラミング言語として使われ続け、また新しい言語にとってのライバルという位置付けを保持しています。その理由として、Javaが持つ次のような特性が挙げられるでしょう。

- 必要以上に文法を複雑にせず、理解しやすいものとすること
- さまざまなプラットフォームで動作させることのできる仕組みを提供すること
- 過去の資産を活かせるよう後方互換性を重視していること

　これらの理由により、さまざまな分野で安心して継続的に使用できるものとして、多くの開発者に受け入れられているのだと思います。

　本書の第2版が出てから、Javaのバージョンは10から18へと大きく上がっています。しかし、文法やツールなどについてはほとんど変更が入っておらず、第2版に書かれている内容については、今でもそのまま使えるものとなっています。そのため今回の改版では、わかりにくい表現となっている説明をわかりやすくしたり、実際に試すことのできるサンプルコードを増やしたりなど、読者の方がより理解しやすい内容となるような改善を行っています。また最新のJavaとOS（Windows 11）で動作確認を行うなど、書籍としての信頼性も確認しています。

　本書でJavaを学ぶことで、Webやアプリなどさまざまな分野で読者が活躍される一助となれば、幸いです。

2022年7月　著者

本書について

　本書は、Javaでのプログラミングがはじめてという方のために、Javaの基礎をやさしく解説した入門書です。全体が20の章に分かれており、各章でJavaの特定のテーマについて解説します。本書を読み終えるころには、Javaでプログラミングをするために必要な知識が身についていることでしょう。

　各章には以下のような要素があり、理解を助けます。

1. 章の内容をイラストで紹介

　各章の冒頭には、内容を4コママンガで紹介するコーナーがあります。どんなことを学ぶのか、事前に把握して心の準備をしてください。

2. 本編の解説

　プログラミング初心者でも理解できるよう、難しい言葉もわかりやすく説明しています。また、スラスラ読み進められるよう、簡潔さも意識しました。

3. たくさんの図解

　文章による説明の理解を助けるために、図解を使って補足しています。

4. Note と Memo

　説明に関連して、留意すべきことや覚えておいたほうがよいポイントをまとめています。

5. Column

　説明の流れから外れる、もしくは本書
のレベルよりも高度な話題ですが、今後
の学習のために知っておくとよい情報な
どをまとめています。

ソースコードの掲載方法について

　紙面の都合上、本書では、サンプルプログラムのソースコードを任意の位置
で折り返して掲載している場合があります。

　また、ソースコード中で「/* コメント */」のように「/*」と「*/」で囲
まれた箇所はコメント（→025ページ）です。コメント部分は、実際に入力し
なくてもプログラムの挙動には影響しません。

学習の進め方

　本書は、以下の内容を意識しながら読み進めると、より学習効果が高まります。

開発環境を入手しインストールする

　付録を参照して、無償で入手できる開発環境をダウンロードし、皆さんのパ
ソコンにインストールしてください。

プログラミングの手順を覚える

　付録を参照して、プログラミングツールの使い方と、プログラミングの手順
を覚えてください。

サンプルプログラムを自分の考えで改造する

　さて、ここが最も重要です。「プログラミングができる」とは、プログラミ
ング言語で自分の考えを表現できることを意味します。そのための練習として、
サンプルプログラムを自分の考えで改造してください。機能を変えるのでも、
追加するのでもかまいません。やってみたいと思ったことを、やってください。
小さな改造の経験を積み重ねることで、次第に自分でも一からプログラムを作

れるようになります。

節末のCheck Testをやってみる

本書の各節末には、Check Testがあります。各章の学習のまとめとして、問題を解いてください。解答は、巻末にあります。

ライブラリを使ったアプリケーション開発を学ぶ

本書の学習が終了したら、実際に実用的なプログラムを作るためのライブラリやSDK（ソフトウエア開発キット）の使い方も学習しましょう。本書とあわせて何かのライブラリやSDKを使ったアプリケーション開発に関する本を読むことで、効率よくJavaアプリケーションの開発に関する基礎を固めることができます。

自分の考えでオリジナルのプログラムを作成する

本書の学習が終了したら、自分の考えでツールやWebアプリ、Androidアプリなど、オリジナルのプログラムを書いてみましょう。それが本書のゴールです。

開発環境

本書では、開発環境としてIntelliJ IDEAを使います。入手方法とインストール方法は、下記「著者によるサポートサイト」を参照してください。

本書の付属データについて

本書に掲載されているサンプルプログラムのソースファイルは、本書の付属データとして以下のサイトからダウンロードできます。

付属データのダウンロード

https://www.shoeisha.co.jp/book/download/9784798175638/

サンプルプログラムは、ZIP形式で圧縮されています。解凍後、各フォルダー内にある「xxxxx.iml」といったIntelliJモジュール定義ファイルをIntelliJ

IDEAで開くことで、プロジェクトを編集、実行することができます。また、Readme.txtにフォルダー構成や注意点を記述していますので、そちらもあわせてご覧ください。

　付属データに関する権利は、著者および株式会社翔泳社が所有しています。許可なく配布したり、Webサイトに転載することはできません。また、付属データの提供は予告なく終了することがあります。あらかじめご了承ください。

著者によるサポートサイトについて

　本書では、著者によりサポートサイトが提供されています

　開発環境のインストールや、書籍中で解説されている内容の補足説明など、本書を読み進めるうえで役に立つ情報がまとめられています。ぜひ本書とあわせてご覧ください。

https://sites.google.com/view/surasurajava3rd/

サンプルプログラムの動作環境

　本書に掲載されているサンプルプログラムは、以下の環境で動作確認を行っています。

- OS：Microsoft Windows 10／11
- 統合開発環境：IntelliJ IDEA 2022

目 次
C O N T E N T S

第 **1** 章

Javaプログラミングの基礎

スマートフォンアプリやWEBサービス、家電製品といった普段何気なく利用しているものが動くのは「どのように動けばよいか」という指示が「プログラム」として組み込まれているためです。ここではJavaとは何か、プログラムとは何かについて学んでいきましょう。

1-1 プログラムとは

プログラムとはコンピューターに対していつどのように動くか指示を与えるものです。現実の世界でも誰かに指示を与えることであなたの代わりに仕事を行ってもらうことができます。

例えば「おつかい」もそうです。ある日の午後、あなたは晩御飯にカレーを作ろうと思いましたが、材料が足りません。掃除や洗濯に時間がかかりそうなので子どもにおつかいを頼むことにしました。しかし、単に「買い物に行ってきて」と頼んでも子どもはどこに行って何を買えばよいかわかりませんね。そこで、このようなメモを書いてお金とともに渡しました。

- カレーの材料を買ってきてください
- 行き先は、3丁目のスーパーです
- 買ってきてもらいたいものを書いておきます
  - 玉ねぎ1つ、ジャガイモ2つ、ニンジン1本
  - カレー用の牛肉200グラム
  - カレーのルウ（辛さは好きなのを選んでいいですよ）
- もしおつりが出たら、帰り道にあるコンビニで好きなお菓子を買ってもいいですよ
- 道路を渡るときは車に気をつけてね

子どもはこのメモを見れば、どこに行って何を買えばよいのかが、よくわかります。そして子どもはあなたが意図したとおりにおつかいをしてくれるはずです。このように対象（ここでは子ども）に対する一連の指示が「プログラム」です。このメモは子どもにおつかいの仕方について指示しているので、日本語で書かれたプログラムといってもよいでしょう。

しかし、このメモがわかってもらえたのは、このメモを受け取ったのが「日本語」を読める子どもだったからです。もし、日本語が読めない外国人の子どもに渡しても、その子はおつかいをすることができないでしょう。つまりプログラムは、相手がわかる言葉で書いてあげないといけないのです。

もちろんコンピューターも日本語は理解できません。コンピューターに指示を与えるためには、専用の言語が必要です。そのような言語を**プログラミング言語**と呼びます。そして、プログラムを書くことを**プログラミング**、プログラ

ムを書く（作る）人を**プログラマー**（あるいは**開発者**）と呼びます。これから
学ぶJavaもそのようなプログラミング言語の一つです。

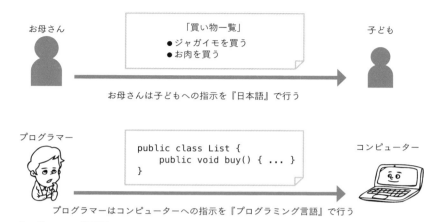

プログラミング言語

Check Test

Q1 子どもや友達に何かを頼むことを想像して、
そのとき頼みたいことを日本語で書いてみてください。

Q2 コンピューターに指示を与えるために使われる言語のことを
　A　言語と呼びます。

解答は巻末に掲載

1__2 Javaでのプログラム

　プログラミング言語は、大きくコンパイラー言語とスクリプト言語の2つに分類することができます。Javaはコンパイラー言語であるため、コンピューターに指示を出す際には以下の3つの手順が必要です。

❶ ソースコードの作成
❷ コンパイル
❸ 実行

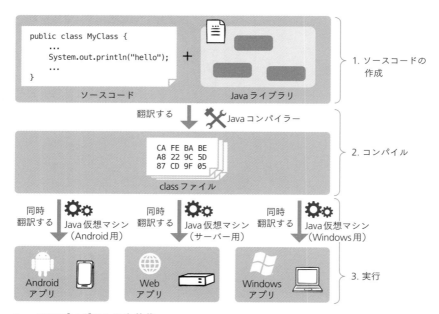

Javaでのプログラムの全体像

　これに対し、スクリプト言語はコンパイルの手順を踏みません。手順の1つが減ることになり、コンパイラー言語より手軽に実行することができます。しかし、コンパイラー言語とスクリプト言語にはそれぞれ一長一短があり、それ

ぞれが適材適所で利用されています。

ソースコードの作成

　ソースコードとはプログラミング言語が記載されたテキストデータのことです。
Javaではソースコードを「.java」という拡張子で保存することがルールとし
て決まっています。ソースコードを作成するときにはテキストエディターを利
用します。また、Javaでプログラムを作る際に一から十まで準備するのはとて
も大変です。そのためJavaでは、コンピューターに対してよく使われる指示（例：
ハードディスクの読み書き、インターネットでの通信、日付や文字の操作など）
があらかじめ出来合いのプログラムとして用意されています。これらのプログ
ラムは「Javaライブラリ」と呼ばれ、自由に利用することができます。Javaラ
イブラリについての詳細は第16章であらためて取り上げます。

```
public class MyClass {
    ...
    System.out.println("hello");
    ...
}
```

ソースコード　　　　　　　　　　Javaライブラリ

ソースコードとJavaライブラリ

コンパイル

　コンパイルとは、ソースコードをコンピューターが理解しやすい形式に翻訳
する作業です。ソースコードは人間が理解しやすいように英語に近い形で記述
されますが、コンピューターが理解できるのは数字の羅列のみです。Javaでは
拡張子が「.java」のファイルをコンパイルすることで「.class」という拡
張子のファイルへ変換します。このファイルはclassファイルと呼ばれ、コンピュー
ターが理解できる形式のデータが格納されています。
　このソースコードをclassファイルに変換するときにはJavaコンパイラー（あ

るいは単に**コンパイラー**）と呼ばれるツールを利用します。Javaコンパイラーは人間とコンピューターの間の通訳の役割を果たします。

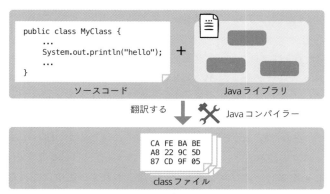

```
public class MyClass {
    ...
    System.out.println("hello");
    ...
}
```

ソースコード

Javaライブラリ

翻訳する　Javaコンパイラー

CA FE BA BE
A8 22 9C 5D
87 CD 9F 05

classファイル

Javaコンパイラーによるclassファイルの作成

　ソースコードに文法的な間違いがあった場合、コンパイルは途中で終了して、classファイルは作成されません。このような現象は**コンパイルエラー**と呼ばれます。コンパイルエラーが発生するとJavaコンパイラーはプログラムのどの位置に問題があるか知らせてくれます。正しくプログラムを直せば、コンパイルできるようになります。

実行

　実行とは、classファイルの内容に沿って実際にコンピューターに指示を出すことです。

　先の説明で、classファイルはコンピューターが理解しやすい内容に翻訳されたものだと説明しました。しかしコンピューターといっても、世の中にはWindowsやMac、iOS、Androidといったパソコンやスマートフォン、ゲーム機に家電製品など大小さまざまなコンピューターがあります。そのためC言語などのプログラミング言語では、異なるコンピューターごとにコンパイルを行い、それぞれ異なる実行用のファイルを作成する必要があります。

　しかし、Javaでは「**Java仮想マシン（JVM）**」という仕組みを利用することで、

一度のコンパイルで作成したclassファイル（実行用のファイル）をさまざまなコンピューター上で実行することができます。これはJava仮想マシンがclassファイルをそれぞれのコンピューターが理解できる形式に変換を行いながらプログラムを実行してくれるためです。この仕組みは「Write once, run anywhere（一度書けば、どこでも実行できる）」と呼ばれています。

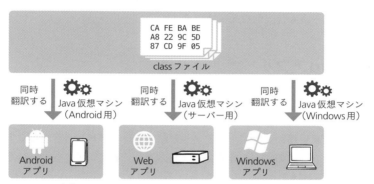

classファイルの実行

Check Test

Q1 Javaのソースコードを保存するファイルの拡張子は、何でしょうか？

Q2 コンパイルに関する説明です。空欄を埋めてください。

Javaでのコンパイルとは、　A　を　B　に変換する作業のことです。

Q3 classファイルを、さまざまなコンピューターで動作させるために用意されているJavaの仕組みは何ですか？

解答は巻末に掲載

---

1 _3_ Javaの利用シーン

　Javaは1996年にSun Microsystemsから発表され、さまざまな箇所で利用されながら進化を続けてきました。その中でもAndroidアプリとWebサービスは、Javaが使われる最も代表的なケースです。

Androidアプリ

　Javaが使われている例の一つは、Androidアプリ開発です。Androidというと携帯電話が思い浮かびますが、アプリを動かせるコンピューターとしての側面もあります。多くのAndroidアプリはJavaで作られており、Android端末の中にダウンロードされて動作します。

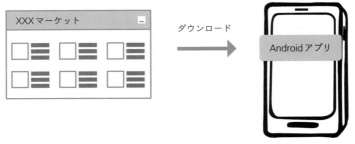

Androidアプリ

　さらにAndroidを開発しているGoogleは、AndroidアプリをJavaで開発するためのツールを無償で公開しています。そのため、Javaを使ったAndroidアプリ開発は、誰でも無料で始めることができます。

Webサービス

Webサービスとは、オンラインショップや予約サイトなどブラウザーで利用できるWebアプリケーションです。このWebサービスの中にもJavaで作成されているものがあります。Webサービスを公開している会社は、**サーバー**と呼ばれる高性能なコンピューターを利用しています。そして、Javaで作られたWebサービスをこのサーバーの中で動かしています。

利用者がブラウザーを使ってWebサービス（サーバー）にアクセスすると、商品の一覧を返したり予約を行ったりしてくれます。つまり、利用者のブラウザーにはWebサーバーで動いているJavaアプリケーションの実行結果が表示されます。

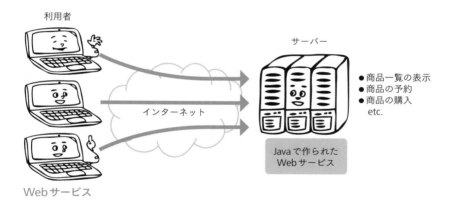

コンパイラー言語のメリット

Webサービスの中には、スクリプト言語であるRubyやPHPなど、Java以外の言語で作成されているものがあります。では、どのようなWebサービスでJavaが利用されているのでしょうか？

一例としては銀行のWebサービスが挙げられます。これは、Javaが汎用的で扱いやすい言語であるとともに、コンパイラー言語であることが要因ではないかと筆者は考えています。コンパイラー言語はコンパイルを行うことである程度のエラーをコンパイラーが機械的にチェックしてくれます。

この仕組みを上手く活用することでバグの数を減らすことができるため、Javaは銀行などのミスが許されないシステムの開発に適した言語であると言えるでしょう。実際に銀行の多くのシステムはJavaで開発されています。

Check Test

Q1 Javaで動くアプリケーションの例を2つ挙げてください。

Q2 コンパイラー言語のメリットを1つ挙げてください。

解答は巻末に掲載

1—4 Javaの開発環境と実行環境

Javaで開発を行うには、さまざまなツール（プログラム）を利用する必要があります。ここでは、より効率的な開発ができるように各ツール（プログラム）の役割について説明します。

JDK（Java Development Kit）

JDKは日本語でいうと「Java開発キット」です。その名のとおり、開発するためのキット（ツール一式）が含まれています。この開発キットの中には、先に紹介したJavaコンパイラーなどのJavaで開発を行う際に利用するさまざまなツールが含まれています。これらのツールが含まれるJDKを無料で入手できるのもJavaの素晴らしいところです。

JRE（Java Runtime Environment）

JREは日本語でいうと「Java実行環境（Javaランタイム）」です。その名のとおり、Javaで作られたアプリケーションを実行するための環境です。

例えばWordやゲームなどのアプリケーションは、インストールすればそのまま利用することができます。しかし、Javaで作られたアプリケーションはJREがインストールされたコンピューターでしか動作させることはできません。一見不自由な制約に思えますが、このJREのおかげでJavaは「Write once, run anywhere」を実現しているのです。

JDKは開発者のみが必要とするものです。Javaアプリケーションを単に使いたい場合には、JREだけをインストールすればよいです。

ここまで説明したJDK、JRE、Java仮想マシン、Javaライブラリ、コンパイラー（その他ツールも含む）の内包関係を次の図に示します。

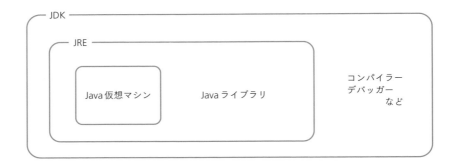

JREと「Project Jigsaw」

これまでは、Javaアプリケーションを利用する場合はJREを公式サイト
からダウンロードする必要がありました。しかしこのJREにはすべての
Javaの機能が含まれているため、サイズが大きなものになっていました。
この問題に対応するため、Java 9で「Project Jigsaw」と呼ばれる、「Java
の機能をモジュール化する」機能が用意されました。この機能を使う
ことで、Javaアプリケーションを動かすための必要最低限のモジュー
ルのみを含んだサイズの小さいJREを、独自に配布することができるよ
うになりました。その結果、最近は多くのJDKで公式のJREが配布され
なくなっています。

Check Test

Q1 JDKとは、何をするためのキット（ツール一式）ですか?

Q2 JREとは、何のための環境ですか?

解答は巻末に掲載

1—5 Javaを実行してみよう

　これまで、プログラムとは何か、Javaとは何かを学んできました。しかし、プログラムを最も効率よく学ぶ方法は、実際に動かしてみることです。Javaのプログラムを動かすには次の3つの方法があります。

- jshell
- テキストエディターとJava標準ツール
- IDE（統合開発環境）

　現在の開発では、IDE（統合開発環境）を利用することが一般的ですが、その他の方法にもメリットが存在しますので、しっかり学んでおきましょう。

開発環境の構築

　以降の内容を実際に動かすためには、初めにJavaの開発環境を構築する必要があります。以下に開発環境を構築するための方法を記載したサポートページを用意しました。参考にしながらぜひ実際に動かしてみてください。

- 「jshell」や「テキストエディターとJava標準ツール」を利用した開発環境を用意するためには、下記のページを参考にしてください

  https://sites.google.com/view/surasurajava3rd/contents/environment

- 「IDE（統合開発環境）」を利用した開発環境を用意するためには、下記ページを参考にしてください

  https://sites.google.com/view/surasurajava3rd/contents/environment_ide

jshell

jshell（ジェイシェル）は Java 9 から導入された簡易的なプログラムを試すための実行環境です。ほんの数行のプログラムを書いて動作確認する際に適している実行環境です。本書でも第7章までは、jshell を利用して学習を進めていきます。

jshell を利用するためには、「コマンドプロンプト」を起動して、次のように「jshell」と入力し、エンターキーを押します。

エンターキーを押すと、下記のようにプログラムを入力できるようになります。

ここで、「System.out.println("Hello jshell");」と入力し、エンターキーを押してみてください。「Hello jshell」と表示されましたね。

jshellを終了するには、「/exit」と入力し、エンターキーを押します。

テキストエディターとJava標準ツール

テキストエディターとJava標準ツールを利用した開発では、先に説明した3つの流れを体験することができます。実際に体験することでJavaの仕組みをより詳しく学ぶことができます。

- ソースコードの作成
- コンパイル
- 実行

● ソースコードの作成

ソースコードを作成するためには、**テキストエディター**というツールを利用します。テキストエディターは、名前のとおりテキストデータを編集するためのツールです。テキストエディターには、さまざまな種類がありますので好みのテキストエディターを利用して大丈夫です。本書では、「Visual Studio Code（VSCode）」というテキストエディターを利用します。

任意の場所にフォルダーを作成し、その中に「`Calculator.java`」という名前で下記の内容を記載して保存してください。

リスト1-1 Javaプログラムの例

```
/*
 * Javaプログラムの例です
 */
public class Calculator {
    public static void main(String[] args) {
        /* 計算をする */
        int a = 1;
        int b = 2;
        int c = a + b; // cは3になる
        /* 計算した結果を表示する */
        System.out.println("1 + 2 = " + c);
    }
}
```

● コンパイル

コンパイルを行うには、JDKに含まれている「javac」というコマンドを利
用します。javacとはまさにJavaコンパイラーのことです。javacを利用するた
めには、コマンドプロンプト上で、ソースコードが存在するフォルダーに移動
します。

ソースコードを保存したフォルダーに移動するためには、「cd　フォルダー
のパス」と入力します。フォルダーのパスは適時、ご自身が作成したフォルダー
のパスを指定してください。

　その後、「javac Calculator.java」と入力してください。そうすることで、同じフォルダー上に「Calculator.class」ファイルが作成されます。

◉実行

　さて、いよいよ実行です。Javaのプログラムを実行するためには「java」というコマンドを利用します。javaコマンドもこれまで同様、コマンドプロンプトから利用します。

　今回は、先ほど作成したCalculator.classを実行します。javaコマンドでは「.class」を入力する必要はないので、「java Calculator」と入力してください。プログラムが実行されているのがわかります。

Javaの歴史とJDKの種類

JavaはSun Microsystems社で開発されましたが、その後Oracle社によって買収されました。そして現在では、Oracle社はJDKとして有償版のOracle JDKと無償版のOpenJDKの2つのバージョンを作成しています。このような流れから、世の中には複数のJDKが存在しています。また、Javaの仕様は「Java Community Process」というプロセスに沿って、合議制で決められているため、Oracle社以外もJDKを開発して配布しています。そのため、インターネットの記事などを参考にする際は、どのJDKが利用されているかを確認してからにするとよいでしょう。

IDE（統合開発環境）

IDE（統合開発環境）を利用すると1つのアプリケーションから、ソースコードの作成、コンパイル、実行の3つの操作を容易に行うことができます。それは、IDEがjavacやjavaなどのコマンドを、プログラマーの代わりに裏側で実行してくれるからです。そのため、IDEを利用すると、実行ボタンなどを押すだけで、コンパイルや実行を効率よく行うことができるのです。また、IDEではデバッグ機能や入力補完機能などプログラムの開発を行う際に必要なさまざまな機能も利用することができます。

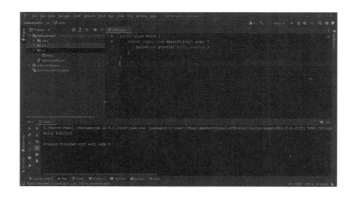

この図は、「IntelliJ IDEA」という IDE の画面です。代表的な Java の IDE は下記の3つがあります。それぞれボタンの配置や細かい機能に違いはありますが基本機能は同じですので、1つの IDE を覚えてしまえば他の IDE も容易に使いこなせるでしょう。本書では「IntelliJ IDEA」を利用して学習を進めていきます。

- IntelliJ IDEA
- Eclipse
- Android Studio

なお、IDE での実行方法は環境構築のページを参考にしてください。

> https://sites.google.com/view/surasurajava3rd/contents/
> environment_ide

Check Test

Q1 「jshell」を利用するメリットは何ですか？

Q2 「テキストエディターとJava標準ツール」を利用するメリットは何ですか？

Q3 「IDE（統合開発環境）」を利用するメリットは何ですか？

Q4 現在の主要な開発環境は何ですか？

解答は巻末に掲載

---

1 — 6 Javaプログラミングの基本

　次章から、Javaの文法など、プログラムを作る方法を学びます。その前にここでは、Javaのプログラムの基本ルールについて見ていきます。今はまだ、プログラムがどのような文法で書かれているかは、わからなくても大丈夫です。

▌簡単なプログラム

　まず、簡単なプログラムの例を見てみましょう。

リスト**1-2**　　簡単なプログラムの例

```
/*
 * Javaプログラムの例です
 */
public class Calculator {
    public static void main(String[] args) {
        /* 計算をする */
        int a = 1;
        int b = 2;
        int c = a + b; // cは3になる

        /* 計算した結果を表示する */
        System.out.println("1 + 2 = " + c);
    }
}
```

　このプログラムを実行すると、下記の計算結果を表示します。実用性はほとんどないプログラムですが、雰囲気をつかむには適しています。それでは、Javaのプログラムの基本について確認していきます。

```
1 + 2 = 3
```

● ルール1：半角文字で書く

　Javaのプログラムは、基本的に「半角文字」で入力します。半角文字とは、かな漢字変換機能（IME）がOFFのときに入力できる文字です。英数字や記号などが含まれています。ただし、文字列や後述するコメントなどでは、漢字やひらがなどの「全角文字」も使うことができます。

● ルール2：文の終わりにセミコロンを入れる

　日本語では、文の終わりに句点（。）を入れます。これと同様、Javaでも文の区切りにセミコロン（;）を入れます。この「;」が文の終わりを表します。

```java
/*
 * Javaプログラムの例です
 */
public class Calculator {
    public static void main(String[] args) {
        /* 計算をする */
        int a = 1;                              セミコロン
        int b = 2;
        int c = a + b;    // cは3になる

        /* 計算した結果を表示する */
        System.out.println("1 + 2 = " + c);
    }
}
```

● ルール3：ソースコードのブロックを中カッコで指定する

　日本語では、複数の文をまとめて段落にします。そのように、Javaのソースコードでも複数の文をまとめることができます。段落にあたる単位を**ブロック**と呼びます。ブロックは中カッコ／波カッコ（{ }）を使って指定します。

　段落と少し違う点として、ブロックは入れ子構造にすることができます。つまり「ブロックの中のブロック」という状態も可能です。今回の例では、外側のブロックの中に、もう1つブロックが存在しています。

```
/*
 * Javaプログラムの例です
 */
public class Calculator {                    ── 中カッコ
    public static void main(String[] args) {
        /* 計算をする */
        int a = 1;
        int b = 2;                           ── ブロック
        int c = a + b;   // cは3になる

        /* 計算した結果を表示する */
        System.out.println("1 + 2 = " + c);
    }
}
```

● ルール4：空白、改行を適切に入れる

　英語と同じように、Javaでも単語の区切りには空白、または改行を入れます。空白や改行は1つ以上連続していれば、自由に入れることができます。ただし、読みやすいソースコードには空白や改行の入れ方に特徴があります。

> **Note**
>
> 空白を使って行頭を揃えることを「**インデント**」あるいは「**インデントを
> 揃える**」といいます。

```
/*
 * Javaプログラムの例です
 */                 空白
public class Calculator {    ◯── 改行
    public static void main(String[] args) {
        /* 計算をする */
        int a = 1;
        int b = 2;
2文字以上  int c = a + b;   // cは3になる  ── 2行以上の改行
の空白
        /* 計算した結果を表示する */
        System.out.println("1 + 2 = " + c);
    }
}
```

例えば、すべての空白や改行を1文字の空白に置き換えると、次のようなプログラムになります。このプログラムは間違いなく、元のプログラムと同じように動きます。しかし、とてもわかりにくくなるので、通常はこのような書き方はしません。

```
public class Calculator { public static void main(String[] args
) { /* 計算をする */ int a = 1; int b = 2; int c = a + b; /* 計算した
結果を表示する */ System.out.println("1 + 2 = " + c); } }
```

● ルール5：コメントを入れる

コメントとは、プログラムを読む人向けの説明です。コメントはプログラムの動きに影響を与えません。つまり、コメントはあってもなくても動きが変わらないということです。しかし、自分の作ったプログラムを他の人に見てもらうときに、適切に用意されたコメントがあると親切です。

コメントは「/*〜*/」という形式で作成します。コメントの中にはひらがなや漢字も使えます。そして改行で複数にわたることも可能です。また「//」で始まり改行で終わる**1行コメント**というものも存在します。

```
/*
 * Javaプログラムの例です          ←──────────────── コメント
 */
public class Calculator {
    public static void main(String[] args) {
        /* 計算をする */
        int a = 1;
        int b = 2;
        int c = a + b;    // cは3になる

        /* 計算した結果を表示する */
        System.out.println("1 + 2 = " + c);
    }
}
```

これでJavaの勉強を始めるための準備はできました。次の章からはJava言語の学習に入っていきます。

Q1 次の空欄を埋めてください。

コメントや文字列を除くJavaのプログラムは　A　文字で
記述する必要があります。

Q2 文の終わりに入れる記号は何ですか？

Q3 プログラムの構造を表すブロックは、
どのような記号で囲んで作成しますか？

Q4 次の空欄を埋めてください。

改行や空白は　B　の区切りを表すほか、
プログラムを　C　する役割もあります。

Q5 プログラムにコメントを入れるための2つの方法は何でしょうか？

解答は巻末に掲載

第 **2** 章

値と演算

世界で初めてのコンピューターといわれる「エニアック」は、大砲の弾がどのように飛ぶかを計算するために開発されたといわれています。その後コンピューターはどんどん進化していますが、その主要な役割が「計算」であることは現在も変わりません。この章では、Javaを使った計算について学びましょう。

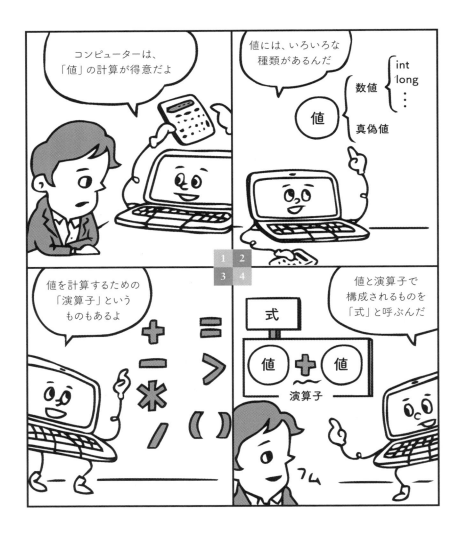

2 — 1 値

　プログラムを行う大きな目的の一つは計算をすることです。計算のときにプログラムでやり取りする情報を、Javaでは値（あたい）と呼びます。例えば1と2を足して3を返す計算では、1、2、3のことを値と呼びます。

「値」とは、Javaのプログラムに渡されたり返されたりするもの

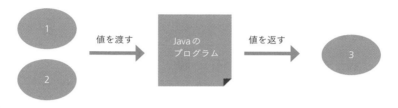

値

　値には、日常で使われる「数値」と、"はい／いいえ"のいずれかとなる「真偽値」があります。

　「数値」はさらに、小数点以下を扱えない「整数」と、小数点以下を扱える「小数」に分かれます。これらの値は、主に次のような用途で使われます。

- 整数：数を数えたり年齢や金額などを表現したりするときに使われる
- 小数：長さや重さを表現したりするときに使われる
- 真偽値：「はい」か「いいえ」で答えることのできる質問の答えを表現するときに使われる

　jshellを使って、これらの値の具体例を見てみましょう。

　最初の例では、「1」と「2」という整数の値を足して、「3」という整数の値が計算されています。

　2つ目の例では、「3」という整数と「3.14」という小数の値を掛けて、「9.42」という小数の値が計算されています。

最後の例では、「1は2より小さいか？」という質問に対して、「**true**（はい）」という真偽値が導き出されています。

```
jshell> 1 + 2
$1 ==> 3

jshell> 3 * 3.14
$2 ==> 9.42

jshell> 1 < 2
$3 ==> true
```

Javaで用意されていない値

Javaには、分数（1/3、2/5など）や無理数（π（円周率）、√2など）を表す値は用意されていません。つまりJavaには、分数や無理数を扱う仕組みは用意されていないということです。
しかし、足し算を組み合わせて掛け算を行えるように、Javaで用意されている値や計算を組み合わせることで、分数や無理数を扱うプログラムは実際に作られて、そして使われています。

　コンピューターの技術的な制約により、Javaで用意されているこれらの値には、私たちが日常で使う数と比べていくつかの制限があります。次節では、これらの値についてもう少し詳しく見ていきましょう。

■ Check Test

Q1 次の空欄に入る組み合わせを㋐〜㋒から選んでください。

「Java で扱える数値は ┃ A ┃ と ┃ B ┃ のみです。分数や無理数などは、直接扱うことはできません」

㋐ A：正の数 ／ B：負の数
㋑ A：整数 ／ B：小数
㋒ A：CPU のビット数 ／ B：メモリ数

Q2 "はい／いいえ"で答えることのできる質問の答えを表現する値を何と呼びますか？

解答は巻末に掲載

2 — 2 整数

　整数は、ものを数えるときや順番を表すときに使う値です。日常生活でも、人の年齢、ものの値段、日にちなどを表すときに、よく使われています。

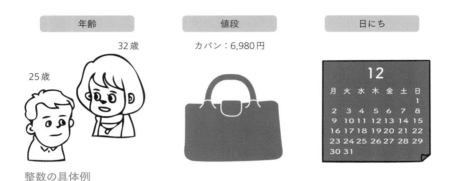

整数の具体例

　日常生活で使われている整数には、範囲の制限はありません。しかしJavaでは計算を効率よく行えるようにするため、扱える値を一定の範囲までしか使えないようにしています。扱える範囲に応じて、次に示す5種類の型が用意されています。

Javaで用意されている整数の一覧

種類（型）	読み	扱える範囲	用途
int	イント／インテジャー	-21億〜21億ぐらいまで	一般的な数として
long	ロング	-900京〜900京ぐらいまで（1京は10,000兆に相当）	intよりも大きな数を扱いたいとき
short	ショート	-32,768〜32,767まで	あまり使うケースはない

種類（型）	読み	扱える範囲	用途
byte	バイト	-128〜127まで	コンピューター内で読み書きされるデータを扱うとき
char	キャラ／チャー	0〜65,535まで	文字を表すコードとして

Javaでは、値の種類のことを型（またはデータ型）と呼びます。例えば、intで表現する値は「int型」、longで表現する値は「long型」です。

それでは、Javaで扱える5つの整数について詳しく見ていきましょう。

● int型

int型
int型は、数を数えたり番号を振ったりするときに使います。Javaでプログラムを作るときに、よく使われる型です。

int型の特徴

型	int
読み	イント／インテジャー
保存時のサイズ	32ビット
おおよその範囲	-21億〜21億

数を数える

番号を振る

1　　2　　3

int型の用途

2　整数

保存時のサイズ

「保存時のサイズ」とは、値をコンピューターに保存するときに必要となる容量のことです。例えば、サイズが32ビットの値は、8ビットの値に比べて4倍の容量を必要とします。ビットとは、二進数での桁数を表します。二進数については、この章の最後で説明しています。

- 32bitの値：10001010011000101001100010100101
- 8bitの値　：10010010

● long型

long型は、int型では桁数が足りなくなった場合に使われます。

long型の特徴

型	long
読み	ロング
保存時のサイズ	64ビット
おおよその範囲	-900京〜900京（※1京は10,000兆に相当）

　long型は、用途としてはint型とほぼ同じですが、範囲が足りなくなったときなどに使います。例えば時刻は、コンピューター内部では基準日からの経過秒数で管理されていますが、これはint型では足りません。また、TwitterのつぶやきやFacebookの投稿などに連番を振るような場合、世界で何億人もの人が毎日つぶやいたり投稿したりすると、その数はあっというまに20億を超えてしまいそうですね。

例：コンピューター内部の秒数

例：何億人もの人たちの会話の記録

基点0
1970/1/1 0：00：00

基点から1541170800秒経過
2018/11/3 0：00：00

long型の用途

● short型

short型は、int型と同じ用途ですが、データの容量をより抑えたいときなどに使われます。

short型の特徴

型	short
読み	ショート
保存時のサイズ	16ビット
範囲	-32,768〜32,767

せいぜい3万くらいの数しか扱えないshort型は、int型に比べると少し使いにくく、あまり使われることがない型です。しかし、int型に比べてデータ量が半分で済むというメリットもあります。そのため昔のコンピューター用のプログラム、あるいは現在でも小型の機械に組み込まれているような小さなコンピューターでは、容量を節約するために値をshort型で扱っている場合があります。

第2章 値と演算

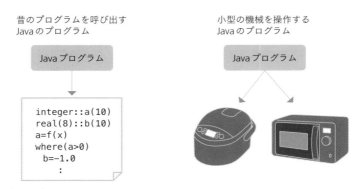

昔のプログラムを呼び出す
Javaのプログラム

```
integer::a(10)
real(8)::b(10)
a=f(x)
where(a>0)
  b=-1.0
     :
```

小型の機械を操作する
Javaのプログラム

Javaプログラム

short型の用途

● byte型

byte型は、主にコンピューターで扱われるデータを操作するときに使われます。

byte型の特徴

型	byte
読み	バイト
保存時のサイズ	8ビット
範囲	-128〜127

　コンピューターを使ってデータをやり取りするときには、データを一定の大きさで細切れにして扱います。アルファベットの大文字小文字、それに記号(例：!、"、#、$、%、&、'、+、−、*、/) を含めると100種類くらいの文字があります。最大127まで扱えるbyte型は、これらのデータを扱う単位として効率がよい大きさです。そのため、次のような用途で使われます。

• ディスクに保存するデータの最小単位として
• 通信で送受信されるデータの最小単位として

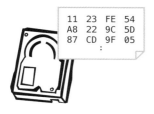

ディスクのデータの読み書き

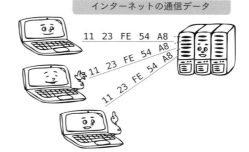

インターネットの通信データ

byte型の用途

C o l u m n

大きすぎてもったいない？

int型が21億という大きな値を扱えるので、「せいぜい100までしか使わないから」と、short型やbyte型を使って節約しようと思った方がいるかもしれません。しかし一般的なCPU（32bitや64bitのもの）では、CPU内部の計算が主に32bit単位で行われているため、int型が通常最も効率のよい型です。

16bitや8bitの範囲の値を扱うときには、あまったbitは使わないようにしたり、bit数を超えたときの処理が行われるようにしたりなど、int型に比べて余計な処理が行われることがあります。

特に明確に他の型を使う理由がない限り、通常はint型を使いましょう。

● 文字コードとchar型

文字コードとは、一つ一つの文字ごとに割り当てられた固有の値です。文字コードを扱うために、char型が用意されています。

char 型の特徴

型	char
読み	キャラ／チャー
保存時のサイズ	16ビット
範囲	0〜65,535

char型の特徴

　コンピューターは基本的に数値しか扱うことができません。ひらがなや漢字などを扱うときには、文字一つ一つに番号を割り当てて管理しています。このような番号を「文字コード」と呼んでいます。文字コードの割り当て体系はさまざまなものがありますが、Javaでは Unicode という体系を採用しています。char型はUnicodeとしての文字コードが保存できます。

┌─ Note ─────────────────────────

　文字コードやUnicodeについては、「4.3　文字エンコーディング」で説明します。

─────────────────────────────────

文字ごとに振られた番号（文字コード）

char型の用途

　文字コードをJavaのプログラムの中で使うときには、シングルクォーテーション（'）で文字を囲う書き方が用意されています。例えば「あ」という文字には12354という文字コードが割り当てられています。しかしJavaのプログラム中にはこの数値を直接書くのではなく、代わりに' あ 'と書きます。
　またchar型はあくまで1つの文字に対する文字コードを表したものです。

そのため2文字以上をシングルクォーテーションで囲むことはできません（例：
'あい'）。

```
'あ'    /* 12354と評価される */
'あい'  /* 書けない（コンパイルエラーとなる）*/
```

なお、2文字以上の文字を扱うときには、第4章で説明する「文字列」が便
利です。char型は文字を1字ずつ比較するとき、文字列は単語や文章を操作
するときに使います。一般的には文字列がよく使われます。

Q1 Javaで整数を扱うことができる型を、5つ挙げてください。

Q2 Javaで整数を扱うときに、最も使われる型は何でしょうか?

Q3 マイナスの数を扱うことのできない整数用の型は何でしょうか?

解答は巻末に掲載

2 ___3 小数

小数（しょうすう）は、長さや重さ、あるいは距離などを表すときに使われる値です。

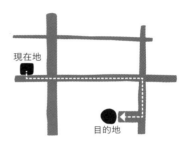

身長や体重

測定結果

身長：172.5cm

体重：64.8kg

距離

「現在地から目的地まで、およそ16.7km」

現在地

目的地

小数の具体例

小数ではある程度の誤差を丸めて無視します。例えば身長を正確に測定すると 172.499……cm となる場合、".499……" の部分を丸めて「身長は（ほぼ）172.5cm」と表現します。

```
1.23
-200.45
```

小数も整数と同じく、コンピューターのメモリやディスクなどの制限により、桁数を一定の範囲までしか使えないようにしています。制限している桁数に応じて、次に示す2種類の小数が用意されています。

種類（型）	読み	扱える範囲	用途
double	ダブル	ほぼ制限はない。ただし精度は15桁くらい	一般的な小数として
float	フロート	ほぼ制限はない。ただし精度は7桁くらい	doubleより容量を節約したいとき

それでは、Javaで扱える2つの小数について見ていきましょう。

● double型

double型は小数、あるいはかなり大きな値を扱うために使われます。

double型の特徴

型	double
読み	ダブル
保存時のサイズ	64ビット
範囲	ほぼ無制限
精度	15桁くらい

　double型は、3Dコンピューターグラフィックスで座標の計算を行ったり、統計処理などで複雑な計算を行ったりするときによく使われています。
　いずれの場合も、基本的な四則演算だけではなく、三角関数（sin、cos、tanなど）や円周率（$\pi = 3.141592...$）、ネイピア数（$e = 2.71828...$）などが必要となるため、double型が必要となります。

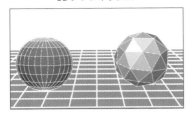

3D グラフィックス

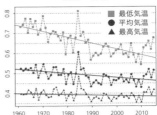

統計・解析

double 型の用途

● float 型

float 型も小数、あるいはかなり大きな値を扱うために使われます。

float 型の特徴

型	float
読み	フロート
保存時のサイズ	32 ビット
範囲	ほぼ無制限
精度	7 桁くらい

　float 型も double 型とほぼ同じ用途で使われます。Java で提供されているライブラリは double 型を使っていることが多いので、Java だけでプログラムを作る場合は float 型を使うことはほとんどありません。ただし、short 型と同様に古いコンピューター用のプログラム、あるいは現在でも小型の機械に組み込まれているような小さなコンピューターでは、容量を節約するために数値を float 型で扱っている場合があります。それらとやり取りする Java でのプログラムでは、float 型を使うことがあります。

● 接尾語による型の明示的な指定

　プログラムの中に「100」と書かれていたときに、型は何になるでしょうか？単に数字だけが登場した場合、通常は int 型として扱われます。しかしこの

100をlong型、あるいはdouble型として認識させたい場合があります。その場合は、値の後ろに型ごとに定義された接尾語を付けます。接尾語は大文字でも小文字でも使えます。

接尾語の例

表記	認識される型
100	int型で100と評価される
100Lあるいは100l	long型で100と評価される
100Fあるいは100f	float型で100と評価される
100Dあるいは100d	double型で100と評価される

● 誤差

double型やfloat型は、小数を扱うこともできれば、long型よりも大きな数を扱うこともできます。

しかし整数を扱う型に比べて「誤差」を含んでいます。例えば小数の例では、double型やfloat型で0.1は、「だいたい0.1」という程度でしか扱えないのです。例えば0.1を10回足しても、ちょうど1にはならないのです。

```
jshell> 0.1 + 0.1 + 0.1 + 0.1 + 0.1 + 0.1 + 0.1 + 0.1 + 0.1 + 0.1⏎
$1 ==> 0.9999999999999999          ［Enter］キーを押して実行
```

また大きな数では、精度がdouble型で17桁ほど、float型で9桁ほどしかありません。例えば、「12345678900987654321」という20桁の数をdouble型として表示すると「1.2345678900987654E19」と表示されます。これは$1.2345678900987654 \times 10^{19}$を意味しています。最後の「...321」は切り捨てられて、全部で17桁になっています。float型はさらに短くなります。

```
jshell> 12345678900987654321D ⏎       ┌ double 型として扱う
$1 ==> 1.2345678900987654E19 ┐  └────────────────
                             └─ 17桁までしか有効でない
jshell> 12345678900987654321F ⏎       ┌ float 型として扱う
$2 ==> 1.2345679E19 ┐  └────────────
                    └─ 9桁までしか有効でない
```

　このように double 型や float 型には誤差があるため、多少のずれが許されるようなものしか扱ってはいけません。

　例えば身長や体重などは、ずれが許される例でしょう。「身長が173.5cm」といわれたときに、0.01cmの誤差もないとは思わないでしょうし、そこまでは求めないのが普通です。

　しかしお金の計算は、ずれが許されない例です。買い物をして税金が10%かかるときに、1円くらいずれてもいいかと思う人はきっといないでしょう。

C o l u m n

BigDecimal クラス

Java で数字を正確に扱いたい場合には、<ruby>BigDecimal<rt>ビッグ デ シ マ ル</rt></ruby> クラスを利用することができます。

```
jshell> new BigDecimal("12345678900987654321"); ⏎
$1 ==> 12345678900987654321

jshell> new BigDecimal(
    "3.141592653589793238462643383279"); ⏎
$2 ==> 3.141592653589793238462643383279
```

BigDecimal クラスの詳しい使い方については、本書では扱いません。別途、Java のマニュアルを参照してください。

Check Test

Q1 double型とfloat型のうち、より広い範囲の数が扱えるのは
どちらでしょうか？

Q2 コンピューターで小数を表現するときに、誤差が出るのは
なぜでしょうか？

解答は巻末に掲載

2 ── 4 真偽値

　真偽値とは、「はい」または「いいえ」で答えることができる質問の結果を
表すための値です。「はい」か「いいえ」を調べることは、Javaのプログラム
ではとてもよく行われています。

大小の確認

「かばんは洋服より安い？」
→ いいえ (false)

カバン：6,980円　　洋服：4,900円

存在の確認

「太郎君はいる？」
→ はい (true)

花子　太郎　次郎

形式の確認

「この日付は正しい？」
→ いいえ (false)

誕生日を入力：

2022/2/29

（2022年はうるう年ではない）

真偽値の例

　真偽値には、次の2つの値が用意されています。

- true────質問の結果が「はい」（「真である」ともいう）を表す
- false────質問の結果が「いいえ」（「偽である」ともいう）を表す

　真偽値を扱うために、boolean型が用意されています。

boolean型

種類（型）	読み	範囲	用途
boolean	ブーリアン	－	true か false かを表す

　真偽値は、数値ではありません。そのため、桁数や精度という概念はありま
せん。また、足し算や引き算などの四則演算を行うこともできません。しかし

不等式などのような、条件を満たしているかいないかという式の評価結果として扱うことができます。

Check Test

Q1 次の質問に対してboolean型で答えてください。

- 1は2より大きい
- 10を3で割ったあまりは2である

解答は巻末に掲載

---

2 — 5 演算子

値を使った計算のことを、Javaでは「演算」と呼びます。演算の方法は演算子によって区別されます。

Javaでは、全部で40個近くの**演算子**が用意されています。あまり使われないものもありますので、ここではよく使われる以下の8種類の演算子に絞って説明します。

本書で説明する演算子

演算子の種類	説明
算術演算子	足し算、引き算、掛け算、割り算などの演算を行います。演算の結果は数値となります
比較演算子	2つの値が等しいかどうか、あるいは2つの値の大小を調べます。演算の結果は真偽値となります
論理演算子	真偽値同士の組み合わせを調べます。演算の結果は真偽値となります
条件AND/OR演算子	左から順番に評価する論理演算子の一種です
三項演算子	条件によって、用意された2つの値のいずれかを返します
代入演算子	変数に値を代入するために使われます
再帰代入演算子	演算の結果を変数に即代入するために使われます
インクリメント／デクリメント演算子	「1を足す」「1を引く」という演算の結果を変数に即代入するために使われます

上記のうち以下の演算子については、値をプログラムの中で利用するための仕組みである「変数」と組み合わせて利用するため、変数の説明を行う第3章で説明します。

- 代入演算子
- 再帰代入演算子
- インクリメント／デクリメント演算子

算術演算子

　最も基本的な演算は、足し算、引き算、掛け算、そして割り算です。この4つの演算は一般的に「四則演算」と呼ばれます。そしてさらに、割り算をしたときのあまりを計算する演算を加えた、計5つの演算子が**算術演算子**です。算術演算子として、次の5つが用意されています。

四則演算と割り算のあまりを評価する算術演算子

演算方法	演算子	演算の例	結果
足し算	+	1 + 2	3
引き算	−	10 − 3	7
掛け算	*	2 * 3	6
割り算	/	15 / 3	5
割り算のあまり（剰余）	%	7 % 3	1

　足し算と引き算は日常で使われる記号と同じものが使われていますが、掛け算と割り算は日常で使われる記号（×、÷）とは違うものが使われています。これは、コンピューターが生まれた国や時代に起因する違いです。コンピューターでは掛け算は「*」、割り算は「/」の記号を使うと覚えてください。

比較演算子

　比較演算子は、数値同士が等しいかどうか、あるいはどちらが大きいかを評価するために使われる演算子です。次の比較演算子が用意されています。

数値同士を比較する比較演算子

演算方法	演算子	演算の例	結果
等しい	==	1 == 1	true
等しくない	!=	1 != 1	false
より大きい	>	2 > 1	true
以上（等しいかより大きい）	>=	2 >= 1	true
未満（より小さい）	<	2 < 1	false
以下（等しいかより小さい）	<=	2 <= 1	false

　それぞれ、日常的に使われる「＝」「≠」「≧」「≦」などとは少しずつ異なった記号が使われていますので、注意してください。

論理演算子

　論理演算子は、1つまたは2つの値を比較するための演算子です。比較する値が真偽値か整数かによって動作が変わります。
　比較する値が真偽値のときは、次の3つの演算子が用意されています。以下のルールに沿って演算結果の真偽値を得ます。

論理演算子

演算方法	演算子	演算の例	結果
AかつB	&	true & false	false
AまたはB	|	true | false	true
Aではない	!	!true	false

　比較する値が真偽値のときの論理演算子の例を次に示します。

例：範囲の指定

「8時よりあと」
かつ
「11時より前」

例：出発の条件

「お父さんがいる」
かつ「お母さんがいる」
かつ「おじいさんもいる」
かつ「おばあさんもいる」
かつ「子どもが2人いる」

「かつ」（&）を使った演算の例

例：中止の条件

「雨が降っている」
または
「気温が低い」

例：終了の条件

×0人

「残りプレイヤーが0人」
または
「時間がなくなった」

「または」（|）を使った演算の例

　比較する値が整数のときは特にビット演算と呼ばれます。ビット演算としては次の2つの演算子が用意されており、比較する値を二進数で表現して、それぞれの桁について次のルールで評価をします。そして得られた二進数を、また整数として表現します。

&演算子	0	1
0	0	0
1	0	1

|演算子	0	1
0	0	1
1	1	1

ビット演算

例えば「3 ｜ 6」という演算を考えてみましょう。3は二進数では00000011、6は二進数では00000110となります。2つの二進数を桁ごとに｜演算子のルールで評価をすると「00000111」となります。これは、二進数で「7」となります。

「3」	0	0	0	0	0	0	1	1
「6」	0	0	0	0	0	1	1	0
「7」	0	0	0	0	0	1	1	1

jshellでの実行結果は次のとおりです。

```
jshell> 3 | 6
$1 ==> 7
```

Note

二進数については「2.8　二進数」を参照してください。

条件AND/OR演算子

条件AND/OR演算子は、真偽値同士の組み合わせを評価するための演算子です。次の2つの演算子が用意されています。

条件AND/OR演算子

演算方法	演算子	演算の例	結果
AかつB（条件AND演算）	&&	true && false	false
AまたはB（条件OR演算）	||	true || false	true

条件AND/OR演算子は、AND/OR演算子と演算結果は一緒になります。ただし、左から順番に評価をしていって、結果が確定したら残りの処理を省略する点が異なります。

例えば、「東京都には男が多い **かつ** 愛知県には男が多い」というケースを考えてみましょう。どちらもたくさんの人口がいるので調べるのには時間がかかります。そこでまず東京都の人口を確認して、実は女性が多かったことがわかったとします。このケースではどちらか一方でも男が少ないと false となるため、愛知県の人口を調べなくても結果は false とわかります。このように、true か false かの結果を出すときに時間がかかる場合は、条件 AND/OR 演算子を使います。

AND/OR 演算

どのような場合でも、すべての条件を確認する

条件 AND/OR 演算

最初の条件で結果がわかる場合、残りの条件は調べない

AND/OR 演算と条件 AND/OR 演算の違い

三項演算子

三項演算子は、少し今までの演算子とは異なります。三項演算子を使った式は、次のような構造になります。

構文	三項演算子の構造
値A ？ 値B ： 値C	

三項演算子の最初の値（値A）は、真偽値を取ります。この値が**true**のときは値Bとして、**false**のときは値Cとして式全体が評価されます。例を見てみましょう。

```
jshell> true ? 10 : 20⏎
$1 ==> 10

jshell> false ? 10 : 20⏎
$2 ==> 20
```

Column

演算子がない計算について

ここで紹介した演算子による演算以外にも、べき乗（2^3）や平方根（$\sqrt{2}$）など、さまざまな計算方法があります。これらの一部は、Javaライブラリ（Javaライブラリについては第16章で説明します）で用意されています。よく使われるものを以下に示します。Javaライブラリで用意されていない計算も、自分でプログラムを作成することで計算できるようになります。

Javaライブラリに用意されている演算の一例

演算	Javaライブラリ	プログラミング例
べき乗（2^3）	Math.pow	Math.pow(2, 3)
平方根（$\sqrt{2}$）	Math.sqrt	Math.sqrt(2)
自然対数（log(2)）	Math.log	Math.log(2)

```
jshell> Math.pow(2, 3)⏎
$1 ==> 8.0

jshell> Math.sqrt(2)⏎
$2 ==> 1.4142135623730951

jshell> Math.log(2)⏎
$3 ==> 0.6931471805599453
```

Check Test

Q1 次の演算の結果を答えてください。

- 5 * 8
- 9 / 3
- 10 % 4
- 5 >= 8
- 10 != 10
- false ? 1 : 0

解答は巻末に掲載

演算時の注意事項

Javaで演算を行うときには、いくつか注意するべきポイントがあります。それらについて見ていきましょう。

● 異なる型同士の演算

異なる型同士の演算結果は、なるべく大きな数値が表現できる型に変換されます。具体的には、以下のルールが定められています。

❶ どちらかの値が double 型の場合は、他の値を double 型に変換する
❷ どちらかの値が float 型の場合は、他の値を float 型に変換する
❸ どちらかの値が long 型の場合は、他の値を long 型に変換する
❹ ❶ から ❸ に該当しない場合は、両方の値を int 型に変換する

以下に例を示します。

精度の変換例

No	演算	結果	ルール
1	1.2345D + 4.56F	5.7945D	❶
2	4.56F − 3L	1.56F	❷
3	3L * 4	12L	❸
4	4 / (short)2	2	❹
5	(short)2 + (byte)1	3	❹

Note

(short) や (byte) はキャストという文法で、数値の型を変換します。キャストについては第3章で説明します。

演算結果の型について、直感的でない点を2つ説明します。

- **int型より小さい桁数の型同士の演算結果は、int型に変換される**
「(short)2 + (byte)1」は、short型とbyte型の演算なので、より大きいshort型になりそうですよね。しかしJavaでは、int型より桁数の少ない型の演算結果は常にint型に変換されます。

- **int型同士の割り算はint型になり、long型同士の割り算の結果はlong型になる**
「5 / 2」は2.5ではなく2となります。2.5という結果を得たい場合には、小数点か接尾語を使って、5や2を小数として扱うよう指定します。具体的な解決法は以下の2つです。

❶ 5.0 / 2.0 → 2.5と評価される
❷ 5D / 2D → 2.5と評価される

│ N o t e │ ─────────────────────────────

真偽値と数値の演算は行えないため、true + 3のようなコードを書くとコンパイルエラーが発生します。

▍足し算、引き算、掛け算のオーバーフロー

- int型の最大値に**1**を足す
- int型の最小値から**1**を引く
- int型同士の掛け算が、int型の最大値より大きくなる

演算によっては、このように型の範囲を超えてしまう場合がありえます。型の範囲を超えることを**オーバーフロー**と呼びます。オーバーフローを起こしたときの計算結果は、一言でいうと「期待していない値」になります。例えば、

次のような結果になります。

```
jshell> 2000000000 + 1000000000⏎
$1 ==> -1294967296          正の値同士を足したのに、負の値

jshell> -2000000000 - 1000000000⏎
$2 ==> 1294967296           負の値からさらに値を引いたのに、正の値

jshell> 70000 * 80000⏎
$3 ==> 1305032704           切りのいい値同士を掛けたのに、複雑な値
```

　そのため、Javaで演算をするときにはオーバーフローを起こさないようにすることが大切です。特に掛け算ではお互いの数値がそれほど大きくなくても扱える範囲を超えてしまうので、注意が必要です。

C o l u m n

オーバーフローでは何が起こっているのか？

オーバーフローすると、なぜこのような値になるのでしょうか？
それは、演算の結果が最大桁数を超えてしまった場合、超えた分の桁を無条件で切り捨ててしまっているからです。

割り算の桁落ち

　1 / 7 という演算の結果は "0.142857…" という割り切れない数になります。割り切れない数はJavaでは扱えないため、double型で表すことのできる近い値に丸められます。

```
jshell> 1 / 7.0⏎
$1 ==> 0.14285714285714285          割り切れないので、double型の
                                    範囲(17桁)で丸められている
```

■ **Check Test**

Q1 byte型とdouble型の数字で演算を行うと、結果の値の型は何になるでしょうか?

Q2 次の空欄を埋めてください。

オーバーフローとは、演算の結果が型の　A　を超えてしまうことを指します。

Q3 割り算の桁落ちが発生するのはなぜでしょうか?

解答は巻末に掲載

7 式

Javaの勉強をしていると「式」という用語がよく登場します。**式**は、値と演算子を組み合わせたものです。

```
System.out.println(1 * (2 + 3) * 4);     この部分が式
```

　式に含まれる演算をすべて行うことを、式を評価する、といいます。例えば今のコードでは、網掛けされている"1 * (2 + 3) * 4"という部分が式となります。この場合、演算した結果が数値（= 20）と評価されます。

式の演算子の優先順位

　式の中には、複数の演算子を用意することができます。一般の計算では、掛け算や割り算は、足し算や引き算より先に計算するというルールがあります。このルールはJavaでも有効です。

```
jshell> 1 * 2 + 3 * 4
$1 ==> 14     1 * 2と3 * 4が先に計算される
```

　足し算や引き算を先に行いたい場合には、一般の計算と同じくカッコを使うことができます。

```
jshell> 1 * (2 + 3) * 4
$12 ==> 20     (2 + 3)が先に計算される
```

Check Test

Q1 次の空欄を埋めてください。

式の内容を計算して答えを出すことを、「式を　A　する」といいます。

解答は巻末に掲載

二進数

さて最後に、整数や小数の値について説明したときに出てきた**二進数**という
考え方を取り上げます。コンピューターとJavaの内部では二進数を使って計算
が行われています。内部の仕組みなので、Javaでプログラムを作るときには特
に意識する必要はありませんが、型の範囲がどのように決められているかを、
理解することができます。

それでは、Javaがどうやって値を二進数で計算しているか、その仕組みを見
てみましょう。

▌二進数で整数を扱う

小学校の算数の授業で、「足し算の繰り上がり」という計算方法を学んだこ
とを覚えていますか？　これは、「7+5」のように、足すと10を超えてしまうと
きの計算方法です。足すと10を超えるときは、隣の位を1つ繰り上げ、元の位
に残りの2を入れます。

$$
\begin{array}{r}
7 \\
+\quad 5 \\
\hline
12
\end{array}
$$

↑ ── 繰り上がる

足し算の繰り上がり

ある数を超えたときに繰り上がる計算方法を「n進法」と呼びます。通常の
数の場合は「十進法」です。その他には、「60」秒を超えると1分繰り上がる「六十
進法」、「24」時間を超えると1日繰り上がる「二十四進法」も日常的に使われ
ています。コンピューターの中では「二進法」が使われています。二進法は「2」
を超えると繰り上がる計算方法です。そして二進法で表現された数を「二進数」
といいます。ちょっと二進法で計算してみましょう。

$$0 \qquad （十進数だと0）$$

$$0 + 1 = \quad 1 \qquad （十進数だと1）$$

$$1 + 1 = \quad 10 \quad ※繰り上がった \qquad （十進数だと2）$$

$$10 + 1 = \quad 11 \qquad （十進数だと3）$$

$$11 + 1 = 100 \quad ※繰り上がった \qquad （十進数だと4）$$

二進数の計算例

　このように、「2を超えたら繰り上がり」という考え方によって二進数を理解することができます。

　コンピューターで二進数を扱うときには、最大桁数がいくつかという情報が必要です。そのため、何桁まで扱えるのかを示すために、通常必要でない場所にも桁数分の「0」を付ける書き方がよく使われます。例えば「1」という値は、最大桁数によって次のように区別されます。

- 最大桁数8桁の場合　→ 　　　　　00000001
- 最大桁数16桁の場合 → 0000000000000001

《 Memo 》

コンピューターで二進数を使う理由

　　コンピューターを最も細分化していくと、「電気が流れているか、いないか」の2種類の状態を組み合わせて管理されています。そのため、値が2つしかない二進数が基本となっているのです。

二進数で負の整数を扱う

限られた桁数で負の値を表現するために、Javaは次のルールで負の値を二進数で表現しています。

- ルール1：足し算を行って最大桁数を超えたときは、超えた分を切り捨てる
- ルール2：最も大きい桁は、正負を表すための特別な桁とする

文字だけではとても理解しにくい考え方なので、最大桁数が4桁の二進数を例にとって説明します。

ルール1は、1111に0001を足したときに通常は10000ですが、4桁目を超えた分を切り捨てて0000とするという意味です。

$$\text{1111 + 0001 = } \cancel{1}\text{0000} \rightarrow \text{0000}$$

ルール1（最大桁数より上を切り捨てる）

ルール2は、4桁目が"1"の二進数（1000〜1111）は、負の数として扱うということです。そして、4桁目が"1"で残りが"0"（下の図だと1000）を最も小さい負の数として定義しています。

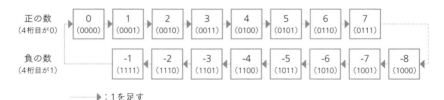

ルール2（最上位桁が1の場合、負の値として扱う）

ルール2の図について見てみましょう。例えば1000（-8）に0001を足すと1001（-7）になります。普通の負の数の計算と同じですね。さらに縦に並んだ正負の数に注意してみましょう。上下の数を足すと10000になります。この

10000にルール1を適用すると、0000になります。つまり、同じ数の正と負の数を足すと0になるようになっています。

　ちょっとだまされたような感じかもしれませんが、コンピューターではこのように二進数で負の数を扱うと決めたうえで、いろいろな機能が準備されているのです。

> | N o t e |
> ────────────────────────────────
>
> この考え方を「2の補数（ほすう）」と呼びます。

二進数で小数を扱う

　二進数で小数を扱う方法はいくつかありますが、Javaでは「浮動小数点」という方式で扱います。浮動小数点では、二進数を「仮数」と「指数」に分けて表現します。仮数（かすう）は整数と同じく数そのものを表します。指数（しすう）は、仮数に対してどの位置に小数点を付けるかを表します。文字だけでは難しいので、例を使って説明します。

　例えば二進数で8桁分を確保し、仮数部分を5桁、指数部分を3桁とする架空の型を考えてみましょう。

仮数部分（5桁）　　　　　　指数部分（3桁）

小数を表す8桁の二進数の例

　仮数部分と指数部分は、それぞれ二進数の整数のように扱います。最も大きい桁は正負の記号として扱います。そして、その数を次の計算式に当てはめます。

（仮数）× 2$^{(指数)}$

仮数と指数による計算式

　　指数が正の数の場合は、2$^{(指数)}$ は2^1=2、2^2=4、2^3=8…というようにどんどん大きな値となります。逆に指数が負の数の場合には、2$^{(指数)}$ は2^{-1}=0.5、2^{-2}=0.25、2^{-3}=0.125…というようにどんどん細かな値となっていきます。指数が負の数を使うことで、小数点を表現します。

　　指数部が $^{-1}$=111、$^{-3}$=101 となる理由については、前述した「二進数で負の整数を扱う」を参照してください。

仮数部＝1　　　指数部＝-1

仮数部＝1　　　指数部＝-3

仮数部と指数部を使った小数の表現

二進数のまとめ

　以上が、二進数の考え方です。繰り返しになりますが、Javaではこのような計算は内部で自動的に行われているので、プログラムを作るときに、このような計算方法をあらためて作る必要はありません。しかし、057ページで紹介したようなオーバーフローや小数の誤差がなぜ発生するのかは、すべて数を二進数で管理していることによります。二進数について知識として知っておくと、のちのち役に立つことがあるので紹介しました。

第 **3** 章

変数

コンピューターで演算した結果や途中結果などをどこかに記憶しておき、別の演算や処理で再利用できると便利です。この章では、Javaで実行時の状態を記憶する変数について説明します。

3 — 1 変数とは?

変数とは、プログラムで扱うデータ（値）を記憶するために用意されている Java の仕組みです。変数はデータを一時的に保持するための「入れ物」や「箱」などに例えられます。また、変数には名前を付けることができます。この名前は「変数名」と呼ばれます。

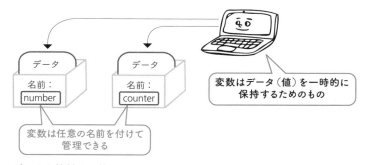

変数はデータを格納する箱のようなもの

変数には、次の3つの操作を行うことができます。

変数に対する3つの操作

操作	説明
宣言	データを保存する変数（箱）に名前を付けて宣言（用意）する
代入	宣言した変数にデータを代入（記憶）する
参照	変数に代入したデータを参照（取得）する

宣言

　変数を使うためには、まず「これから変数を使います」という宣言をコンピューターに対して行う必要があります。宣言をすることで、データを記憶するための変数が用意されます。

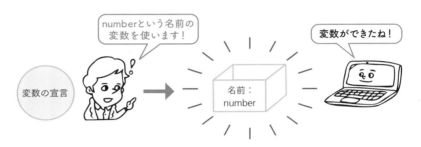

宣言

代入

　宣言した変数にデータを記憶することを「代入する」といいます。すでに変数にデータが代入されていた場合、新たに代入したデータに上書きされます。

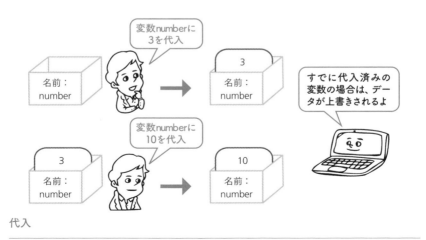

代入

1　変数とは？

参照

あるタイミングで変数に代入したデータを別のタイミングで取得することを、「参照する」といいます。一度代入したデータは、何度でも参照することができます。

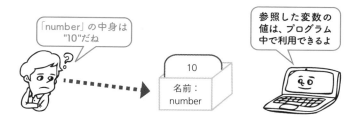

「number」の中身は"10"だね

参照した変数の値は、プログラム中で利用できるよ

参照

Check Test

Q1 次の空欄に当てはまる組み合わせを⑦〜①から選んでください。

宣言とは、これから使う変数を　A　することです。変数への代入とは、変数という入れ物に　B　を記憶させることです。代入された変数の　B　を確認することを、変数を　C　するといいます。

⑦　A:用意 / B:変数名 / C:参照

④　A:取得 / B:データ / C:参照

⑨　A:用意 / B:データ / C:コピー

①　A:用意 / B:データ / C:参照

解答は巻末に掲載

③ _2_ 型

　変数には何でも代入できるわけではなく、あらかじめ用意されている形式の情報しか記憶できません。この形式のことを「型（またはデータ型）」と呼びます。第2章で見たように、Javaでは値の種別に複数の型が用意されていますが、これらは大きく「基本型」と「参照型」の2つに分類されます。

基本型（プリミティブ型）

　基本型（またはプリミティブ型）とは、変数という入れ物に入りきる大きさの情報です。Javaでは基本型として第2章で説明した値が用意されています。型に応じて変数の大きさも異なります。

基本型の一覧

種別	型	読み	扱える範囲	用途
整数	int	イント	-21億〜21億くらいまで	一般的な値として
	long	ロング	-900京〜900京まで（1京は10,000兆に相当）	intよりも大きな値を扱いたいとき
	short	ショート	-32,768~32,767まで	あまり使うケースはない
	byte	バイト	-128~127まで	コンピューター内で読み書きされるデータを扱うとき
	char	キャラ／チャー	0~65,535まで	文字を表すコードとして

種別	型	読み	扱える範囲	用途
浮動小数点数	double	ダブル	ほぼ制限はない。ただし精度は15桁くらい	小数、あるいはおおよそでよいとても大きな値
	float	フロート	ほぼ制限はない。ただし精度は7桁くらい	doubleより容量を節約したいとき
その他	boolean	ブーリアン	―	trueかfalseかを表す

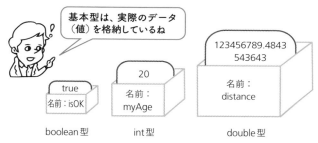

基本型は、実際のデータ（値）を格納しているね

true
名前：isOK

20
名前：myAge

123456789.4843543643
名前：distance

boolean型　　int型　　double型

基本型の変数

参照型（リファレンス型）

　プログラムでは、基本型では収まりきらない情報（データ）も扱う必要があります。Javaでは、文字列や日付、コレクション、クラスなどがそれにあたります（これらの詳細は次章以降で順に取り上げます）。Javaでは、このようなデータを変数の外部に準備し、そのデータの位置を変数に記憶します。データが記憶されている場所への参照を記憶するため、参照型（またはリファレンス型）と呼ばれます。

参照型の変数

　「変数の参照」と「参照型」は、どちらも参照という言葉を使っていますが、まったく異なる概念なので気を付けてください。

- 変数の参照──動作しているプログラムが、変数の中身（データ）を取得すること
- 参照型────データの場所を指し示す位置情報を表す型のこと

解答は巻末に掲載

Check Test

Q1 基本型と参照型の変数のうち、
情報が変数そのものに収まっているのはどちらですか？

3 — 3 変数の宣言

続いて、変数の使い方を見ていきましょう。Javaで変数を使うためには、まず変数の宣言を行う必要があります。宣言は、次の書き方で行います。

構文　変数の宣言

```
型名 変数名;
```

「**型名**」には、変数の型を指定します。そして「**変数名**」には複数の変数を区別するための名前を指定します。変数名はルールに沿って自由に付けることができます。

```
jshell> int age; ⏎        ← 年齢を記憶するint型の変数
age ==> 0

jshell> double height; ⏎        ← 身長を記憶するdouble型の変数
height ==> 0.0
```

宣言により、値を記憶する場所が変数として確保されます。

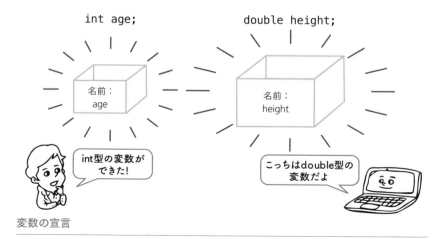

変数の宣言

jshellで変数を宣言すると、それぞれの型の初期値が表示されます。変数の初期値については、「3.5 変数の参照」で説明します。

変数名の付け方

では変数名はどのように付ければよいのでしょうか?

変数名の付け方には、絶対守らなければならない「Javaの仕様上の決まり」と、守ったほうが便利な「慣例的な決まり」があります。この2つの決まりに沿って付けましょう。

まず、守らなければならない「Javaの仕様」として、次の2つのルールがあります。

❶ 変数名の最初の文字は、アルファベットと一部の記号や漢字が使える
❷ 2文字目以降はさらに数字も使える

例えば、先ほど宣言した変数のように、身体測定のデータをプログラムで扱う場合の変数を考えてみましょう。上記のルールに従うと、次のような変数名を付けることができます。

「Javaの仕様」に沿った変数の命名例

変数名	記憶するデータ	備考
Age	年齢	英語表記の変数
myHeight	身長	
my_weight	体重	
胸囲	胸囲	漢字表記の変数
ざこう	座高	ひらがな表記の変数

これらの変数名は、正しいJavaのプログラムとしてコンパイルすることができます。しかし自由に名前が付けられるので、他人の書いたプログラムが読みにくくなってしまうという問題があります。そこで、「慣例的な決まり」に沿って、読みやすいかどうか、あるいは入力しやすいかどうかという観点で変数名を付けます。Javaでは好ましい変数名として、次のルールが提案されています（俗に **camel形式** と呼ばれます）。

❶ 半角英数字で付ける
❷ 先頭は小文字で始める
❸ 複数の単語を組み合わせるときは、2つ目以降の単語の先頭を大文字にする

　このルールに沿うと、先の変数名は次のようにするのが望ましくなります。

- Age → age
- my_weight → myWeight
- 胸囲 → chestMeasurement（英語で胸囲）
- ざこう → sittingHeight（英語で座高）

　英語でいうと胸囲はchest measurement、座高はsitting heightなので、それを変数名に使っています。しかし、英語に明るくない人にはわかりにくいかもしれません。そのような場合にはローマ字表記でそれぞれkyoui、zakouといった変数名にしても良いでしょう。

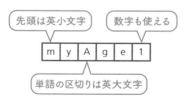

変数名の付け方（camel形式）

変数宣言と初期化

　変数を宣言するときには、指定した値で初期値を代入することができます。宣言と代入を同時に行いたいときには次のように書きます。

構文 ｜ 変数宣言と初期化

```
型名 変数名 = 初期値;
```

　例を見てみましょう。

```
jshell> int age = 43;  ←── 年齢を記憶するint型の変数
age ==> 43

jshell> double height = 174.5;  ←── 身長を記憶するdouble型の変数
height ==> 174.5
```

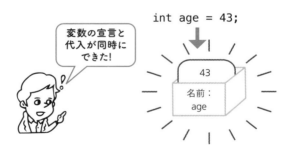

変数の宣言と初期化

Check Test

Q1 次の情報を保持する変数の名前を考えてください。

- 誕生日
- 父親の名前
- 握力

Q2 次の変数宣言の間違いを探してください。

```
int price
doubletax;
double 合計金額 ;
```

解答は巻末に掲載

3 — 4 変数への代入

一度宣言した変数には、値を代入することができます。変数へ値を代入するには次のように書きます。

構文 | 変数代入

変数名 = 式;
　左辺　　右辺

Note ────────────────────────

=の左側（変数名の箇所）を左辺、右側（式の箇所）を右辺と呼びます。

────────────────────────

変数へ値を代入する例を見てみましょう。

変数の宣言
```
jshell> double myWeight;
myWeight ==> 0.0

jshell> double myHeight;
myHeight ==> 0.0
```
変数の代入
```
jshell> myWeight = 69.5;        ❶
myWeight ==> 69.5

jshell> myHeight = 174.5 / 100;     ❷
myHeight ==> 1.745
```

❶では、myWeightに対して単純な数値の代入を行っています。代入した結果、myWeightには69.5が記憶されます。

❷では、myHeightに対しての右辺の式を評価した結果を代入しています。この場合、myHeightには174.5/100という式を評価した1.745が入ります。

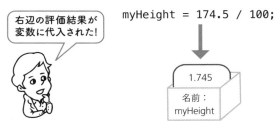

変数への代入

　代入は、同じ変数に対して繰り返し行うことができます。代入を行うと、それまでに変数に記憶されていた値は上書きされます。

```
jshell> int summary;⏎
summary ==> 0

jshell> summary = 1;⏎
summary ==> 1 ────  summaryの値は1

jshell> summary = 1 + 2;⏎
summary ==> 3 ────  summaryの値は3（前の1は上書きされる）

jshell> summary = 1 + 2 + 3;⏎
summary ==> 6 ────  summaryの値は6（前の3は上書きされる）
```

代入の評価順序

　まずは次のプログラムを見てください。

同じ変数への代入

```
int x = 1;
x = x + 1; ────❶
```

　❶に注目してください。❶の時点ではxには1が代入されています。そのためこのプログラムは一見「1が2に等しい」と書かれているように見えるかもしれません。しかし❶の「=」は等しいことを表す記号ではなく、変数の代入

を表す記号です。つまり、次のようなことが、内部で行われています。

❶ まず右辺が、式として評価される（評価の結果は**2**）
❷ 次に左辺に対して、式の結果が代入される（**x**の値は**2**になる）

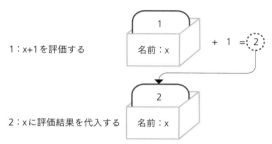

1：x+1を評価する

2：xに評価結果を代入する

同じ変数への代入

```
jshell> int x = 1;
x ==> 1

jshell> x = x + 1;
x ==> 2
```

　このように「=」による代入では、まず右辺の式が評価されます。そしてその結果が左辺の変数に代入されます。このような評価順序があるということを理解しておきましょう。

Q1 次のプログラムでは value の値はいくつになりますか？
⑦〜⑦から選んでください。

```
int value;
value = (1 + 2) * 3;
value = value + 4;
```

⑦ 13になる
④ 4になる
⑦ プログラムに間違いがある

解答は巻末に掲載

第
3
章

変
数

変数の参照

　参照とは、変数の中にどのような値が代入されているのかを確認することです。例えば式の中で変数が出てくると、そのたびに変数の参照が行われます。参照の例を次のソースコードで見てみましょう。

```
jshell> double myWeight = 69.5;⏎
myWeight ==> 69.5

jshell> double myHeight = 174.5 / 100;⏎
myHeight ==> 1.745

jshell> double bmi = myWeight / (myHeight * myHeight);⏎  ────❶
bmi ==> 22.824114744542324
```

　❶を見ると、右辺にmyWeightとmyHeightという2つの変数が存在します。これら2つの変数にはあらかじめ値が代入されています。右辺の式が評価されるときには、それぞれの変数が参照され、その時点での値に置き換わります。この場合、合計3回の参照が行われます。そしてbmiには式の評価結果である22.824114744542324が入ります。

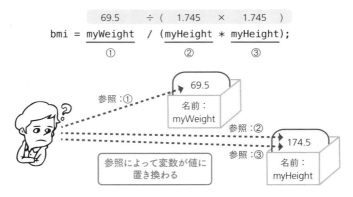

変数の参照

この例では、`myHeight`が2回参照されていることに注意してください。参照は何度行っても、変数の値がなくなったり変更されたりすることはありません。

変数の初期値とnull

宣言した変数を代入する前に参照しようとすると、コンパイル時にエラーが発生します。

代入していない変数を参照するとコンパイルエラー

```
int number;                 /* 宣言はしたけれども代入はされていない変数 */
System.out.println(number); /* コンパイルエラー！ */
```

そのため、変数を宣言したら初期値を指定する必要があります。変数を宣言したときに初期値を特に決められない場合は、どうすればよいのでしょうか?

基本型の場合は、数値は0を、真偽値では`false`を代入するのが一般的です。参照型の場合は、「変数に何も代入されていない」という状態にします。

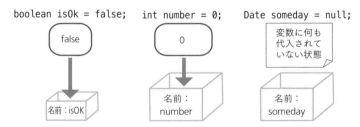

```
boolean isOk = false;    int number = 0;    Date someday = null;
```

false

0

変数に何も代入されていない状態

名前：isOK

名前：number

名前：someday

変数の初期値とnull

nullの意味

"Someday = null" という書き方を見ると、あたかもnullという特別な値があるように見えますが、Javaにはnullという値はありません。この書き方は、あくまで変数に何も代入されていないことを指示するための書き方であることを、意識しておいてください。

Check Test

Q1 次のプログラムでは、変数の参照は
何回行われているでしょうか?

```
int unitPrice = 100;    /* 単価 */
int number = 3;         /* 個数 */
int amount = unitPrice * number;    /* 合計金額 */
System.out.println("合計金額は" + amount + "円です");
```

解答は巻末に掲載

3 — 6 代入演算子

続いて、第2章で説明を飛ばした演算子について見ていきましょう。

代入演算子とその関連の演算子

演算子の種類	説明
代入演算子	変数に値を代入します
再帰代入演算子	ある変数に演算をした結果を、同じ変数に代入します
インクリメント／デクリメント演算子	ある変数の値に1を加えた結果、あるいは1を引いた結果を、同じ変数に代入します

▌代入演算子

代入演算子は、変数の代入の説明時にすでに登場した＝（イコール）です。右辺の値を左辺の変数に代入します。

代入演算子

演算方法	演算子	演算の例	結果
代入	=	x = 3	変数xに3が代入される

代入演算子を使った例です。

```
jshell> int x;⏎
x ==> 0

jshell> x = 3;⏎
x ==> 3 ——— 3が代入された
```

再帰代入演算子

再帰代入演算子は、左辺の変数と右辺の値を演算した結果を、もう一度同じ変数に代入します。算術演算子と代入演算子を使って書き直すことができますが、簡潔さが好まれてよく使われます。

再帰代入演算子

演算方法	演算子	演算の例	結果
足し算	+=	x += 3	x = x + 3と同等の結果
引き算	-=	x -= 3	x = x - 3と同等の結果
掛け算	*=	x *= 3	x = x * 3と同等の結果
割り算	/=	x /= 3	x = x / 3と同等の結果
割り算のあまり	%=	x %= 3	x = x % 3と同等の結果

以下は再帰代入演算子の使用例です。

```
jshell> int x = 1;⏎
x ==> 1

jshell> x += 2;⏎ ●──[ xには1 + 2の結果の3が入る ]
$4 ==> 3

jshell> x *= 4;⏎ ●──[ xには3 * 4の結果の12が入る ]
$5 ==> 12

jshell> x⏎
x ==> 12
```

インクリメント／デクリメント演算子

インクリメント／デクリメント演算子は、「1を足す」「1を引く」という処

理に特化した再帰代入演算子です。

インクリメント／デクリメント演算子

演算方法	演算子	演算の例	結果
1を足す	++	x++、++x	x += 1と同等の結果
1を引く	--	x--、--x	x -= 1と同等の結果

　演算子を変数の前に付けるか後ろに付けるかは、演算と代入の順序に違いが出てきます。次の例で違いを理解しましょう。

```
jshell> int x = 3; ⏎
x ==> 3

jshell> int y = x++; ⏎          yにxの値を代入してから、xを1増やす
y ==> 3

jshell> x ⏎
x ==> 4          4と表示される

jshell> y ⏎
y ==> 3          3と表示される
```

```
jshell> int x = 3; ⏎
x ==> 3

jshell> int y = ++x; ⏎          xを1増やしてから、yにxの値を代入する
y ==> 4

jshell>  x ⏎
x ==> 4          4と表示される

jshell> y ⏎
y ==> 4          4と表示される
```

インクリメント／デクリメント演算子の呼び方

「インクリメント演算子」は長いので「プラプラ」と呼ばれることが多いです。「デクリメント演算子」は一般的な呼び方はないのですが、筆者は「マイナマイナ」と呼んでいます。

- x++ →「エックス プラプラ」
- --y →「マイナマイナ ワイ」

Check Test

Q1 次のプログラムを実行すると、どうなるでしょうか？ ⑦〜⑤から選んでください。

```
int x = 1;
x += 2;
int y = x++;
System.out.println(String.format("x = %d", x));
System.out.println(String.format("y = %d", y));
```

- ⑦ x = 3, y = 3と表示される
- ④ x = 3, y = 4と表示される
- ⑥ x = 4, y = 3と表示される
- ⑤ x = 4, y = 4と表示される

解答は巻末に掲載

3 ___ 7 拡大変換とキャスト変換

　これまで見てきたように、変数には型を指定することができます。では、型の異なる値を無理やり変数に代入するとどうなるでしょうか?

　まずは次のプログラムを試してみましょう。

変数に異なる型を代入する

```
boolean isSuccess = 10;   /* int型をboolean型に代入 */ ──❶
int age = 174.5;          /* double型をint型に代入 */ ──❷
```

　このプログラムは、❶と❷で次のようなコンパイルエラーが発生するため、そもそも実行することができません。

```
jshell> boolean isSuccess = 10; ⏎ ──❶
|  エラー:
|  不適合な型: intをbooleanに変換できません:
|  boolean isSuccess = 10;
|                      ^^

jshell> int age = 174.5; ⏎ ──❷
|  エラー:
|  不適合な型: 精度が失われる可能性があるdoubleからintへの変換
|  int age = 174.5;
|            ^___^
```

　このように右辺が左辺よりも大きな型という代入処理を書くと、コンパイルエラーが発生します。

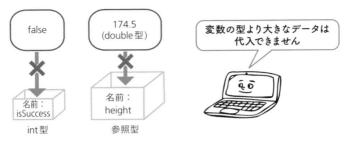

変数の型より大きな情報は代入できない

拡大変換

次のような、異なる型の代入はどうなるでしょうか?

拡大変換が行われる例

```
double myHeight = 39;   /* int型をdouble型に代入 */ ← ❶
```

　今回、❶で型が異なるものを代入しようとしていますが、実はコンパイルエラーは発生しません。つまりint型の値はdouble型に代入できるような動作になっています。なぜコンパイルエラーが発生しないのでしょうか?

　Javaでは056ページの「異なる型同士の計算」にあるように、大が小を兼ねることができます。つまり、double型ではint型で表現できる値をすべて扱うことができます。そのため、int型の値をdouble型に自動で変換してdouble型の変数に記憶します。このような動作を「拡大変換」と呼びます。

7　拡大変換とキャスト変換

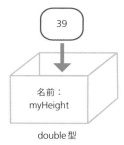

名前：
myHeight

double型

変数の型より小さな型は拡大変換される

キャスト変換

次は、double型の値をint型に代入する方法について、もう一度考えてみましょう。

通常はdouble型で扱える数字のうち、小数を含む値やint型の範囲を超える桁数の値はint型に変換できません。そのようなプログラムをコンパイルすると、安全のためにコンパイルエラーが発生します。しかしプログラムをする人が、次のような理由であえてdouble型をint型に変換したいこともあります。

- 小数点以下は丸めてもよいから近似値を使いたい
- プログラムを作った作者が、計算した結果が必ずint型に収まるものであることがわかっている（例：value / value、value * 0など）

このような場合は、コンパイラーに対し「問題があることは承知のうえで、あえてdouble型の値をint型の変数に代入するので、コンパイルエラーにしなくてもいいです」と伝えることができます。これを**キャスト変換**と呼びます。

キャスト変換は、よりくだけた言い方で「キャストする」や「キャストを
行う」ともいいます。

キャスト変換の書き方は次のとおりです。

構文 キャスト変換

(変換する型名) 変換前の式

キャスト変換を使った、変数の代入の例を示します。

```
jshell> int bmi = (int) 22.824114744542324;
bmi ==> 22
```

このとき bmi には 22 が入ります。キャスト変換の結果がどのような値にな
るかについては、Java の仕様で厳密に定義されています。しかし非常に複雑な
ので、おおざっぱに次のルールに従うと覚えておくとよいでしょう。

- 有効範囲が大きい整数から小さい整数へのキャストでは、小さい整数に合わせて
  上位ビットが削除される
- 小数以下を含む実数から整数のキャストは、小数以下が切り捨てられる
- 実数から int 型と long 型のキャストでは、一番近い値となる
- 実数から int 型と long 型以外の整数型へのキャストでは、int 型に変換された
  あと、有効範囲が大きい整数から小さい整数へのキャストのルールが適用される

このようなルールはありますが、あくまでもキャストする値が変換先の型で正しく表現できるときのみに限るのが、安全な使い方です。

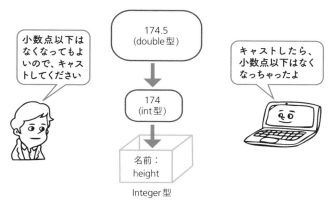

キャスト変換

Check Test

Q1 int 型の値を double 型の変数に代入するプログラムを書くと、何が起こりますか?

Q2 float 型の値を char 型の変数に代入するプログラムを書くと、何が起こりますか?

Q3 int 型の変数を byte 型の変数にキャスト変換を行って代入するプログラムを書くと、何が起こりますか?

解答は巻末に掲載

変数のfinal宣言

　一度宣言した変数には、違う値を何度も代入して上書きすることができます。しかし、一度設定した値を上書きしたくないこともあります。Javaでは、final（ファイナル）を使ってこのような変数も宣言することができます。宣言は、次の書き方で行います。

| 構文 | 変数宣言 |

```
final 型名 変数名;
```

　finalを付けて宣言された変数は、一度しか代入できません。もし再代入をするような処理を書いた場合、コンパイル時にエラーが発生します。

```
final int maxScore = 100;
 :
(ここに割と長い処理)
 :
maxScore = 200;   /* ここがコンパイルエラーとなる */
```

| Note |

　finalは変数だけではなく、今後の章で説明する「クラス」や「メソッド」にも付けることができます。詳しくは第10章をご覧ください。

Check Test

Q1 変数の値を上書きされないようにするために、
変数に指定する例です。空欄を埋めてください。

```
A    int maxSpeed = 180;
```

解答は巻末に掲載

第 **4** 章

文字

メールや Word、Web ブラウザー
などなど、私たちのまわりには
文字を扱うプログラムがたくさ
んありますね。何かプログラム
を作る場合、文字の表示や加工
に関する知識がなくては話にな
りません。この章では、Java で
文字を扱う方法について学びま
しょう。

4 1 文字と文字列

　第2章で学んだchar型を使えば、文字コードを扱うことができます。つまり、**'あ'**や**'い'**など1つの文字をプログラム中で利用できるわけです。しかし、日ごろ私たちが利用している「おはよう」や「こんにちは」といった単語や、「今日は寒いですね。」といった文章は、複数の文字がつながってできています。プログラムの世界では、このようにつながっている文字を**文字列**と呼んでいます。1文字ずつchar型で管理するのは面倒なので、文字列としてまとめて管理できると便利ですよね。Javaでは、文字列を扱うために**String**クラスという機能が用意されています。

「おはよう」という文字列を
プログラムで扱いたい！

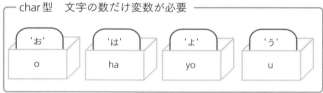

― char型　文字の数だけ変数が必要 ―

| 'お' | 'は' | 'よ' | 'う' |
| o | ha | yo | u |

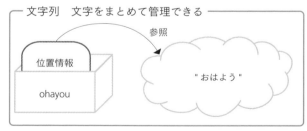

― 文字列　文字をまとめて管理できる ―

位置情報

参照

" おはよう "

ohayou

文字列を使うと
ラクだよ！

char型（文字）と文字列

解答は巻末に掲載

4 ─ 2 文字列

さっそく文字列の利用方法について学んでいきましょう。文字列は、int型やchar型などの数を扱うための型ではないため、四則演算などの演算を行うことができません。

しかし、その代わりに以下のような操作を行うことができます。

- 変数の利用（宣言、代入、参照）
- 文字／文字列の連結
- メソッド（文字列に対するさまざまな処理）

これらの操作について説明する前に、まずは文字列を表現する方法について学びましょう。Javaで文字列を表現するには、ダブルクォーテーション(")を利用します。表現したい単語や文章をダブルクォーテーションで囲むことによって文字列を表すことができます。

```
jshell> System.out.println("おはよう");
おはよう
```
> プログラム中の文字列は""で囲む

▌変数の利用

文字列でも、int型やchar型と同じように変数を利用することができます。変数には、宣言、代入、参照の3つの操作ができましたね。文字列で3つの操作を行う例は以下のようになります。

```
jshell> String hello;⏎          ←─ 変数の宣言
hello ==> null

jshell> hello = "おはよう";⏎     ←─ 変数の代入
hello ==> "おはよう"

jshell> System.out.println(hello);⏎  ←─ 変数の参照
おはよう
```

　変数の宣言後に値が**null**となっているのは、**String**クラスが参照型の一つだからです。**String**クラスはJavaの中でも特別な参照型で唯一、ダブルクォーテーションで値を直接表現する方法が用意されています。

文字列の連結

　文字列は、**文字列連結演算子**（+）を使って連結することができます。

```
jshell> String haiku = "古池や" + "蛙飛び込む" + "水の音";⏎
haiku ==> "古池や蛙飛び込む水の音"

jshell> System.out.println("int型:" + 1 + ", float型:" + 1.0f);⏎
int型:1, float型:1.0
```

　文字列連結演算子は、文字列を**int**型などの基本型とも連結させることができます。しかし、四則演算と同じ+演算子を使っていますが、−、*、/などの演算子は利用できないことに注意してください。

文字列に用意されているメソッドの利用

　文字列には、連結以外にもさまざまな機能が用意されています。これらの機能は**メソッド**と呼ばれ、次のような書式で利用することができます。

変数名 . メソッド名 (引数)

　変数名に続き、ドット（.）を記述し、その後にメソッドの名前を記述します。カッコの中にある**引数**とは、どのようにメソッドを実行するかを指示するための情報です。この説明だけだとわかりにくいので、次のjshell実行例を見てください。ここでは、ある文字列から、特定の文字を置き換えた新しい文字列を返す**replace**という名前のメソッドを利用しています。

```
jshell> String badHaiku = "振る池や　蛙飛び込む　水の音"; ⏎
badHaiku ==> "振る池や　蛙飛び込む　水の音"
```
"振る"を"古"で置き換えた新しい文字列を返す
```
jshell> String goodHaiku = badHaiku.replace("振る", "古"); ⏎
goodHaiku ==> "古池や　蛙飛び込む　水の音"
```

　このプログラムでは、replaceメソッドが**"振る"**と書かれた箇所を**"古"**と置き換えた新しい文字列を返しています。

,で区切ることで2つの
引数（"振る"と"古"）を
指定しているね

badHaiku.**replace** ("振る","古")

変数名　　メソッド名　　引数

文字列を置換するreplaceメソッド

　replaceメソッドの引数の部分には、**"振る"**と**"古"**がカンマ（,）で区切られて指定されています。これは、「**"振る"**を**"古"**に置き換えてください」という情報をreplaceメソッドに指示しています。

　引数の形式（指定できる情報や引数の数）は、メソッドごとに決まっています。それは、メソッドごとに行いたい処理が異なるためです。以降では、文字列に用意されたメソッドの中でよく使うものをいくつか見ていきましょう。

● 文字列の長さを調べる

　文字列の長さを調べるには、length メソッドを使います。length メソッドは、次のように利用します。

```
jshell> String apple = "りんご";
apple ==> "りんご"

jshell> System.out.println("文字列の長さは" + apple.length() +
"です。");
文字列の長さは3です。
```

　文字列の長さ（文字数）が表示されました。length メソッドでは処理を行ううえで情報を引数として渡す必要がなく、カッコの中が空白となっています。

● 文字列を抜き出す

　substring メソッドを使えば、特定の位置の文字列を抜き出すことができます。substring メソッドの利用例を示します。

```
jshell> String haiku = "ふるいけやかわずとびこむみずのおと";
haiku ==> "ふるいけやかわずとびこむみずのおと"

                    中の句として、6文字目までを抜き出す
jshell> String middle = haiku.substring(5, 12);
middle ==> "かわずとびこむ"

jshell> System.out.println(middle);
かわずとびこむ
```

substringメソッドで位置を指定するとき、0から数え始めるため人間の直感的には少し混乱が発生します。しかし、コンピューターには0から考えたほうが都合のよいことが多いため、慣例として0から数えることになっています。そこで、筆者は「文字そのものではなく、文字と文字の間に番号を振る」と考えるようにしています。

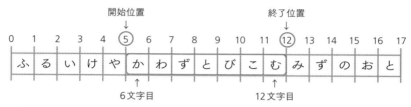

文字を区切る位置

上記の文字列で「かわずとびこむ」を抜き出したい場合、その両端の「5（開始位置）」と「12（終了位置）」をsubstringメソッドの引数とします。

● 文字列を整える

＋（文字列連結演算子）を利用するとさまざまな文字を連結して新たな文字列を作ることができました。しかし、多くの要素を用いる場合には手間がかかります。そのようなときにはformatメソッドを利用できます。

```
jshell> String birthday = String.format⏎
("%d年%2d月%2d日 %s曜日", 2022, 3, 14, "水");
birthday ==> "2022年03月14日 水曜日"
```

formatメソッドでは、1つ目の引数の中の％で始まる記号が特定の文字列に置き換えられます。利用できる代表的な記号（書式文字列）を次の表に示します。

書式文字列

%d	整数
%f	浮動小数点数
%s	文字列

　また、formatメソッドは変数のメソッドではなくStringクラスのメソッドとして利用しています。このようなメソッドは静的メソッドと呼ばれます（詳しくはChapter 10を参照）。2つ目以降には、引数として、記号と置き換えたい値を指定しますが、引数の数は決まっておらず、何個でも指定することができます。このような引数は<ruby>可変長引数<rt>かへんちょうひきすう</rt></ruby>と呼ばれます。

Column

文字列とStringクラス

文字列の実態は、<ruby>String<rt>ストリング</rt></ruby>クラスです。Stringクラスとは、Javaクラスライブラリ（第16章参照）で提供されているJavaの基本的な機能です。クラスについては第9章で説明します。
Javaクラスライブラリのドキュメントを見ることによって、文字列にどのようなメソッドが用意されているか知ることができます。

▌ Check Test

Q1 次の空欄を埋めてください。

文字列は　A　と呼ばれる機能を利用することで、さまざまな処理を行うことができます。このとき、　B　という情報を与えることで処理の内容を変更することができます。

Q2 文字列を連結するときに利用する記号は何ですか？

解答は巻末に掲載

4 ─ 3 文字エンコーディング

'あ' や **'い'** など、一つ一つの文字にはそれぞれ文字コードと呼ばれる番号が振られて管理されています。ここでは、この番号の付け方について簡単に説明します。詳しく説明するとそれだけで1冊の本ができてしまうほどのボリュームがあるため、ここではプログラムを書く際に必要となる基本的な考え方に絞って学びます。

文字コードの番号の付け方を理解するには、大きく分けて以下の2つを知る必要があります。

- どれだけの文字を扱えるようにするか──**文字セット**
- どのように番号を付けるか──**文字エンコーディング**

文字セット

文字に番号を付けるためには、まずどれだけの文字に番号を付けるのかを決めなければなりません。

文字セットとは、どれだけの文字を扱えるようにするかを定めたものです。世の中にはアルファベット、ギリシャ文字、ひらがな、カタカナなどたくさんの種類の文字があります。もし、地球上のすべての文章がひらがなだけで書かれているのならば、ひらがなにだけ番号を振ればよいというわけです。その場合の文字セットにはひらがなだけが含まれることになります。

わ	ら	や	ま	は	な	た	さ	か	あ
を	り		み	ひ	に	ち	し	き	い
ん	る	ゆ	む	ふ	ぬ	つ	す	く	う
	れ		め	へ	ぬ	て	せ	け	え
	ろ	よ	も	ほ	の	と	そ	こ	お

ひらがなだけの文字セット

しかし実際には、アルファベットやギリシャ文字など世界中でさまざまな種類の文字が使われているため、そう簡単にはいきません。Javaでは、これら複数種の文字を扱うために**ユニコード**（Unicode）という文字セットを利用しています。ユニコードは、世界中のさまざまな文字を扱えるようにした文字セットです。

｜｜ ギリシャ文字やアラビア文字など

ユニコードの文字セット

文字エンコーディング

　このようにJavaでは、ユニコードという文字セットを使って、扱える文字の範囲を定めています。では、このユニコード内の一つ一つの文字にどうやって番号を付けているのでしょう。ここで再び、ひらがなだけの世界に戻ってみましょう。ひらがなだけであれば、以下のように番号を付けてもよいでしょう。

9	8	7	6	5	4	3	2	1	0	No.
わ	ら	や	ま	は	な	た	さ	か	あ	1
を	り		み	ひ	に	ち	し	き	い	2
ん	る	ゆ	む	ふ	ぬ	つ	す	く	う	3
	れ		め	へ	ぬ	て	せ	け	え	4
	ろ	よ	も	ほ	の	と	そ	こ	お	5

ひらがなだけの文字エンコーディング

3 文字エンコーディング

この方法でひらがなに番号を付けると「' **ゆ** ' = 73」、「' **き** ' = 12」といっ
た番号になります。このように文字セットの各文字にどのように番号を付ける
かを定めたものが**文字エンコーディング**です。

Javaの内部では、**utf-16**という文字エンコーディングが使われています。
utf-16はユニコードの文字エンコーディングの1つで、他にもユニコードの文
字エンコーディングの方式としてutf-8やutf-32などがあります。また、ユニコー
ドではありませんが、日本語を表現できる文字エンコーディングの方式として、
Shift_JISやEUC-JP等もあります。

Column

文字化け

ブラウザーでWebサイトを表示したときやメールのやり取りの際などに、
判読不能な文字や記号が表示されたことはないでしょうか。このよう
にコンピューターで文字を表示する際に、正しく表示されない現象を
文字化けと呼びます。

例えば、文字列の文字エンコーディングにShift_JISが使われているのに、
コンピューターがutf-8だと思って処理をすると文字化けが発生します。
そのようなときにはコンピューターにShift_JISを利用していることを教
えてあげれば正しく表示されます。プログラムを作成していると、いつ
か文字化けに遭遇するときが来るでしょう。そのときには、ここで学ん
だ文字セットや文字エンコーディングの考え方を思い出してください。

Check Test

Q1 Javaが利用している文字セットは、何という文字セットでしょうか?

Q2 Javaが内部で利用している文字エンコーディングは、何という文
字エンコーディングでしょうか?

解答は巻末に掲載

4 エスケープシーケンス

　プログラムの中で扱う文字の中には、タブや改行といった特殊な文字が含まれています。例えば、改行は普段私たちの目には見えませんが、コンピューターの中では文字の一つとして扱われています。このような特殊な文字をプログラムで扱えるようにするために**エスケープシーケンス**という仕組みがあります。エスケープシーケンスとは、本来文字として表せない特殊な文字を特定の記号と文字の並びで表現する仕組みです。

```
jshell> System.out.println("かえる¥nぴょこぴょこ¥tみぴょこぴょこ");
かえる
ぴょこぴょこ        みぴょこぴょこ
```

　文字列の中の「¥n」や「¥t」が、エスケープシーケンスです。「¥n」が改行を「¥t」がタブを表しています。エスケープシーケンスは、このように¥記号を先頭に付けて表現します。改行やタブ以外にも以下のようなものがあります。

特殊な文字	エスケープシーケンス
バックスペース	¥b
水平タブ	¥t
改行	¥n
改ページ	¥f
¥文字そのもの	¥¥

　このような特殊な文字を表現するためには、エスケープシーケンスを利用する必要があります。

Q1 次の空欄を埋めてください。

エスケープシーケンスは、 A な文字を表すための仕組みです。
例としては、改行を表す B やタブを表す C などがあります。

解答は巻末に掲載

第4章

文字

第 **5** 章

日付

Javaの日付は、世界中の国や地域で利用できるように時差や言語を考慮して設計されています。そのため、上手に利用するためにはJavaが日付を扱う仕組みを理解しなければなりません。この章では、Javaで日付を扱う仕組みと方法について学びます。

Javaと日付

始めに、Javaの内部で日付がどのように管理されているかについて学んでいきましょう。内部での管理方法を学ぶことによって全体をより深く理解できるようになります。

日付の管理単位

Javaでは、日付は**ミリ秒**という単位で管理されています。ミリ秒とは、1000分の1秒（0.001秒）を表す単位です。このミリ秒を使って、以下のような仕組みで日付が管理されています。

- 1970年1月1日0時0分0秒0ミリ秒を0とする
- 上記の日付からの経過時間（ミリ秒）で日付を表現する

例えば1980年1月1日の場合は、1970年1月1日0時0分0秒0ミリ秒（以降、1970年1月1日と表記します）から3155億3280万ミリ秒経過していて、1960年1月1日の場合は、マイナス3156億1920万ミリ秒経過していると考えるわけです。

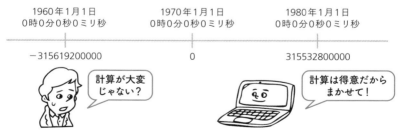

| 1960年1月1日 | 1970年1月1日 | 1980年1月1日 |
| 0時0分0秒0ミリ秒 | 0時0分0秒0ミリ秒 | 0時0分0秒0ミリ秒 |

−315619200000　　　　　　　0　　　　　　315532800000

計算が大変じゃない？

計算は得意だからまかせて！

Javaの日付管理

このように日付は、とても大きな値で表現されていますが、Javaの内部ではこの値を long 型で管理しています。そのため、紀元前、紀元後ともに約3億年まで扱うことができます。これは、よほど特殊なプログラムでない限り十分な範囲といえるでしょう。

ミリ秒で扱える最大範囲

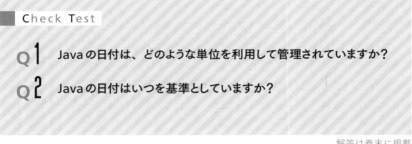

Check Test

Q1 Javaの日付は、どのような単位を利用して管理されていますか？

Q2 Javaの日付はいつを基準としていますか？

解答は巻末に掲載

2 Dateクラス

日付を管理するクラス

　ここまで見てきた日付は、Java では Date クラスという参照型の値として管理されています。

インスタンスの作成

　参照型の値は new <ruby>ニュー</ruby> というキーワードを使って作成します。このように作成された値はコンピューターのメモリ領域に保存されます。

```
jshell> Date today = new Date(1541170800000L);
today ==> Sat Nov 03 00:00:00 JST 2018
```

> Date クラスの today という変数に new で
> 作成したインスタンスを保存
> （1541170800000L は 2018/11/3 を表す）

　上記のプログラムでは、new は保存領域を用意してから、日付の値を保存します。その後、その領域の位置が式の値として返され、変数の値として保存されます。このように new で作成された領域を**インスタンス**と呼びます。Date クラスのインスタンスを作成するときには、「new Date(ミリ秒)」のように経過時間を指定できます。

Date today = **new Date**(1541170800000L)

参照

today

変数

2018年11月3日
0時0分0秒

Dateクラスの
日付を保存

newでインスタンス
（領域）を作る

Dateクラスのインスタンス

newでDateクラスのインスタンスを作成

　この**new**とインスタンスは、Javaでプログラムを作るうえでとても重要な概念です。第8章でさらに詳しく説明するので、ここではまず「プログラムで日付を扱うには、**new**でインスタンス（保存領域）を作る」ということを覚えておきましょう。

Check Test

Q1 Dateクラスのインスタンスを作成するときには、どのようなキーワードを利用しますか？

解答は巻末に掲載

Calendarクラス

Dateクラスを利用することで日付を保存することができました。しかし、Dateクラスのインスタンスを作る際に経過時間を指定するのは現実的ではありません。経過時間のミリ秒を自前で計算するのは大変なので、計算ミスをする可能性が高いからです。

日付を操作するクラス

Javaでは、日付の操作を簡易的に行うためにCalendarクラスが用意されています。CalendarクラスにはDateクラスの作成や計算を行うための機能が含まれていて、次の図のように利用します。

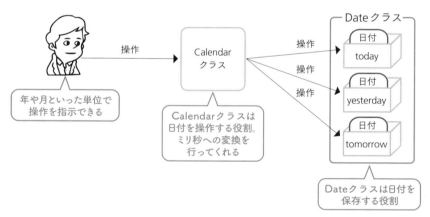

Calendarクラスと Dateクラス

現在の日付を取得する

　Calendarクラスを利用して現在の日付を取得するプログラムは、次のように
なります。

```
jshell> Calendar calendar = Calendar.getInstance();
calendar ==> java.util.GregorianCalendar[time=1534034501552,
ar ... SET=32400000,DST_OFFSET=0]    ┌ Calendarクラスのインスタンス取得

jshell> Date today = calendar.getTime();    ┌ Dateクラスの
today ==> Sun Aug 12 09:41:41 JST 2018      └ インスタンス取得
```

　上記のプログラムには、以下の2つの重要なポイントがあります。

- **Calendar.getInstance()** を利用した **Calendar** クラスのインスタンスの取得
- **calendar.getTime()** を利用した **Date** クラスのインスタンスの取得

● Calendar クラスのインスタンス取得

　Calendarクラスのインスタンスを取得する際には、Dateクラスとは異なり、
newを利用せずに getInstance メソッドを利用しています。この getInstance
メソッドはインスタンス経由ではなく Calendar クラスから直接呼び出され
ている点に注意してください。

Note

　このようにクラスから直接呼び出されるメソッドは、静的メソッドと呼ばれ、
インスタンスを経由せずとも呼び出すことができます。静的メソッドにつ
いては、第10章で詳しく解説します。

　このように取得したCalendarクラスのインスタンスは、現在の日付を保

持しています。

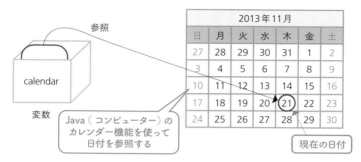

Calendar クラス（現在の日付を保持）

● Data クラスのインスタンス取得

Calendar クラスのインスタンスからは、そのインスタンスが保持している
日付（Date クラス）を getTime メソッドによって取得することができます。

指定した日付を取得する

Calendar クラスを利用すると、年月日や時分秒を指定した日付の Date ク
ラスを簡単に取得することができます。年月日や時分秒は、clear メソッドと
set メソッドによって設定することができます。

```
jshell> Calendar calendar = Calendar.getInstance();
calendar ==> java.util.GregorianCalendar[time=1647760808321,ar →
... SET=32400000,DST_OFFSET=0]

jshell> calendar.clear();

jshell> calendar.set(1984, 11, 26);

jshell> Date date = calendar.getTime();
date ==> Wed Dec 26 00:00:00 JST 1984
```

setメソッドを利用して年月日を設定しています。ここで注意しなくてはならないのが、月の指定です。ここでは、12月を指定しているはずですが、プログラムでは11を指定しています。これは、Javaが月を0から順番に数えているためで、例えば0が1月を表し、11が12月を表しています。

　また、clearメソッドを利用しているのは、Calendarクラスのインスタンスが保持している日付をリセットするためです。リセットを行わないと、Calendarクラスが作成されたときに保持している時・分・秒・ミリ秒の情報が残ってしまい、その後の計算に悪影響を及ぼしてしまいます。また、Calendarクラスには年月日だけでなく時分秒まで設定するメソッドも用意されています。

```
jshell> calendar.set(1984, 11, 26, 12, 34, 56);↵

jshell> Date date = calendar.getTime();↵
date ==> Wed Dec 26 12:34:56 JST 1984
```

┃ フィールドを利用した操作

- -

　Calendarクラスは、**フィールド**という考え方で操作を行うこともできます。フィールドとは、年や月、または曜日といったような日付の一部を抜き出したものです。例えば、ある日付を表すカレンダーに対して、時間だけを取得したり、変更したりといった操作が行えるようになります。また、ある日付が何曜日なのかを調べることも可能です。

　以下にJavaのカレンダーで扱うことができる、主要なフィールドの一覧を示します。

カレンダーで扱える主要なフィールドの一覧

フィールド名	説明	得られる値
YEAR	年	1999など
MONTH	月	0〜11
DAY_OF_MONTH	日にち	1〜31
HOUR_OF_DAY	1日における時間	0〜23
MINUTE	分	0〜59
SECOND	秒	0〜59
MILLISECOND	ミリ秒	0〜999
HOUR	午後、または 午前における時間	0〜11
AM_PM	午前、または 午後を表す番号	0：AM 1：PM
DAY_OF_WEEK	曜日の番号	1：SUNDAY 2：MONDAY 3：TUESDAY 4：WEDNESDAY 5：THURSDAY 6：FRIDAY 7：SATURDAY

　これらのフィールドは、以降で説明するフィールドを扱うsetメソッドや
getメソッドなどで利用されます。

フィールドの取得

Calendarクラスには、get<ruby>ゲット</ruby>メソッドが用意されています。getメソッドを利用するとフィールドの値を取得することができます。例えば、日付から時間だけを取り出したり、曜日を調べたりする際に利用できます。

```
jshell> Calendar calendar = Calendar.getInstance(); ⏎
calendar ==> java.util.GregorianCalendar[time=1534034836143, ➡
    ar ... SET=32400000,DST_OFFSET=0]

jshell> calendar.clear(); ⏎

jshell> calendar.set(1984, 11, 26, 11, 33, 50); ⏎  ← 1984年12月26日11時33分50秒

jshell> int hourOfDay = calendar.get(Calendar.HOUR_OF_DAY); ⏎
hourOfDay ==> 11

jshell> int dayOfWeek = calendar.get(Calendar.DAY_OF_WEEK); ⏎
dayOfWeek ==> 4
```

時間や曜日を取得できていますね。曜日の取得では、それぞれの曜日を表す番号が返されます。先ほどの表「カレンダーで扱えるフィールドの一覧」の「得られる値」を参照してください。上記の実行結果の4が表す曜日は、水曜日であることがわかるでしょう。

また、フィールド名は以下のように指定する必要があります。

構文 | フィールドの指定方法

Calendar.フィールド名

フィールドの変更

set<ruby>セット</ruby>メソッドには、フィールドを指定して特定の値だけを変更するメソッドも用意されています。

---

3 Calendarクラス

```
jshell> Calendar calendar = Calendar.getInstance(); ⏎
calendar ==> java.util.GregorianCalendar[time==1534035037899, ➡
    ar ... SET=32400000,DST_OFFSET=0]

jshell> calendar.clear(); ⏎
                                        ┌────────────────────────────┐
                                        │ 1984年12月26日11時33分50秒 │
                                        └────────────────────────────┘
jshell> calendar.set(1984, 11, 26, 11, 33, 50); ⏎ ◄─────┘

jshell> System.out.println(calendar.getTime()); ⏎
Wed Dec 26 11:33:50 JST 1984

jshell> calendar.set(Calendar.YEAR, 2018); ⏎

jshell> System.out.println(calendar.getTime()); ⏎
Wed Dec 26 11:33:50 JST 2018

jshell> calendar.set(Calendar.SECOND, 00); ⏎

jshell> System.out.println(calendar.getTime()); ⏎
Wed Dec 26 11:33:00 JST 2018
```

　表示された結果を見るとそれぞれのフィールドが変更されているのがわかり
ます。

日付の計算

　フィールドを利用することで、日付を足したり引いたりといった日付の計算
もできます。このような計算をするときに利用するのが<ruby>add<rt>アッド</rt></ruby>メソッドです。
addという名前ですが、マイナスの値を指定することによって引き算もできます。

```
jshell> Calendar calendar = Calendar.getInstance(); ⏎
calendar ==> java.util.GregorianCalendar[time=1520059750786, ➡
    ar ... SET=32400000,DST_OFFSET=0]

jshell> System.out.println(calendar.getTime()); ⏎
Sat Mar 03 15:49:10 JST 2018

jshell> calendar.add(Calendar.DAY_OF_MONTH, 3); ⏎ ◄─── 3日後
```

```
jshell> System.out.println(calendar.getTime()); ⏎
Tue Mar 06 15:49:10 JST 2018

jshell> calendar.add(Calendar.MONTH, -6); ⏎ ◀━━━━ 6ヵ月前

jshell> System.out.println(calendar.getTime()); ⏎
Wed Sep 06 15:49:10 JST 2017
```

▌タイムゾーン

　ここまでのフィールドを使った操作は、時差を考慮していませんでした。このためgetメソッドなどで取得した値は、日本を基準に計算されていました。これは、プログラムを実行したコンピューター（PC）が日本向けに設定されているためです。**タイムゾーン**という考え方を利用すると、特定の国や地域を基準にフィールドを利用した操作を行うことができます。

```
jshell> Calendar calendar = Calendar.getInstance(); ⏎
calendar ==> java.util.GregorianCalendar[time=1534035065538,➡
    ar ... SET=32400000,DST_OFFSET=0]

jshell> System.out.println("日本の時間は" + calendar.get(➡
Calendar.HOUR_OF_DAY) + "時です。"); ⏎
日本の時間は15時です。

jshell> calendar.setTimeZone(TimeZone.getTimeZone(➡
"America/Los_Angeles")); ⏎

jshell> System.out.println("ロサンゼルスの時間は" + calendar.get➡
(Calendar.HOUR_OF_DAY) + "時です。"); ⏎
ロサンゼルスの時間は22時です。
```

　国際的なプログラムを作成するときにはタイムゾーンを考慮する必要がありますが、通常のプログラムではあまり意識する必要はないでしょう。ここでは、Javaの日付がタイムゾーンで時差を制御していることを覚えておいてください。

時差とDateクラス

タイムゾーンを変更しても、getTime メソッドで取得する Date クラスの値は変わりません。

```
jshell> Calendar calendar = Calendar.getInstance();⏎
calendar ==> java.util.GregorianCalendar[time=1520059963798,➡
    ar ... SET=32400000,DST_OFFSET=0]

jshell> System.out.println(calendar.getTime());⏎
Sat Mar 03 15:52:43 JST 2018

jshell> calendar.setTimeZone(TimeZone.getTimeZone(➡
"America/Los_Angeles"));⏎

jshell> System.out.println(calendar.getTime());⏎
Sat Mar 03 15:52:43 JST 2018
```

これは、Calendar クラスのタイムゾーンが時差の計算のみに使われていて、1970年1月1日からの経過時間を更新するわけではないことを表しています。

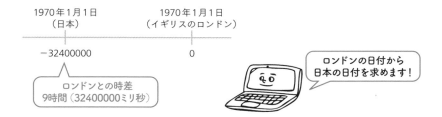

1970年1月1日
（日本）

1970年1月1日
（イギリスのロンドン）

−32400000

0

ロンドンとの時差
9時間（32400000ミリ秒）

ロンドンの日付から
日本の日付を求めます！

Check Test

Q1 Calendarクラスを利用する利点は何ですか？

Q2 カレンダーのフィールドとは、どのような概念ですか？

解答は巻末に掲載

5 — 4 日付を文字列に変換する

　ここまで日付を以下のような形式で表示してきました。見慣れない形式なので違和感や、不便を感じる方も多いかもしれません。

```
Sun Jan 28 18:37:55 JST 2018
```

　普段私たちが見慣れている日付の表記は、以下のようなものでしょう。

```
2018/01/28 18:37:55
```

　このような形式で出力できれば、格段に便利になりますね。そのためには、日付を文字列に変換する必要があります。

SimpleDateFormat クラス

　Java では、SimpleDateFormat（シンプルデイトフォーマット）クラスを利用することで、日付を「2018/01/28 18:37:55」といった形式の文字列に変換することができます。さっそく SimpleDateFormat クラスを利用して日付を文字列に変換してみましょう。

　SimpleDateFormat クラスを jshell より利用する際はインポート宣言の記述が必要になってきます。インポート宣言は先頭の行で行っていますが、詳細については第11章にて解説します。

```
jshell> import java.text.SimpleDateFormat;↵

jshell> Calendar calendar = Calendar.getInstance();↵
calendar ==> java.util.GregorianCalendar[time=1520060049966,
    ar ... SET=32400000,DST_OFFSET=0]

jshell> SimpleDateFormat format = new SimpleDateFormat(➡
"yyyy/MM/dd HH:mm:ss");↵ ┌─ 文字列に変換するためのフォーマットを指定
format ==> java.text.SimpleDateFormat@1445e97f

jshell> String formattedDate = format.format(➡
calendar.getTime());↵ ┌─ Dateクラスを文字列に変換
formattedDate ==> "2018/03/03 15:54:09"

jshell> System.out.println(formattedDate);↵
2018/03/03 15:54:09
```

　ポイントは、SimpleDateFormatクラスのインスタンスを作成するときに、変換したい形式を文字列で指定することです。この文字列の中に置換用の文字があると、その文字の代わりに年や月に置き換えてくれます。ちょうど第4章で学習した文字列のreplaceメソッドを利用しているイメージに近いかもしれません。

　例えば、「yyyy」は年を表す文字なので「2018」などに置き換えられます。ここで指定できる「yyyy」のような置換用の文字のうち、よく使われるものを次の表に示します。大文字と小文字が区別されることに注意してください。

SimpleDateFormatクラスでよく使われる置換用文字列の一覧

文字	説明	表示形式	例
y	年	年	1996、96
M	月	月	July、Jul、07
d	日	数値	10
E	曜日	テキスト	Tuesday、Tue
a	午前／午後	テキスト	PM
H	時（0〜23）	数値	11
m	分	数値	30
s	秒	数値	55

最終的に変換される文字列は、置換用の文字が何文字続いているかによって決定されます。例えば、yyyy なら 1996 と表示され、yy なら 96 と表示されます。これらの変換が適応されるルールを以下に示します。

- ルール1──表示形式が「テキスト」

  置換用の文字が4文字以上の場合、完全な形式で表示されます。そうでない場合は、省略系が表示されます。曜日を例にすると EEEE なら Tuesday、EEE なら Tue となります。

- ルール2──表示形式が「数値」

  置換用の文字が桁数より少ない場合、桁数に合わせて表示されます。桁数より多い場合は、0 で埋められます。秒を例にすると s なら 6、ss なら 06 となります。

- ルール3──表示形式が「月」

  置換用の文字が3文字以上の場合は、テキスト形式で表示されます。そうでない場合は、数値で表示されます。

- ルール4──表示形式が「年」

  置換用の文字が2文字の場合は下2桁、4文字の場合は4桁が表示されます。
  では、以下のような文字列に変換したい場合を考えてみましょう。

2018年01月28日（Sun）

この場合、以下のように「"yyyy年MM月dd日（E）"」を指定するのがよさそうです。

```
SimpleDateFormat format =
new SimpleDateFormat("yyyy年MM月dd日 (E) ");
```

4 日付を文字列に変換する

しかし、変換結果の文字列を表示してみると、以下のような形式になってしまいました。

```
2018年01月28日（日）
```

これは、プログラムを実行したPCが日本向けの設定になっているからです。しかし、ここでは「（日）」ではなく、「（Sun）」と変換させたいですよね。このようなときには、ロケールという考え方を利用することで、変換する形式を制御することができます。

ロケール

ロケールとは、言語と地域を指定するための情報です。`SimpleDateFormat`クラスのインスタンスを作成するとき、次のように指定することができます。

```
jshell> Calendar calendar = Calendar.getInstance();⏎
calendar ==> java.util.GregorianCalendar[time=1520060285277, ⮕
    ar ... SET=32400000,DST_OFFSET=0]

jshell> SimpleDateFormat format = new SimpleDateFormat( ⮕
    "yyyy年MM月dd日(E)", new Locale("en", "US"));⏎    ← ロケールを
format ==> java.text.SimpleDateFormat@28738cdb           アメリカに
                                                         設定
jshell> String formatedDate = format.format( ⮕
    calendar.getTime());⏎
formatedDate ==> "2018年03月03日(Sat)"
```

ロケールは、言語コードと地域コードを指定する必要があり、ここでは、`"en"`が英語、`"US"`がアメリカを表しています。このようにロケールの情報を設定することによって、曜日などを特定の言語で変換することができます。

Check Test

Q1 次の形式で出力するためには、SimpleDateFormatクラスに
どのようなフォーマットを指定すればよいでしょうか?

Ⓐ 1984/12/26
Ⓑ 14時36分47秒

解答は巻末に掲載

Column

java.time パッケージ

Java 8から、日付をより扱いやすくするために java.time パッケージ
の機能が追加されました。利用方法については Java の API ドキュメン
トを参照してください。
プログラムがより効率的になるヒントとなるでしょう。

第 **6** 章

コレクション

基本型や参照型の変数は、1つのデータしか扱うことができません。そのため、Javaでは複数のデータをまとめて扱うことができる「コレクション」という機能を用意しています。この章ではJavaのコレクションを利用して複数のデータをまとめて管理する方法を学びましょう。

コレクションとは？

コレクション（collection）は、日本語では「集めること」や「収集」という意味で、プログラムの世界では「複数のデータを保存できる入れ物」を指します。つまり、変数に複数の値を保存するための機能です。

コレクションを利用すると、1つの変数を通じて複数のデータを扱えるようになります。

コレクションの機能

これまでに学習した基本型や参照型の変数には1つのデータしか保存できません。そのため、例えば100個のデータを保存したいときには100個の変数を用意しなければなりません。

100個の変数では、管理がとても大変ですね。このようなときにコレクションを利用すると、1つの変数で複数のデータを管理できるようになります。

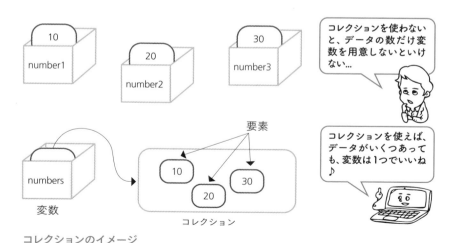

コレクションのイメージ

コレクションの中には複数のデータを保存することができます。保存した一つ一つのデータは要素と呼ばれます。

また、コレクションには要素の追加や削除といった操作があるため、1つの変数を通じて複数のデータを管理することができます。コレクションの要素には数値以外にも、文字列や日付などのさまざまな型を保存することができます。

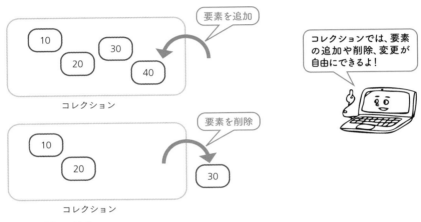

要素の追加と削除

コレクションには、大きく分けて次の3種類があります。

- リスト——要素の順序を番号で管理する
- セット——同じ要素が重複して登録されないように管理する
- マップ——要素をキーと呼ばれる情報で管理する

この3つには、それぞれ上記のような特徴があり、場合に応じて使い分ける必要があります。これまでの章で文字列には String クラスが、日付には Date クラスが用意されていることを学びましたね。リスト、セット、マップにも、それぞれに対応するクラスが用意されています。

コレクションと対応するクラス

コレクションの種類	主なクラス
リスト	ArrayListクラス、LinkedListクラス
セット	HashSetクラス
マップ	HashMapクラス

変数の宣言と代入

コレクションの変数を宣言するときには、コレクションの型に加えて、コレクションで管理するデータの型も指定する必要があります。変数の宣言方法は、次のようになります。

> **構文** 変数の宣言
>
> コレクションの型名<データの型名> 変数名;

コレクションも日付と同じく、インスタンスを作成する必要があります。インスタンスを作成して変数に代入する方法は次のようになります。

> **構文** コレクションのインスタンスの作成
>
> 変数名 = new コレクションの型名<データの型名>();

それでは、文字列（Stringクラス）を管理するArrayListクラスの変数を作成して、そのインスタンスを代入してみましょう。

```
ArrayList<String> names;
names = new ArrayList<String>();
```

コレクションの変数名には、慣例で英語の複数形を使います（例：names、items、など）。

代入と宣言を同時に行うこともできます。このとき、インスタンスを作成するときのデータの型名を省略することができます。

構文	変数の宣言とインスタンスの代入（コレクション）

```
コレクションの型名<要素の型名> 変数名 = new コレクションの型名<要素の型名>();
```

それでは、文字列（`String`クラス）を管理する`ArrayList`クラスの変数の宣言とインスタンスの代入を同時に行う例を見てみましょう。

```
ArrayList<String> names = new ArrayList<>();
```

マップだけは、データの型名に加えてキーの型名も必要とします。

構文	変数の宣言とインスタンスの代入（マップ）

```
マップの型名<キーの型名 , データの型名> 変数名 = new マップの型名<>();
```

キーが文字列（`String`クラス）でデータが`Integer`クラスを管理する`HashMap`クラスについて、変数としての宣言とインスタンスの代入を同時に行う例を見てみましょう。

```
HashMap<String, Integer> = new HashMap<>();
```

コレクションのデータ型の制約について

　要素のデータ型に第2章で説明した基本型を指定すると、エラーが発生します。ここではint型をデータ型に指定してみましょう。

```
jshell> ArrayList<int> numbers = new ArrayList<>();⏎
|  エラー:
|  予期しない型
|    期待値:  参照
|    検出値:    int
|  ArrayList<int> numbers = new ArrayList<>();
```

　実は、要素の型名には基本型は指定できず、参照型のみが指定できます。しかし、プログラムを書くときに数値を保存したい場合もあるでしょう。このようなときのためにJavaには、各基本型に対して同じような役割を果たすことができる「ラッパークラス」と呼ばれるクラスが用意されています。

基本型と対となるラッパークラス

基本型	対となるラッパークラス
byte	Byte
short	Short
int	Integer（※Intではない）
long	Long
char	Character（※Charではない）
float	Float
double	Double
boolean	Boolean

　ラッパークラスは基本型と相互に変換可能なので、コレクションで数値を扱

うことができます。ラッパークラスについては、第16章で説明します。

Note

コレクションは、第9章以降で説明する「インスタンス」「ジェネリクス」などのオブジェクト指向の考え方にもとづくものがあります。この章ではその内容を知らなくても読み進められるよう説明しますが、第9章以降を読んでからこの章を読み直すと、より理解が深まるでしょう。

それでは具体的なコレクションについて見ていきましょう。

Check Test

Q1 コレクションの種類を3つ挙げてください。

Q2 コレクションの中のデータを何と呼びますか?

解答は巻末に掲載

　コレクションとは?

6 ─ 2 リスト

リストは、要素が順序を持つコレクションです。「順序を持つ」とは、コレクション内の各要素にインデックスと呼ばれる番号が付けられ、「何番目の要素」というように特定できる状態を表します。そのため、リストの要素のインデックスを指定することで、要素の取得や変更、削除などの操作ができます。インデックスは最初の要素を0番目と数えることに注意してください。

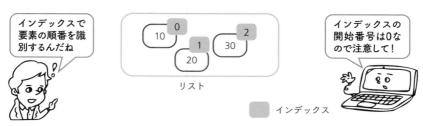

インデックスで
要素の順番を識
別するんだね

インデックスの
開始番号は0な
ので注意して！

リスト

インデックス

インデックスを利用したリスト

リストを始めとしたコレクションもJavaライブラリの一部です。Javaライブラリにはアルゴリズムが異なる複数のリストが用意されています。これは、状況によって効率のよいアルゴリズムを使い分けるためです。ただし、リストはどれも利用手順が同じなので、どれか1つの手順さえ覚えておけば他のリストも同様に使うことができます。

特によく使われるリストは、`ArrayList`クラスと`LinkedList`クラスです。以降では、`ArrayList`クラスを例にとって、リストの基本的な使い方を学びます。

アルゴリズム

ア ルゴリズムとは、ある問題を解決するための方法や手順を表す
言葉です。最後にたどり着く答えが同じでもアルゴリズムが異
なることで効率や解決速度に差が出てきます。また、アルゴリズムによっ
て得意不得意があるので、状況に応じて適切なアルゴリズムを選択す
ることが重要です。後ほど本章の中でも ArrayList クラスと
LinkedList クラスのアルゴリズムの違いについて解説します。

要素の追加

　リストに要素を追加するには、add メソッドを使います。add メソッドは、
コレクションの最後に新たな要素を追加します。追加する要素は、コレクショ
ンの変数を宣言したときに指定した型に合わせる必要があります。

> 構文　add メソッド（末尾に要素を追加する）
>
> **コレクションの変数名 .add(追加する要素)**

```
jshell> ArrayList<String> fruits = new ArrayList<>();⏎
fruits ==> []

jshell> fruits.add("りんご");⏎
$2 ==> true

jshell> fruits.add("みかん");⏎
$3 ==> true

jshell> fruits⏎
fruits ==> [りんご, みかん]
```

要素の追加（リスト）

　このように add メソッドの引数に要素のみを指定した場合は、常にリスト内の最後の要素として追加されます。要素の追加位置を指定したい場合は、add メソッドの引数にインデックスを指定します。

> 構文　add メソッド（指定した位置に要素を追加する）
>
> **コレクションの変数名 .add (位置 ,　追加する要素)**

```
jshell> fruits.add(1, "ぶどう"); ⏎

jshell> fruits ⏎
fruits ==> [りんご, ぶどう, みかん]
```

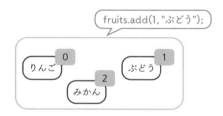

インデックスを指定した要素の追加

　ここでは、インデックスに1を指定して要素を追加しているため、もともと1番目（インデックス1）の場所に保存されていた「みかん」が後ろにずれて、1番目に「ぶどう」が追加されています。指定したインデックス以降の要素が1つずつ後ろに移動して、空いた場所へ新しい要素が追加されます。

要素の削除

リスト内に保存された要素を削除するには、remove メソッド（リムーブ）を使います。remove メソッドには、削除する要素の位置あるいは削除する要素そのものを指定することができます。

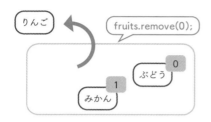

> りんごがコレクションから削除されて、残りの要素のインデックスが詰められたね

要素の削除

まずは位置を指定する remove メソッドを見てみましょう。

構文 | 位置を指定する remove メソッド

```
コレクションの変数.remove( インデックス );
```

この形式で要素を削除すると、削除された位置が詰められます。

```
jshell> fruits⏎
fruits ==> [りんご, ぶどう, みかん]

jshell> fruits.remove(0)⏎ ─── 0番目のインデックスを削除する
$6 ==> "りんご"

jshell> fruits⏎
fruits ==> [ぶどう, みかん]
```

この例では、0番目の要素を削除しています。そのため、もともと0番目に合ったりんごはコレクションから除外されています。なお、その際ぶどうとみかん

のインデックスが1つずつ詰められています。

　次に要素を指定するremoveメソッドを見てみましょう。

構文 要素を指定するremoveメソッド

```
コレクションの変数.remove(要素);
```

　この形式で要素を削除しても、削除された位置が詰められます。

```
jshell> fruits⏎
fruits ==> [りんご, ぶどう, みかん]

jshell> fruits.remove("ぶどう")⏎
$6 ==> true

jshell> fruits⏎
fruits ==> [りんご, みかん]
```

　この例では、**"ぶどう"** という要素を削除しています。ぶどうの後ろにあっ
たみかんのインデックスが1つずつ詰められていますね。

要素の参照

　リストの中の要素を参照するには、get（ゲット）メソッドを使います。参照する要素
はインデックスで指定します。インデックスは**0**から始まることに注意しま
しょう。

構文 getメソッド

```
コレクションの変数.get(インデックス);
```

　なおgetメソッドを使って要素を参照しても、コレクションからその要素が
なくなることはありません。

```
jshell> fruits⏎
fruits ==> [りんご, ぶどう, みかん]

jshell> String fruit = fruits.get(1) ⏎ ←──── インデックスが1の場
fruit ==> "ぶどう"                              所の要素を取得する

jshell> fruit⏎ ←──── fruit変数は、インデックスが1の
fruit ==> "ぶどう"        位置にあった要素を参照している

jshell> fruits⏎
fruits ==> [りんご, ぶどう, みかん] ←──── getメソッドは、
                                            コレクションの内容を更新しない
```

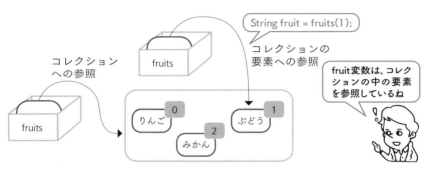

要素の参照

要素の変更

リストの要素を変更するには、set（セット）メソッドを使います。インデックスと新しい要素を引数に指定します。

構文 | setメソッド

```
コレクションの変数.set( インデックス, 新しい要素 );
```

```
jshell> f ruits⏎
fruits ==> [りんご, ぶどう, みかん]

jshell> fruits.set(1, "メロン ")⏎ ←───[ インデックス=1の内容を変更する ]
$6 ==> "ぶどう"

jshell> fruits⏎
fruits ==> [りんご, メロン, みかん]
```

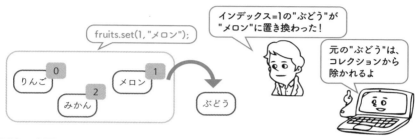

要素の変更

　これらの要素の追加、削除、取得、変更といった操作がリストの基本的な機能です。リストを利用すると、これらの操作によって1つの変数から複数のデータを管理できるようになります。

ArrayアルゴリズムとLinkedアルゴリズム

　ArrayListクラスとLinkedListクラスは、いずれもリストの仲間です。そのため、今まで説明してきたソースコードのArrayListの部分をLinkedListに変更しても、同じように動作します。しかしそれぞれのクラスでは、要素のインデックスを管理するアルゴリズムが異なっています。そのため同じ要素に対して追加や変更を行ったときに、速度に差が出ることがあります。

　ArrayListクラスの「Array」とは、「ずらりと並んだもの」という意味です。ArrayListクラスはその名のとおり、要素を隙間なく1列に並べて管理しています。LinkedListクラスの「Link」とは、「つながっている」という意味

2　リスト

151

です。LinkedListクラスは、要素と要素がつながっている状態を作って要素を管理しています。

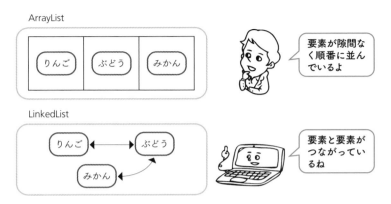

リストの構造

● 要素の追加の違い

まずは、それぞれのリストのインデックス＝1の位置に新しい要素を追加してみましょう。

ArrayListクラスは、常に隙間なく要素が並んでいる状態を維持している必要があります。そのため、新しい要素を入る場所を確保して、後ろに1つずつずらして場所を確保してから、新しい要素を追加します。ずらす要素が多ければ多いほど、時間がかかりそうですね。

インデックス=1に"メロン"を追加する

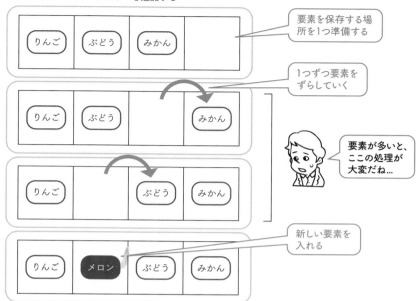

ArrayListクラスに要素を追加する

LinkedListクラスの場合は、まず新しい要素を追加して、その要素の前後のつながりを直すだけです。どれだけ要素が多くても、変更する場所は追加する前後の要素だけです。

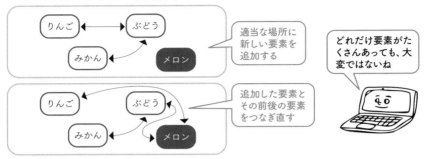

インデックス=1に"メロン"を追加する

適当な場所に新しい要素を追加する

追加した要素とその前後の要素をつなぎ直す

どれだけ要素がたくさんあっても、大変ではないね

LinkedListクラスに要素を追加する

同じ「新しい要素を追加する」という処理でも、ArrayListクラスの場合はずらす要素の数が多ければ多いほど時間がかかりそうなのに対して、LinkedListクラスの場合は全体の要素の数に関係なく、同じくらいの時間で処理が終わりそうですね。

🔴 要素の変更の違い

次に、要素の最後の内容を変更してみましょう。

ArrayListクラスの場合は、要素が隙間なく順番に並んでいます。そのためいくつ要素があっても、指定されたインデックスの要素を直接参照することができます。

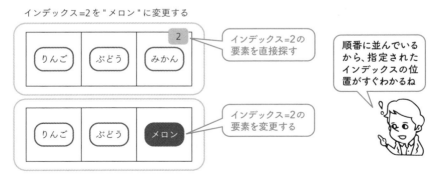

インデックス=2を"メロン"に変更する

インデックス=2の要素を直接探す

インデックス=2の要素を変更する

順番に並んでいるから、指定されたインデックスの位置がすぐわかるね

ArrayListクラスの要素を変更する

LinkedListクラスの場合は、あくまで隣り合った要素の位置関係しかわかりません。そのため、指定されたインデックスの要素を探すには、先頭の要素から順番にたどっていく必要があります。

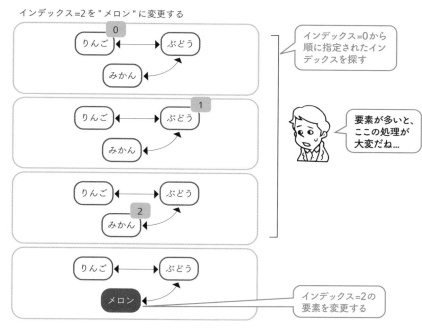

LinkedListクラスの要素を変更する

　「新しい要素を変更する」という処理では、「新しい要素を追加する」という処理とは逆に、要素の数が増えたときにLinkedListクラスの方がArrayListクラスより時間がかかりそうだという結果になりました。
　このように、同じリストでも内部のアルゴリズムによって処理の得手、不得手が出てきます。そのため、適切なアルゴリズムを選ぶことが大切になります。

現場でのアルゴリズム選択の実際

概念として、アルゴリズムの違いによる処理時間の違いがわかったと思いますが、実際のところどれほど違うのでしょうか?
100万件のデータを使って試してみました。まだ説明していないJavaの文法もありますが、結果だけ見てください。

```java
import java.util.ArrayList;
import java.util.LinkedList;

public class Main {
    public static void main(String[] args) {
        doArrayList();
        doLinkedList();
    }

    /* ArrayListの場合 */
    private static void doArrayList() {
        /* 100万個の要素を準備する */
        ArrayList<String> list = new ArrayList<>();
        for (int i = 0; i < 1000000; i++) {
            list.add("value "+ i); }

            /* 先頭に要素を追加する */
            long begin = System.currentTimeMillis();
            list.add(0, "new value");
            long end = System.currentTimeMillis();
            System.out.println (
                "ArrayListのaddにかかった時間は " +
                (end - begin) + "ミリ秒です");
        }
```

```
/* LinkedListの場合 */
private static void doLinkedList() {
    /* 100万個の要素を準備する */
    LinkedList<String> list = new LinkedList<>();
    for (int i = 0; i < 1000000; i++) {
        list.add("value "+ i);
    }

    /* 先頭に要素を追加する */
    long begin = System.currentTimeMillis();
    list.add(0, "new value");
    long end = System.currentTimeMillis();
    System.out.println (
        "LinkedListのaddにかかった時間は " +
        (end - begin) + "ミリ秒です");
    }
}
```

筆者のマシンでの実行結果は次のとおりです。

実行結果

ArrayListのaddにかかった時間は　0ミリ秒です
LinkedListのaddにかかった時間は　0ミリ秒です

ほとんど差はありませんでした。実はこのような単純なプログラムでは、アルゴリズムの性能の正確な比較はできないのですが、1ついえることは「想像と現実は結果が異なることがある」ということです。そのため、思い込みで「こうなるはずだ」ではなく、実際に測定した結果をもとに判断することが重要です。

参考までに筆者の経験則をお伝えしておくと「通常は何も考えずにArrayListクラスを使う。もしあまりに遅いときには別のアルゴリズムを選択する」で、ほとんどの場合は上手くいっています。

2 リスト

3 **セット**

セットは、要素の重複を許さないコレクションです。リストのような順序は、要素には付けられていません。

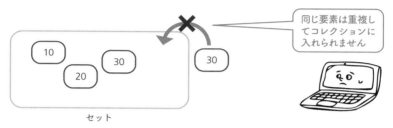

同じ要素は重複してコレクションに入れられません

重複を許さないセット

セットもリストと同じく、複数のアルゴリズムで実装されたものが用意されています。ここでは、セットの1つであるHashSetクラスを例に解説していきます。

要素の追加

要素を追加するには、add メソッドを使います。

構文 addメソッド

```
boolean 結果 = コレクションの変数名.add( 追加する要素 )
```

```
jshell> HashSet<String> fruits = new HashSet<>();↵
fruits ==> []

jshell> fruits.add("りんご")↵
$2 ==> true

jshell> fruits.add("みかん")↵
$3 ==> true

jshell> fruits↵
fruits ==> [りんご, みかん]
```
[みかん,りんご]となることもある

```
fruits.add("りんご");
fruits.add("みかん");
```

要素の追加（セット）

addメソッドは、重複しない要素を追加したときにはtrueを返します。また重複した要素を追加しようとしたときには、追加はされずfalseを返します。

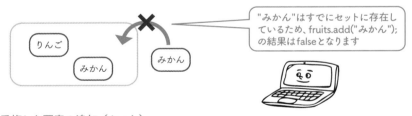

"みかん"はすでにセットに存在しているため、fruits.add("みかん");の結果はfalseとなります

重複した要素の追加（セット）

なおセットには順序がないため、add(インデックス, 要素)のように、位置を指定して追加するメソッドはありません。

要素の削除

　セット内に保存された要素を削除するには、remove メソッドを使います。
remove メソッドには、削除する要素そのものを指定します。

> 構文 ▸ 要素を指定する remove メソッド
>
> ```
> コレクションの変数.remove(要素);
> ```

```
jshell> fruits⏎
fruits ==> [りんご, ぶどう, みかん]

jshell> fruits.remove("ぶどう")⏎
$6 ==> true

jshell> fruits⏎
fruits ==> [りんご, みかん]
```

要素の削除（セット）

　この例では、**"ぶどう"** という要素を削除しています。
　なおセットには順序がないため、remove（**インデックス**）のように、位置
を指定して削除するメソッドはありません。

セットは重複を許さないコレクションです。「重複を許さない」とは、「同一と見なされるデータは1つしか格納できない」ということです。
HashSet では同一かどうかを判断するためにデータの型に用意された hash メソッド（ハッシュ関数：167ページ）を利用して判定しています。
つまり hash メソッドの戻り値が等しいときに同一と見なされるわけです。

Check Test

Q1 セットの要素を追加するメソッドは何ですか?

Q2 次のプログラムの実行結果はどうなりますか?

```
HashSet<String> fruits = new HashSet<String>();
fruits.add("ぶどう");
fruits.add("メロン");
fruits.add("メロン");
System.out.println(fruits);
```

解答は巻末に掲載

6 — 4 マップ

マップはキーと呼ばれる情報を利用して要素を管理します。**キー**（key）は要素ごとに割り振られた値です。インデックスは数値でしたが、キーにはさまざまな参照型を利用することができます。メール会員を管理する場合であれば、キーをメールアドレスに、要素を会員の情報にすることができます。マップでは、要素は重複することはできますが、キーそのものは重複できません。

マップ

リストと同じくマップにも複数の種類が用意されていますが、ここでは最もよく使われる HashMap クラスの使い方を見ていきます。

要素の追加

マップに要素を追加するには、put メソッドを使います。put メソッドには、キーと追加するデータを指定します。

構文 put メソッド

```
要素の型名 結果 ＝ マップ変数名.put( キー，  追加する要素 )
```

```
jshell> HashMap<String, String> members = new HashMap<>();⏎
members ==> {}

jshell> members.put("naka@s.jp", "中垣健志")⏎
$2 ==> null

jshell> members.put("haya@s.jp", "林満也")⏎
$3 ==> null

jshell> members⏎                               ┌─────────────────────┐
members ==> {haya@s.jp=林満也, naka@s.jp=中垣健志}  │ 順序が異なることもある │
                                               └─────────────────────┘
```

要素の追加（マップ）

　すでに存在しているキーでputを行うと、元の要素が新しい要素で置き換わ
ります。そして古い要素がputメソッドの返り値となります。このとき、キー
がすでに存在しているかどうかはキーの型のhashメソッドの戻り値によって
判定されます。

```
jshell> members⏎
members ==> {haya@s.jp=林満也, naka@s.jp=中垣健志}

jshell> String oldMember = members.put("naka@s.jp", "中原中也")⏎
oldMember ==> "中垣健志"  ◄────┤ 存在するキーでputすると、元の要素が返り値となる │

jshell> members⏎                          │ キーの要素は上書きされる │
members ==> {haya@s.jp=林満也, naka@s.jp=中原中也}
```

存在しているキーによる要素の追加

要素の削除

要素を削除するには、remove メソッドを使います。引数には削除する要素
のキーを指定します。

> 構文 | removeメソッド

```
要素の型名 結果 = マップ変数名.remove( キー )
```

```
jshell> members⏎
members ==> {haya@s.jp=林満也, naka@s.jp=中垣健志}

jshell> members.remove("haya@s.jp") ⏎    ━━ キーを使って要素を削除する
$11 ==> "林満也"

jshell> members⏎
members ==> {naka@s.jp=中垣健志}    ━━ キーに対応する要素が削除された
```

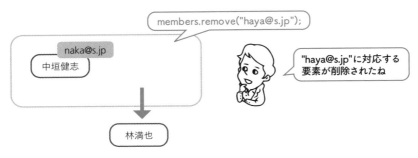

要素の削除（マップ）

要素の取得

要素を取得するときには、get<ruby>メソッド<rt>ゲット</rt></ruby>を使います。getメソッドの引数には、取得したい要素のキーを指定します。getメソッドを呼び出しても、元のマップの内容は変わりません。

```
jshell> members⏎
members ==> {haya@s.jp=林満也, naka@s.jp=中垣健志}

jshell> String member = members.get("haya@s.jp")⏎
member ==> "林満也"   ← キーに対応する要素が取得できる

                        getはマップそのものを変更しない
jshell> members⏎
members ==> {haya@s.jp=林満也, naka@s.jp=中垣健志} ←
```

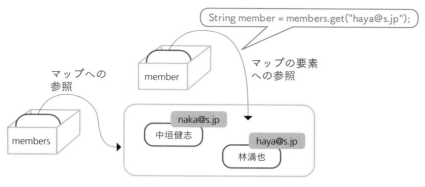

要素の取得（マップ）

Hash（ハッシュ）アルゴリズム

HashMapクラスでは、Hash（ハッシュ）というアルゴリズムが使われています。

ハッシュアルゴリズムには、ハッシュ関数とハッシュ値の2つが登場します。**ハッシュ関数**という関数に対し、とある入力値を渡したときに帰ってくる結果を**ハッシュ値**と呼びます。なおこのとき、ハッシュ値は以下の2つの条件を満たしている必要があります。

- 条件1——同じ入力値に対して、常に同じハッシュ値を返す
- 条件2——ハッシュ値が有限の値に収まる

例えば、入力値を整数に限定すると、「10で割ったあまりを返す関数」もこれらの条件を満たすハッシュ関数となります。

HashMapクラスでは、そうしたハッシュアルゴリズムを用いてキーを管理
しており、キーがわかれば対応する要素がわかるようになっています。この図
では、例として「キーの先頭文字を返す関数」をハッシュ関数としています。

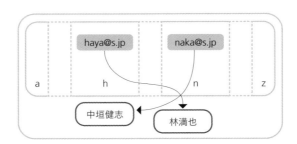

HashMap

単純にマップの機能が必要なときは、ほとんどの場合 **HashMap** クラスが使
われます。「マップだけどキーは順番に並んでいてほしい」などといった追加
の条件も欲しいときには、そのためのマップも用意されています。

Q1 マップのキーとは、どのような役割を持っていますか?

Q2 同じキーを指定して要素を保存すると、どうなるでしょうか?

解答は巻末に掲載

第6章 コレクション

6 ― 5 配列

配列は、Javaの最初のバージョンから用意されている古い機能です。リストと同じく要素をインデックスで管理します。

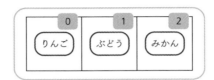

配列

リストは、add メソッドや remove メソッドを使って要素の数を自由に増やしたり減らしたりすることができます。しかし配列は宣言時に要素の数を決めたら、その要素の数を増やしたり減らしたりすることはできません。

機能的に制限のある配列ですが、昔のプログラムを再利用する際や実行速度を重視するプログラムなどで、しばしば利用されることがあります。

ここでは、リストの説明と同様の操作を配列で行う方法について見ていきます。

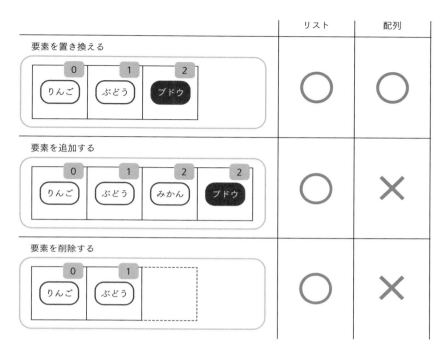

	リスト	配列
要素を置き換える	○	○
要素を追加する	○	×
要素を削除する	○	×

リストと配列の比較

配列の作成

まずは配列の作成方法を見ていきましょう。配列を作成する書式は、以下のとおりです。

構文　配列の作成

要素の型名 [ ]　変数名　=　new　要素の型名 [保存する要素の数] ;

この書式を利用し、文字列の要素を100個保存する配列を作成するプログラムを書くと、次のようになります。このように配列では要素の数を指定する必要があります。

```
jshell> String[] fruits = new String[100];
fruits ==> String[100] { null, null, null, null, null, null, ➡
    ... , null, null, null, null }
```

また、配列はリストなどとは異なり、基本型の要素を保存することもできます。例えば、float型の要素を100個保存する配列を作成するプログラムは、次のとおりです。

```
jshell> float[] lapTimes = new float[100];
lapTimes ==> float[100] { 0.0, 0.0, 0.0, 0.0, 0.0, 0.0, 0.0, 0 ➡
    ... 0.0, 0.0, 0.0, 0.0, 0.0 }
```

このように記述することで配列を作成することができます。また、配列が作成されるときには各要素の初期化も同時に行われます。

初期値として設定される値は、変数の宣言を行ったときと同じ値となります。あらかじめ保存する要素が決定する場合には、次のように作成と初期化を行うことができます。

```
jshell> String[] singo = {"赤", "黄", "青"};
singo ==> String[3] { "赤", "黄", "青" }
```

以下の構文を使うことでさまざまな個数の配列を作成することができます。

構文 | 配列の作成と初期化

要素の型名 [] 変数名 ＝ {要素の値1, 要素の値2, 要素の値3, …};

要素の取得と変更

配列もリストと同じように、インデックスを利用して要素の取得や変更を行います。配列では、次のように記述することで、インデックスが示す要素へアクセスすることができます。

構文 配列の要素へのアクセス

配列の変数名 [インデックス]

配列のインデックスもリストと同様に0番から指定することになります。100個の配列に対しては0番〜99番が指定できるわけです。また、上記のアクセス方法を利用すると、以下のように配列内の要素を取得できます。

構文 配列の要素の取得

変数 = 配列の変数名 [インデックス] ;

要素の変更は、次のように行います。

構文 配列の要素の変更

配列の変数名 [インデックス] = 要素の値 ;

配列の基本操作の例として、プログラムと実行結果を見てみましょう。

```
jshell> String[] fruits = new String[5];    ← フルーツ名を5個保存できる配列を作成
fruits ==> String[5] { null, null, null, null, null }

jshell> fruits[0] = "りんご";    ← 最初のフルーツ名を「りんご」に変更
$2 ==> "りんご"

jshell> String fruitName = fruits[0];    ← 最初のフルーツ名を取得
fruitName ==> "りんご"

jshell> System.out.println(fruitName);
りんご
                                    ← 2番目のフルーツ名は初期化されている
jshell> System.out.println(fruits[1]);
null
```

Check Test

Q1 リストと配列のうち、基本型を保存できるのはどちらでしょうか？

Q2 配列は、最初に指定した要素数より多くの要素を保存することができますか？

解答は巻末に掲載

第 **7** 章

制御構文

第1章の「子どもにおつかいを
頼むおつかいメモ」では、おつ
かいの途中で「お店が閉まって
いたらどうする？」「商品が売
り切れていたらどうする？」な
どの判断が必要になります。
Javaでは、このような判断を含
む手順を実現するために、制御
構文が用意されています。

プログラムの処理の流れ

例えば、あなたが誰かに買い物を頼まれたとします。もし頼み方があいまいだったり、大事なことが抜けていたりしたら、とても困ってしまうでしょう。頼まれたのが人であれば、言われていないことも気を利かせてやれるかもしれません。しかしコンピューターは、プログラムされていないことは絶対に実行できません。確実に頼みごとをしたい場合は、必要なことだけを正確に伝える必要があります。

あいまいで抜け漏れのある頼み方

正確で必要なことが伝わる頼み方

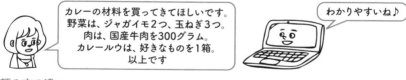

頼み方の違い

コンピューターに何かを頼むとき、つまり指示を出すときには、どのような書き方をすれば、もれなく記述できていることがわかりやすくなるでしょうか?
　その答えの一つとして、次の3つの指示方法を組み合わせてプログラムを作るとよいというものがあります。

- 順次——手順A、手順B、手順C…と、順番に行う
- 分岐——ある条件を満たすときには手順Q1を、そうでない場合は手順Q2を行う
- 反復——ある条件を満たしている間、手順Qを繰り返す

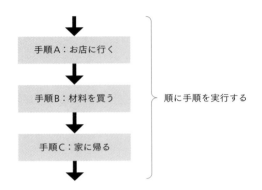

順次

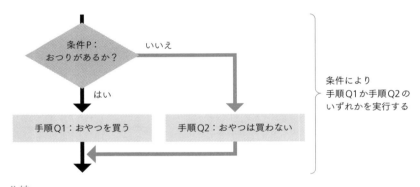

分岐

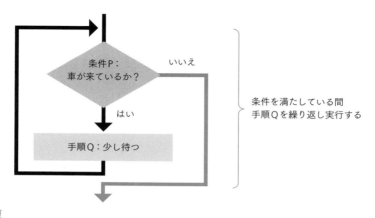

条件を満たしている間
手順Qを繰り返し実行する

反復

　これら3つの処理のことを**制御構造**と呼びます。また、制御構造を組み合わせてプログラミングを行うことを**構造化プログラミング**と呼びます。

　Javaでも、これらの方法に沿ってプログラムを作るための構文が用意されています。それでは、順に見ていきましょう。

> ≪ **M e m o** ≫
>
> # 構造化プログラミングについて
>
> **構** 造化プログラミングについては、1960年代というとても古い時代に、著名なコンピューター学者によって言及されています。Javaを含むさまざまな「手続き型プログラミング言語」で、この考え方が文法の基礎になっています。

Q1 制御構造に沿ってプログラムを記述することを何と呼びますか？

Q2 「雨が降っていたら、傘を持って出かける」という処理は、どの制御構造を使いますか？

Q3 「雨が止むまで、コンビニで雨宿りをする」という処理は、どの制御構造を使いますか？

Q4 次のおつかいメモを、3つの制御構造を組み合わせて表現してください。

- カレーの材料を買ってきてください
- 行き先は、3丁目のスーパーです
- 買ってきてもらいたいものを書いておきます
  - 玉ねぎ1つ、ジャガイモ1つ、ニンジン2本
  - カレー用の牛肉300グラム
  - カレーのルウ（辛さは好きなのを選んでいいですよ）
- もしおつりが出たら、帰り道にあるコンビニで好きなお菓子を買ってもいいですよ
- 道路を渡るときは車に気を付けてね

解答は巻末に掲載

2 順次

Javaのプログラムは、上から順番に実行されます。このようにプログラムを順に実行することを順次と呼びます。順次はプログラムの基本的な実行手順なので、特別な構文は用意されていません。順次の例を見てみましょう。

リスト7-1 順次の例

```java
int a = 1;
int b = 2;
int c = a + b;
System.out.println(c); ——❶
```

このプログラムは、必ず上から順番に実行されます。そのため、❶を実行するときには、変数cに3が必ず代入された状態になっています。

Check Test

Q1 次の空欄を埋めてください。

順次では、プログラムは上から **A** に実行されます。

解答は巻末に掲載

第7章 制御構文

7 ___ 3 分岐

分岐では、条件に応じて異なる処理を行わせることができます。次の2つの構文が用意されています。

- if————はい／いいえで答えられる単純な分岐
- switch——値が「Aのとき」、「Bのとき」、「Cのとき」…のように、値ごとの分岐

▌ if

条件を満たすか満たさないかで実行する処理を変えるために、if（イフ）が用意されています。ifの使い方には、いくつかのバリエーションがあります。順に見ていきましょう。

● ifの基本構文

まずは、条件を満たすときだけ特定の処理を行うifです。

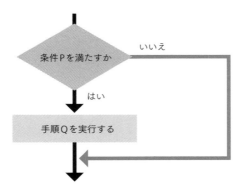

ifの動作

上記のような if は、以下の構文で記述します。

構文 if

```
if (論理式) {   /* 条件P */
    文;          /* 手順Q */
    ...
}
```

条件Pは、**論理式**（ろんりしき）で記述します。論理式とは、結果がtrue（真／条件を満たす）かfalse（偽／条件を満たさない）となる式のことです。この構文を利用すると、リスト7-2のようなプログラムを記述できます。

リスト7-2 ifの例（その1）

```
int x = 10;

if (x < 100) { /* 条件P */ ────❶
    /* 手順Q */
    System.out.println("条件に一致したので"); /* 文 */
    System.out.println("処理を実行します");  /* 文 */
}
```

実行結果

```
jshell> int x = 10;
x ==> 10
jshell> if (x < 100) {
   ...>        /* 手順 */
   ...>        System.out.println("条件に一致したので");
   ...>        System.out.println("処理を実行します");
   ...> }
条件に一致したので
処理を実行します
```

❶では「x < 100」（xは100未満である）、つまり「10 < 100」（10は100未満である）という論理式が評価されます。結果はtrueとなるので、ifの中の処理が実行されます。

では、変数xの値を100以上にしたときは、どうなるでしょうか?

```
int x = 100;

if (x < 100) {  /* 条件P */ ──❶
    /* 手順Q */
    System.out.println("条件に一致したので");  /* 文 */
    System.out.println("処理を実行します");  /* 文 */
}
```

実行結果

```
jshell> int x = 100;
x ==> 100
jshell> if (x < 100) {
   ...>     /* 手順 */
   ...>     System.out.println("条件に一致したので");
   ...>     System.out.println("処理を実行します");
   ...> }
```

　プログラムが実行されても、何も出力されません。再び❶を見てみると、今度は「**100 < 100**」という論理式の評価となります。結果は**false**なので、**条件P**の中の処理は実行されません。

● if - else

　次に、条件と満たすときと満たさないときの両方に処理を記述する**if**です。このように複数の条件分岐を行う**if**の構文を<u>if-else</u>（イフ エルス）と呼びます。

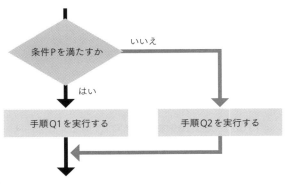

if-elseの動作

手順Q1と手順Q2は、条件によってどちらかしか実行されません。つまり、手順Q1と手順Q2が両方実行されることはありません。

if-elseは次の構文で記述します。

構文 if-else

```
if ( 論理式 ) { /* 条件P */
  /* 手順Q1 */
  文1;
  ・・・
} else {
  /* 手順Q2 */
  文2;
  ・・・
}
```

上記の構文を利用したプログラムを、リスト7-4に示します。

リスト7-4 if-elseの例

```
int x = 100;

if (x < 100) { /* 条件P */
    /* 手順Q1 */
    System.out.println("xは100より小さい"); /* 文 */
} else {
    /* 手順Q2 */
    System.out.println("xは100以上"); /* 文 */
}
```

```
jshell> int x = 100;
x ==> 100

jshell> if (x < 100) {
   ...>       System.out.println("xは100より小さい");
   ...> } else {
   ...>       System.out.println("xは100以上"); /* 文 */
   ...> }
xは100以上
```

このようにif-elseでは、条件に一致しなかったときの処理も記述することができます。

◉ if - else if - else

if-elseでは、条件が真のときと偽のときの処理を記述することができました。しかしこれだけでは2つのルートしか記述することができません。

しかし時には、3つ、4つと分岐するルートを増やしたいこともあるでしょう。そのような多分岐を記述するためには、if-elseのelse部分に入れ子で新たなif-elseを追加します。このような構造をif-else if-elseと呼びます。

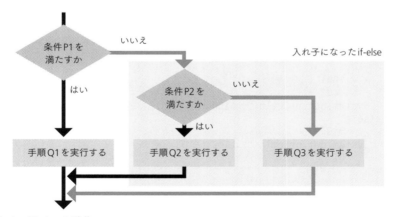

if-else if-elseの動作

if-else if-elseの構文は次のとおりです。

```
if (論理式) { /* 条件P1 */
    /* 手順Q1 */
    文;
    ...
} else if (論理式) { /* 条件P2 */
    /* 手順Q2 */
    文;
    ...
} else {
    /* 手順Q3 */
    文;
    ...
}
```

if-else if-elseの構造は、if-elseの構造のelseの部分に別のif-elseを継ぎ足してできています。継ぎ足したif-elseのelse部分に新しいif-elseを追加することで、いくつでも条件を追加することができます。

リスト7-5 if-else if-elseの例

```
int x = 200;

if (x < 100) { /* 条件P1 */
    /* 手順Q1 */
    System.out.println("xは100より小さい"); /* 文 */
} else if (x < 200) { /* 条件P2 */
    /* 手順Q2 */
    System.out.println("xは200より小さい"); /* 文 */
} else {
    /* 手順Q3 */
    System.out.println("xは200以上"); /* 文 */
}
```

```
jshell> int x = 200;
x ==> 200

jshell> if (x < 100) {
   ...>      System.out.println("xは100より小さい");
   ...> } else if (x < 200) {
   ...>      System.out.println("xは200より小さい");
   ...> } else {
   ...>      System.out.println("xは200以上");
   ...> }
xは200以上
```

switch

　分岐処理を記述するもう1つの構文として switch（スイッチ）があります。switch は値によって処理を分岐します。ここでは、switch の利用方法と if との使い分けについて解説します。

　まずは、switch の構造と構文を見てみましょう。

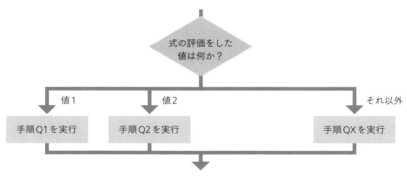

switch の動作

```
switch (式) {
case 値1:
  /* 手順Q1 */
  文1;
  ...
  break;
case 値2:
  /* 手順Q2 */
  文2;
  ...
  break;
default:
  /* 手順QX */
  文X;
  ...
  break;
}
```

　式や値は、intなどの基本型、文字列型（第4章）、enum型（第10章）が使えます。このように記述すると、式が**値1**の場合は**手順Q1**が実行され、**値2**の場合は**手順Q2**が実行されます。そして、どの値にも当てはまらない場合には、default（デフォルト）の**手順QX**が実行されます。実際のプログラムを見てみましょう。

リスト7-6 | switch の例

```
int x = 1;

switch (x) { /* 式「x」の評価 */
case 1:
  /* 手順Q1 */
  System.out.println("xの値は1です");
  break;
case 2:
  /* 手順Q2 */
  System.out.println("xの値は2です");
  break;
default:
  /* 手順QX */
  System.out.println("xの値は1,2以外の値です");
  break;
}
```

```
jshell> int x = 1;
x ==> 1

jshell> switch (x) {
   ...> case 1:
   ...>     System.out.println("xの値は1です");
   ...>     break;
   ...> case 2:
   ...>     System.out.println("xの値は2です");
   ...>     break;
   ...> default:
   ...>     System.out.println("xの値は1,2以外の値です");
   ...>     break;
   ...> }
xの値は1です
```

　ところで、switchの中にbreakというキーワードが含まれていますが、このbreakは何を行っているのでしょうか? 試しにbreakのないプログラムを書いてみましょう。

リスト7-7　breakのないswitch

```
int x = 1;

switch (x) { /* 式「x」の評価 */
case 1:
  /* 手順Q1 */
  System.out.println("xの値は1です");
case 2:
  /* 手順Q2 */
  System.out.println("xの値は2です");
default:
  /* 手順QX */
  System.out.println("xの値は1,2以外の値です");
}
```

```
jshell> int x = 1;
x ==> 1

jshell> switch (x) {
   ...> case 1:
   ...>     System.out.println("xの値は1です");
   ...> case 2:
   ...>     System.out.println("xの値は2です");
   ...> default:
   ...>     /* 手順QX */
   ...>     System.out.println("xの値は1,2以外の値です");
   ...> }
xの値は1です
xの値は2です
xの値は1,2以外の値です
```

　変数xの値は1のはずですが、case 1以外の処理まで呼ばれています。実はbreakには、switchの実行を終了する役目があります。そのためbreakを指定しないと、次のcaseやdefaultの処理まで実行されてしまうのです。

　breakの省略はコンパイルエラーとして発見できないので、注意してください。

《 M e m o 》

ifとswitchの使い分け

　i fとswitchは、どちらも条件によって実行する処理を選ぶことができます。そのため、どちらを使えばよいか迷うときがあります。

これに関しては、文法上の決まりはありません。switchで書かれた処理はifで書き直すことができるが、逆は必ずしも書き直せるわけではないことを考慮すると、筆者は「プログラムを書く人の主観で、switchで書いたほうが明らかに書きやすく、またわかりやすいと思ったときだけ、switchを使う」というルールで使い分けをしています。

default について

実現する機能の内容については、default に何も行うべき処理がない
こともあります。

しかし default を省略してしまうと、別の人がこのプログラムを見た
ときに「あれ、default のときの処理は、必要ないのかな? それとも
書き忘れてしまったのかな?」と悩んでしまうことがあります。

そのため、たとえ行うべき処理がない場合でも、default を用意する
ことはよいマナーとされています。その場合は、コメントで処理がな
いことを伝えてあげましょう。

```
switch (x) {
case 1:
    /* ケース1の処理 */
    break;
case 2:
    /* ケース2の処理 */
    break;
    (中略)
default:
    /* 既定の処理はない */
}
```

Check Test

Q1 分岐の構文に関する説明です。空欄を埋めてください。

「はい」か「いいえ」で答えられる条件によって実行する処理を
分岐するときは　 A 　を使います。
1、2、3などの数値ごとに実行する処理を分岐するときには
　 B 　を使います。

解答は巻末に掲載

7 ─ 4 反復

反復（**ループ**）では、条件を満たしている間、同じ処理を繰り返し行わせることができます。次の4つの構文が用意されています。

- while─────条件を満たしている間、処理を実行する
- do-while──whileと同じだが、最初の1回は必ず実行される
- for─────「n回処理を実行する」という用途に特化した反復
- 拡張for───「コレクションの要素についてすべて実行する」という用途に特化した反復

while

whileは、ある条件を満たしている間、同じ処理を繰り返すための構文です。whileの構造を見てみましょう。

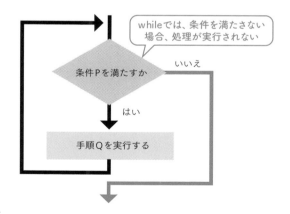

whileでは、条件を満たさない場合、処理が実行されない

条件Pを満たすか　いいえ

はい

手順Qを実行する

whileの動作

whileの構文は、次のとおりです。

```
while （論理式） { /* 条件P */
    /* 手順Q */
    文;
}
```

条件Pは、結果がtrueかfalseとなる論理式で記述します。

リスト7-8に示すプログラムでは、whileを利用して、答えが10以上とい
う条件Pを満たすまで、1+2+3+…と順番に数を足していきます。

リスト7-8 while文の利用例

```
int x = 1;
int amount = 0;

while (amount < 10) { /* 条件P */ ●――――❶
    /* 手順Q */
    System.out.println(x + "を足します");
    amount = amount + x; ●――――❷
    x++;
}
System.out.println("合計は" + amount);
```

実行結果

```
jshell> int x = 1;
x ==> 1

jshell> int amount = 0;
amount ==> 0

jshell> while (amount < 10) { /* 条件P */
   ...>     /* 手順Q */
   ...>     System.out.println(x + "を足します");
   ...>     amount = amount + x;
   ...>     x++;
   ...> }
1を足します
2を足します
3を足します
4を足します

jshell> System.out.println("合計は" + amount);
合計は10
```

whileは条件によっては、一度も**手順Q**が実行されないこともあります。リスト7-8の❶の部分を次のように変えてみましょう。

```
while (amount < 0) { /* 条件P */ ──────❶
```

実行結果

```
jshell> int x = 1;
x ==> 1

jshell> int amount = 0;
amount ==> 0

jshell> while (amount < 0) { /* 条件P */
   ...>     /* 手順Q */
   ...>     System.out.println(x + "を足します");
   ...>     amount = amount + x;
   ...>     x++;
   ...> }

jshell> System.out.println("合計は" + amount);
合計は0
```

　条件Pは、初めから満たされていません。そのため、whileの中の手順は一度も実行されませんでした。

無限ループに気を付けて

先ほどのプログラムで❷の行「amount = amount + x;」がないと、どうなるでしょうか？

その場合、何回手順Qを繰り返しても、条件Pが満たされ続けます。そのため、このプログラムは永久にwhileの反復を抜け出せなくなります。

このような状況を「無限ループ」と呼びます。whileなどの反復を使った処理を書くときは、反復を抜けるための条件に注意しましょう。

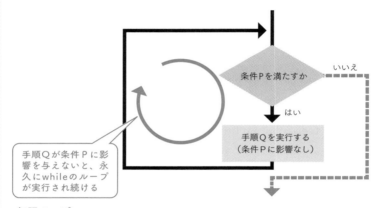

手順Qが条件Pに影響を与えないと、永久にwhileのループが実行され続ける

無限ループ

なお無限ループを含むプログラムを実行してしまった場合でも、［Ctrl］＋［C］キーの入力や、IntelliJ IDEAやEclipseであれば停止ボタンを押すなどの操作で、プログラムを強制的に停止させることができます。

do-while

do-while（ドゥ ホワイル）はwhileと似ているのですが、少し違いがあります。まずは、do-whileの構造を見ていきましょう。

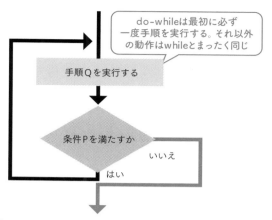

do-while の動作

do-whileの構文は次のとおりです。while(論理式)のあとにセミコロン「;」が必要なので注意してください。

構文 | do-while

```
do {
    文;
} while ( 論理式 );   /* セミコロンは必須 */
```

do-whileを使ってプログラムを書いてみます。

リスト7-10 | do-while の例

```
int x = 1;
int amount = 0;

do {
    /* 手順Q */
    System.out.println(x + "を足します");
    amount = amount + x;
    x++;
} while (amount < 10); /* 条件P */ ──❶
System.out.println("合計は" + amount);
```

```
jshell> int x = 1;
x ==> 1

jshell> int amount = 0;
amount ==> 0

jshell> do {
   ...>      /* 手順Q */
   ...>      System.out.println(x + "を足します");
   ...>      amount = amount + x;
   ...>      x++;
   ...> } while (amount < 10); /* 条件P */
1を足します
2を足します
3を足します
4を足します
合計は10
```

do-whileはどのような条件でも、最低一度は**手順Q**が実行されます。
リスト7-10の❶の部分をリスト7-11のように変えてみましょう。

リスト7-11 do-whileの条件を修正

```
} while (amount < 0); ←──❶
```

```
jshell> int x = 1;
x ==> 1

jshell> int amount = 0;
amount ==> 0

jshell> do {
   ...>      /* 手順Q */
   ...>      System.out.println(x + "を足します");
   ...>      amount = amount + x;
   ...>      x++;
   ...> } while (amount < 0); /* 条件P */
1を足します

jshell> System.out.println("合計は" + amount);
合計は1
```

条件Pは、初めから満たされていません。しかし**手順Q**は、**条件P**より先に書かれています。そのため、do-whileの中の**手順Q**が一度だけ実行されました。

do-whileの使いどころ

do-whileは、どのような場合に使うのでしょうか。例えば、ファイルの中の文章を1行ずつ最後まで処理する用途が考えられます。文章を最後まで処理したかどうか（つまり条件）は、ファイルから文章の読み込み（つまり処理）を一度は行わないとわからないためです。
ただ、実際のところ、do-whileが使われる機会は少ないです。無理にdo-whileは使わず、whileや次に説明するforを使うとよいでしょう。

for

whileの条件で、あらかじめ決められた回数を繰り返すようなケースがあります。このような場合でももちろんwhileを使うことができます。しかし、より簡潔に、そして回数を条件にして反復を行っているということを明確にするために、フォー forが用意されています。

「n回繰り返す」という処理を作る場合、現在は何回目の処理を行っているかという状態を変数（カウント用の変数）で管理します。forがwhileと違うところは、この変数を構文の中に組み込んでいるところです。1回目は、変数を初期化して**条件P**の確認をします。2回目以降は、変数を更新して**条件P**の確認をします。

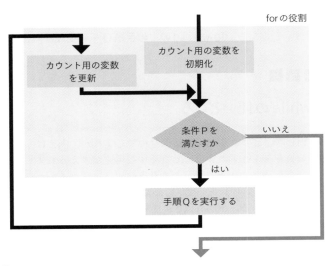

for の役割

for の動作

まず、最も基本的な for の構文を見てみましょう。

構文 for

```
for ( 変数の宣言と初期化 ; 論理式 ; 変数の更新 ) {
    文 ;
}
```

上記の構文を利用して、3回同じ処理を行うプログラムを書いてみます。

リスト7-12 for の例

```java
/* 変数の宣言と初期化、条件P、変数の更新 */
for (int i = 1; i <= 3; i++) {
    /* 手順Q */
    System.out.println("手順Qを実行:" + i + "回目");
}
```

```
jshell> for (int i = 1; i <= 3; i++) {
   ...>         System.out.println("手順Qを実行:" + i + "回目");
   ...> }
手順Qを実行:1回目
手順Qを実行:2回目
手順Qを実行:3回目
```

確かに3回同じ処理が実行されていますね。では、プログラムはどのように動作して反復処理を行っているのでしょうか?「forの動作」の図とあわせて見ていきましょう。

まず、forのカッコ内、1番目に書かれている「int i = 1」を見てみましょう。これは「カウント用の変数を初期化」に相当します。この手順は最初に一度だけ実行されます。

次に、2番目に書かれている「i <= 3」を見てみましょう。これは「**条件P を満たすか**」に相当します。この条件を満たしている間、forの中の手順が実行されます。

最後に、3番目に書かれている「i++」を見てみましょう。これは「カウント用の変数を更新」に相当します。この手順は、2回目以降繰り返し実行されます。

カウント用の変数は、足すだけではなく引くこともできます。次のプログラムを見てみましょう。

リスト7-13 決められた回数実行する(カウントダウン)

```
for (int i = 3; i > 0; i--) {
    /* 手順Q */
    System.out.println(i + "秒前");
}
System.out.println("発射!");
```

このプログラムは次のような結果を表示します。

第 7 章
制御構文

```
jshell> for (int i = 3; i > 0; i--) {
   ...>        System.out.println(i + "秒前");
   ...> }
3秒前
2秒前
1秒前

jshell> System.out.println("発射!");
発射!
```

このようにforでは、決められた回数分の反復処理を行うことができます。

● 繰り返す数が状況によって変わるfor

ここまでの例では、繰り返す回数は定数としてあらかじめ決められていました。しかし繰り返す回数は変数や式を使うこともできます。forの応用例として、式を使ったforのプログラムを示します。

リスト7-14 配列とforを組み合わせた例

```
/* 配列の準備 */
String[] fruits = new String[3];
fruits[0] = "リンゴ";
fruits[1] = "オレンジ";
fruits[2] = "ブドウ";

/* 配列とforを使った例 */
for(int i = 0; i < fruits.length; i++) {
    System.out.println(fruits[i]);
}
```

```
jshell> String[] fruits = new String[3];
fruits ==> String[3] { null, null, null }

jshell> fruits[0] = "リンゴ";
$2 ==> "リンゴ"

jshell> fruits[1] = "オレンジ";
$3 ==> "オレンジ"

jshell> fruits[2] = "ブドウ";
$4 ==> "ブドウ"

jshell> for(int i = 0; i < fruits.length; i++) {
   ...>       System.out.println(fruits[i]);
   ...> }
リンゴ
オレンジ
ブドウ
```

　ポイントは、条件の「fruits.length」です。これは配列に含まれる要素の数を返す式です。今回の例では3つの要素を準備しているので、fruits.lengthは「3」と評価されます。この値は、配列の要素の数によって変わります。「i < 3」という書き方に比べて、配列の要素の数が変わったときでも「for自体の修正がいらない」という点で優れています。

forのカウント変数の使い方

細かい話ですが、forのカウント変数の初期値と条件の書き方には流儀のようなものがあります。例えば、3回繰り返すforは、次の2つの流儀があります。

- 流儀1――for(int i = 0; i < 3; i++) ←0〜2までの3回
- 流儀2――for(int i = 1; i <= 3; i++) ←1〜3までの3回

2つの書き方に、回数の違いはありません。ただ、配列を扱うときには要素を0から数えるので流儀1が、「3回繰り返す」など回数そのものを扱うときには流儀2が使われることが多いです。どちらを使ってもよいのですが、条件の不等号でのイコールの有無を間違えると回数自体が変わってしまいます。とても間違えやすいところです。注意しましょう。なおカウント変数の名前に文法上のルールはありませんが、複数の古いプログラミング言語での慣例にならって「i」、「j」、「k」が使われることが多いです。

拡張for

Javaには、通常のforとは別に**拡張for**が用意されています。拡張forは、第6章で説明したコレクション（リスト、セット、マップ）の要素に対する処理を、1つずつ行うときに使われます。

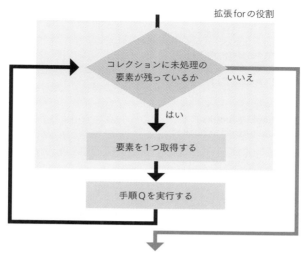

拡張 for の役割

コレクションに未処理の
要素が残っているか

いいえ

はい

要素を1つ取得する

手順Qを実行する

拡張 for の動作

拡張 for の構文を以下に示します。

| 構文 | 拡張 for |

```
for ( 要素の型名 変数名 ： コレクションの変数名 ) {
    文；
}
```

拡張 for ではまず、コレクションの中に未処理の要素が存在するかどうかを調べます。存在した場合は1つ取り出し、変数に代入してから文が実行されます。すべての要素を処理すると、拡張 for は終了します。

実際に拡張 for 文を利用したプログラムは、リスト 7-15 のようになります。

```
/* コレクション（セット）を準備する */
HashSet<String> books = new HashSet<>();
books.add("不思議の国のアリス");
books.add("ヘンゼルとグレーテル");
books.add("銀河鉄道の夜");

/* コレクションの要素ごとに処理を実行する */
for (String book : books) {
    System.out.println(book);
}
```

実行結果

```
jshell> HashSet<String> books = new HashSet<>();
books ==> []

jshell> books.add("不思議の国のアリス");
$2 ==> true

jshell> books.add("ヘンゼルとグレーテル");
$3 ==> true

jshell> books.add("銀河鉄道の夜");
$4 ==> true

jshell> for (String book : books) {
   ...>        System.out.println(book);
   ...> }
ヘンゼルとグレーテル
銀河鉄道の夜
不思議の国のアリス
```

　配列を操作するときには、forを使うことができました。しかしコレクション（リストを除く）には、「何番目の要素」という概念が存在しません。そのため、コレクションの中身を1つずつ処理する場合には、拡張forを使う必要があります。

　なお、実行結果の順序が例と異なって出る場合もあります。コレクションの種類によっては、出てくる順序が必ずしも一定の順序である保証はありません。

break と continue

反復の処理を書いていると、「この場合は、処理をやめたい」とか「この場合は、スキップして次の繰り返しを実行したい」といった動作をさせたいときがあります。そのようなときに利用するのが、break と continue です。

● 処理を抜ける（break）

break（ブレーク）は、現在の処理を中断して、ループを抜けたいときに使います。

リスト7-16　breakの例

```java
for (int i = 0; i < 5; i++) {
  if (i == 3) {
    break; ──❶
  }
  System.out.println(i);
}
System.out.println("プログラムの終了");
```

実行結果

```
jshell> for (int i = 0; i < 5; i++) {
   ...>     if (i == 3) {
   ...>         break;
   ...>     }
   ...>     System.out.println(i);
   ...> }
0
1
2

jshell> System.out.println("プログラムの終了");
プログラムの終了
```

ループの途中、i==3のときには❶が実行されます。breakは、現在の処理を中断するだけでなく、ループそのものも中断します。そのため、i==3のときだけではなくi==4以降の処理も実行されません。

　breakの実行イメージは、以下のようになります。

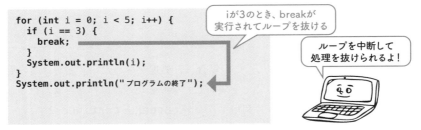

break文の実行イメージ

● 処理をスキップする（continue）

コンティニュー
　continueは、現在の処理をスキップして、ループを継続したいときに使います。

リスト7-17　continueの例

```
for (int i = 0; i < 5; i++) {
  if (i == 3) {
    continue; ──❶
  }
  System.out.println(i);
}
System.out.println("プログラムの終了");
```

　ループの途中、i==3のときには❶が実行されます。continueもbreakと同じく、現在の処理をスキップします。しかしループそのものは中断しません。そのため、i==3のときの処理は実行されませんが、i==4以降の処理は実行されます。

```
jshell> for (int i = 0; i < 5; i++) {
   ...>     if (i == 3) {
   ...>         continue;
   ...>     }
   ...>     System.out.println(i);
   ...> }
0
1
2
4

jshell> System.out.println("プログラムの終了");
プログラムの終了
```

continueの実行イメージは、以下のようになります。

i が3のときだけcontinueが実行されて
処理されないが、ループは続く

```
for (int i = 0; i < 5; i++) {
    if (i == 3) {
        continue;
    }
    System.out.println(i);
}
System.out.println("プログラムの終了");
```

ループの途中で現在の処理
だけをスキップできるよ！

continueの実行イメージ

Q1 次の空欄を埋めてください。

特定の条件を満たしている間は同じ処理を繰り返したい場合は、　A　を使います。　A　とほぼ同じ動きですが、必ず1回は処理を行わせたい場合には　B　を使います。

Q2 次の空欄を埋めてください。

決められた回数だけ処理を繰り返すために　C　が用意されています。またコレクションの中の要素をすべて処理するために　D　が用意されています。

解答は巻末に掲載

第 **8** 章

オブジェクト指向

Java は、「オブジェクト指向」という考え方が基本にあるプログラミング言語です。オブジェクト指向の考え方を理解することで、より理解を深めることができます。この章では、オブジェクト指向の基本となる考え方（カプセル化、ポリモーフィズム、継承、動的束縛）について解説します。

8 ___1 オブジェクト指向の基本

大規模なプログラムを分割する

　まだまだコンピューターの性能が低かったころ、プログラムは数枚の紙に印刷できるほどの分量でした。これぐらいの分量であれば、特に工夫をしなくてもすべてを見通すことが可能です。しかしコンピューターの性能は年々向上し、私たちが作るプログラムも、たくさんのファイルからなるような大きなものになっています。

昔のプログラム　　　現在のプログラム

だいぶ
増えたよね？

コンピューターの性能も
上がってるしね・・・

プログラムの巨大化

　このような大きなプログラムは、そのままでは全体を把握することは不可能です。そのため、わかりやすくするための工夫が必要です。

　工夫の1つとして、大きなものを小さなものに分割して管理する方法が考えだされました。例えば、非常に大きなプログラムの一つであるWindowsやLinuxのようなオペレーティングシステム（OS）の場合、大きなプログラムを次のようなプログラムに分割しています。

- 画面を表示するプログラム
- キーボードからの入力を行うプログラム
- ハードディスクを読み書きするプログラム
- 通信を行うプログラム
- その他のプログラム

　これらのプログラムをさらに分割していき、最終的に人間が容易に把握できるまで小さくします。

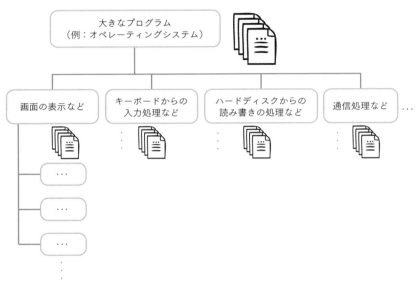

巨大なプログラムの分割

　このように、大きくて複雑なものを小さくて把握できるものに分割する方法が、大きなプログラムを作るために使われています。

オブジェクト指向とは？

　「オブジェクト指向」とは、大きなプログラムを分割する手法の一つです。

1 オブジェクト指向の基本

プログラムには、第7章で説明したプログラムの流れを制御する「処理」と、第2章から第6章までで説明した数値、文字列、日付などで扱われる「データ」が含まれます。これらの2つの概念をセットで扱えるようにしたものを「オブジェクト」と呼びます。オブジェクト指向では、プログラムの分割を、この「オブジェクト」単位で行っていきます。ここでは、プログラムを現実世界の「役所」に見立てて、処理とデータをセットにするかしないかの違いについて見ていきましょう。

分割されていない「役所」

　まずは「処理」も「データ」も分割されていない、雑然とした役所の例を見てみましょう。このような状況だと、問い合わせをする人はどこに問い合わせをするべきかがわからず、また役所の人も必要な処理やデータがどこにあるのかわかりません。規模が大きくなると、きっとこの役所はパニック状態になってしまうでしょう。

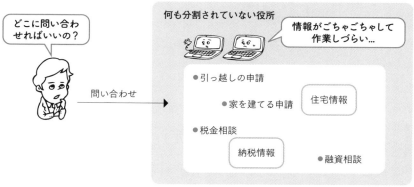

分割されていない例

非オブジェクト指向的な「役所」

　「処理」は分割するけれども「データ」を分割しない非オブジェクト指向的な役所は、次のような構造になります。役所の仕事（処理）は課ごとに分割されています。しかし各課では情報（データ）を持っていないので、処理に必要なデータを常に倉庫に探しに行く必要があります。役所全体で見ると必要なデータはすべて倉庫に集まっているので、管理はしやすくなっています。

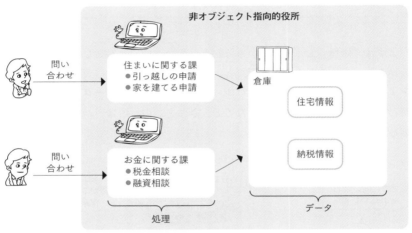

分割されている例（処理とデータがセットではない）

オブジェクト指向的な「役所」

　しかし役所が大きくなると、倉庫の中のデータが増えて管理が難しくなってきます。そこで「処理」に必要な「データ」をセットで管理するオブジェクト指向的な形に変えてみましょう。各課では、自分の課の仕事に必要な情報が手元にあり、データが正しい状態にあることは課の責任で行われます。そのため一つ一つの課は、独立して仕事を行えます。すべてのデータを一括して管理する巨大な倉庫はなくなってしまいましたが、他の課のデータが必要なときは、

他の課の提供している処理を使って入手することができます。

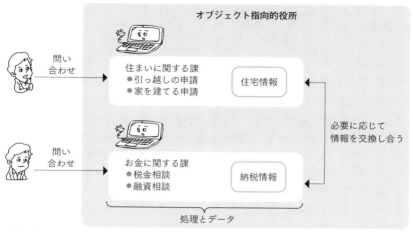

分割されている例（処理とデータがセットである）

　このように処理だけではなくデータも含めて独立性を高められることが、オブジェクト指向の特徴です。

《 Memo 》

オブジェクト指向は万能か？

　ここではオブジェクト指向を素晴らしい考え方のように説明しましたが、決して万能の解決方法ではありません。1つの倉庫で管理したほうがいい場合もありますし、ここで挙げた2つとはまったく異なる分割の仕方も存在します。ただし、世の中にはオブジェクト指向で作られた多くのプログラムがあること、そしてJavaとオブジェクト指向の相性がよいということは、間違いないでしょう。

Q1 次の空欄に入る組み合わせを⑦〜⑦から選んでください。

オブジェクト指向は、大きくて複雑なプログラムを　A　という単位で分割することで、構造を把握しやすくするための考え方です。　A　は　B　と　C　がセットで管理されます。オブジェクトの利用者は　C　を通じて　B　を参照したり更新したりすることができます。

⑦　A：データ　　　／B：クラス　　　／C：インスタンス
⑦　A：クラス　　　／B：オブジェクト／C：インスタンス
⑦　A：オブジェクト／B：データ　　　／C：処理

解答は巻末に掲載

2 オブジェクト指向を構成する 4つの概念

　ここまで、概念的なオブジェクト指向の説明をしてきました。実際には、オブジェクト指向は次の4つの概念によって構成されています。

オブジェクト指向			
カプセル化	ポリモーフィズム	継承	動的束縛

オブジェクト指向の概念

　この4つの概念とJavaとの関連について見ていきましょう。

カプセル化

　カプセル化とは、オブジェクトを構成するデータや処理を、必要なものだけ公開して不必要なものを隠蔽することです。公開されているデータや処理は、あたかも役所の窓口のように振る舞います。外から頼まれた仕事を、オブジェクト内部のデータや処理をもとに判断して、結果だけを返します。

　カプセル化の利点の1つは、結果を出すために必要なオブジェクト内部のデータを、他のプログラムが意図せず書き変えてしまうことを防止できることです。

　もう1つの利点は、オブジェクトの中の処理を改良したことによる外部のプログラムへの影響を最小限にすることが可能であることです。

　いずれの利点も、より安全にプログラムを作成するために役に立っています。

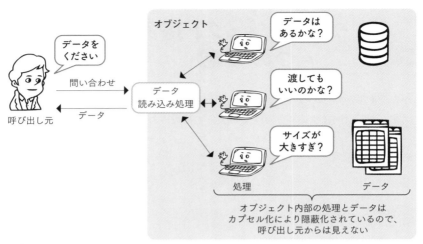

カプセル化

継承

継承とは、あるオブジェクトにデータや処理を追加して、新しいオブジェクトを作り出すことです。このような方法で作られた新しいオブジェクトは、元のオブジェクトの特性をすべて引き継いでいます。継承は何度も繰り返すことができます。つまり、あるオブジェクトを継承したオブジェクトをさらに継承することが可能です。詳細は第9章であらためて取り上げます。

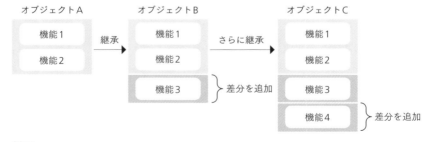

継承

ポリモーフィズム

ポリモーフィズムとは、複数のオブジェクトに定義されている処理に同じ名前を付けることができる機能です。

例えば、ファイルを扱うオブジェクト、ディスクを扱うオブジェクト、ネットワークを扱うオブジェクトの3つのオブジェクトがあると考えてみましょう。それぞれの媒体からデータを取り出す方法は異なり、専用の処理がそれぞれのオブジェクトに存在します。しかし異なる3つの処理に「データを取り出す」という名前を付けておくと、呼び出し側はオブジェクトの違いを気にせず単に「データを取り出す」という処理を呼び出すだけでデータを手に入れることができます。

このようなポリモーフィズムの機能が実現されていると、新しいオブジェクトを追加したときにも処理の名前さえ同じであれば、呼び出し元でプログラムの修正をせずに新しいオブジェクトの処理を呼び出すことができます。これがポリモーフィズムの利点です。

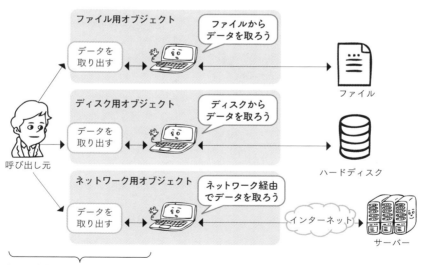

ポリモーフィズム

ポリモーフィズムは「クラス」と「インターフェイス」の2つの方法で実現することができます。クラスを使ったポリモーフィズムは、第9章で説明します。またインターフェイスを使ったポリモーフィズムは、第12章で説明します。

動的束縛

　動的束縛とは、あるオブジェクトからのプログラムの呼び出しがどのオブジェクトの処理を呼び出すかが、プログラムが実行されたときにその場で決まるような仕組みです。つまり、どのオブジェクトの処理を呼び出すかをJavaがプログラムを実行しているときに自動的に判断してくれるのです。

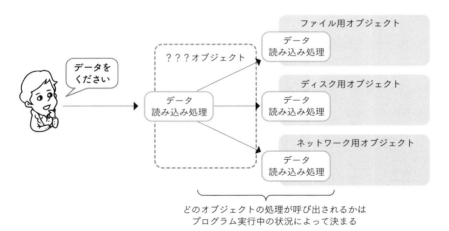

動的束縛

仮に動的束縛がないプログラム言語の場合、オブジェクトの種類を調べて呼び出す処理を一つ一つプログラムする必要があります。より具体的な例は、「9.5　動的束縛とポリモーフィズム」で説明しています。

Check Test

Q1　オブジェクト指向の概念に関する説明です。空欄を埋めてください。

概念	説明
カプセル化	オブジェクトを構成する A や B を、必要なものだけ公開して不必要なものを隠蔽すること
継承	あるオブジェクトにデータや処理を追加して、新しい C を作り出すこと
ポリモーフィズム	複数のオブジェクトに定義されている処理に同じ D を付けることができる機能
動的束縛	あるオブジェクトからのプログラムの呼び出しがどのオブジェクトの E を呼び出すかが、プログラムの実行時に決まる仕組み

解答は巻末に掲載

8 ─ 3 オブジェクト指向とJava

　オブジェクト指向の概念は、あいまいな部分があります。そのため、実際に
オブジェクト指向をプログラミング言語として作り上げるにあたっては、あい
まいな箇所を「○○言語では、この方式を採用する」といった意思決定が行わ
れている箇所があります。ここでは、Javaでのオブジェクト指向の実現方法に
ついて簡単に説明します。

単一継承と多重継承

　継承には、単一継承と多重継承の2つの方法があります。単一継承は、複数
のオブジェクトが同時に継承元のオブジェクトになることを許さず、多重継承
では許します。
　多重継承では、複数の継承元のオブジェクトに重複する処理が定義されてい
たときの優先順位などいくつかの問題について、プログラムを作成するプログ
ラマーにその解決の責任が委ねられます。
　単一継承では、多重継承で発生する問題は仕組み上発生しないので、プログ
ラミングが相対的に容易になります。ただし、多重継承で便利な機能のいくつ
かが使えなくなります。

《 M e m o 》

Javaの継承方針

　Javaでは、複雑さを除外するという方針から、単一継承が採用
されています。しかし多重継承の利便性も取り入れるために、「イ
ンターフェイス」という仕組みを導入しています。インターフェイス
については、第12章で詳しく取り上げます。

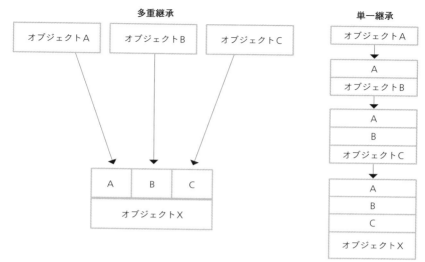

多重継承と単一継承

オブジェクト、クラス、インスタンス

Javaでオブジェクト指向の話をすると、オブジェクトに加えて「クラス」「インスタンス」という用語が登場します。この2つは、大きな意味ではいずれもオブジェクトです。しかし、次のような区別がされています。

クラスとインスタンス

種類	説明	例
クラス	特定オブジェクトの構成を定義するオブジェクト	設計書
インスタンス	クラスをもとに作成された特定オブジェクト	成果物

「クラス」と「インスタンス」の関係は、「設計書」と「設計書をもとに作り出された成果物」に例えられることがあります。インスタンスというオブジェクトは、クラスというオブジェクトに書かれた設計情報をもとにいくつも複製されるのです。そしてクラスというオブジェクトは、ソースコードから作成さ

第**8**章 オブジェクト指向

れます。このように、クラスとインスタンスを区別する考え方は、クラスベースのオブジェクト指向と呼ばれます。クラスベースのオブジェクト指向は、自由度は少し低くなる代わりに、実行時のパフォーマンスや開発時のソースコードの整合性チェックの強化に効果があります。

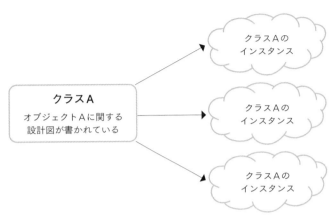

クラスとインスタンス

Javaでのオブジェクト指向

　Javaでは、オブジェクト指向を構成する4つの要素をすべて含んでいます。その点ではJavaはオブジェクト指向言語といえるでしょう。しかし4つの要素に反する、つまりオブジェクト指向的ではない機能も用意されています。これらは主に、パフォーマンスの向上や直感的な理解を助けるためのものです。

　例えばJavaでは、数値はオブジェクトとして扱われていません。数値には隠すべき情報もなければ、数値を継承するような使い道もないからです。

<< **Memo** >>

真のオブジェクト指向言語とは

時 に、このような事実をもって「Javaは真のオブジェクト指向言語ではない」などという批評がされることもあります。しかし、Javaを使う目的が役に立つプログラムを効率的に作り出すことであれば、Javaが真のオブジェクト指向であるか否かはそれほど意味を持たないはずです。それよりは、「真のオブジェクト指向」に対してどのような点について妥協しているか、そしてどのような理由によりその妥協がなされたのかを知ることが大切です。

Check Test

Q1 単一継承と多重継承、Javaで使うことができる継承はどちらでしょうか?

Q2 クラスとインスタンス、オブジェクトの設計書にあたる情報を定義しているのはどちらでしょうか?

解答は巻末に掲載

第 **9** 章

クラスの基礎

オブジェクト指向の基礎となる
4つの概念とは、カプセル化、
継承、ポリモーフィズム、動的
束縛です。また、Javaでは、オ
ブジェクトをクラスとインスタ
ンスで実現します。この章では、
これらオブジェクト指向の概念
をJavaでどのように実現する
かについて学びます。

1 クラスの作成

オブジェクト指向のおさらいとクラス

オブジェクト指向の基礎となる4つの概念とは、カプセル化、継承、ポリモーフィズム、動的束縛です。また、Javaでは、オブジェクトをクラスとインスタンスで実現します。この章では、これらオブジェクト指向の概念をJavaでどのように実現するかについて学びます。

Javaでは、オブジェクトの設計をクラスで行います。このクラスを作成するためには、以下の作業を行う必要があります。

- クラスを定義するファイルの作成
- クラスの定義
- フィールドの定義
- メソッドの定義

1. クラスファイルを作る　　2. クラス、フィールド、　　3. 完成
　　　　　　　　　　　　　　メソッドを定義する

クラス
フィールド
メソッド

クラスの作成

それでは、Javaでクラスを作成する方法について学びましょう。

クラスを定義するファイルの作成

クラスを定義するファイルは、次のルールに沿って作成します。

❶ 1つのファイルに1つのクラスを定義すること
❷ クラスの名前とファイルの名前を同じにすること
❸ ファイルの拡張子を「**.java**」とすること

例えば、車の機能を持つ「Car」という名前のクラスを作成するときは、「Car.
java」という名前のファイルを作成して、このファイルの中にソースコード
を書きます。

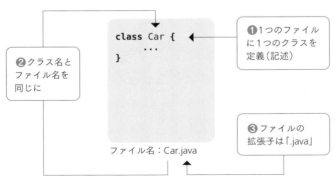

ファイル作成時のルール

クラスの定義（class）

クラスを定義するには class を使います。

構文 | class によるクラスの定義

```
class クラス名 {
    /* ここにフィールドやメソッドの定義を書く */
}
```

　クラスの名前は、単語の先頭と区切りを大文字にする**Pascal形式**で作成します。フィールドやメソッドを定義する部分は、中カッコで囲みます。閉じる中カッコの後ろにはセミコロンは不要です。

　またクラスのルールで説明したように、1つのファイルに1つのクラスというルールがあるので、class はファイルの中に原則1つだけ定義します。

　では、車を表す Car クラスを定義してみましょう。Car クラスは Car.java ファイルで定義します。

リスト9-1 | Car クラスの定義（Car.java）

```
class Car {
}
```

《 M e m o 》

Pascal 形式

P ascal形式とは、英単語を組み合わせて名前を付けるときのルールの1つです。文字の先頭と単語の区切りを大文字で、残りを小文字で作成します。

• 例—— Car、SuperCar、CompactCar など

フィールドの定義

オブジェクトの要素の一つであるデータは、クラスの中に変数を定義して保存します。この変数のことを「フィールド」と呼びます。フィールドは、クラスを定義したときの中カッコ（{ }）の中に定義します。

構文 | フィールドの定義方法

```
class クラス名 {
    型名 フィールド名;
}
```

フィールドは変数なので、フィールド名は<ruby>camel<rt>キャメル</rt></ruby>形式<ruby><rt>けいしき</rt></ruby>で作成します。

では、先ほど作成したCarクラスにスピードを保存するspeedフィールドを定義してみましょう。speedは数値なので今回はint型を使います

リスト9-2 | speedフィールドの定義（Car.java）

```
class Car {
    /* スピードを保存するフィールド */
    int speed;
}
```

≪ Memo ≫

camel形式

Camel形式とは、英単語を組み合わせて名前を付けるときのルールの一つです。先頭を除く単語の区切りを大文字で、残りを小文字で作成します。

• 例——speed、normalSpeed、maxSpeed など

フィールドの初期値

フィールドを定義したときには、次のルールで初期値が代入されます。

フィールドの初期値

フィールドの種類	初期値
基本型（数値）	0
基本型（真偽値）	false
参照型	null

これらとは異なる初期値を指定したい場合には、次のように初期値を代入します。

構文 フィールドに初期値を代入する

```
class クラス名 {
    型名 変数名 = 初期値;
}
```

メソッドの定義

オブジェクト指向の処理は、「メソッド」で定義します。

メソッドには、呼び出し元から値を受け取る変数を定義します。これを「引数（ひきすう）」と呼びます。引数はカンマ（,）で区切って複数指定することもできます。指定した引数は左から順に「第1引数、第2引数…」と呼びます。

そして、呼び出し元に返す値（「返り値」または「戻り値」）の型も定義します。

メソッドは、クラスを定義したときの中カッコの中に定義します。メソッドの定義は次のように行います。

```
class クラス名 {
    返り値の型名 メソッド名 ( 引数の型名 引数名 , …) {
        /* メソッドの処理 */
        …
        return 式; ———❶
    }
}
```

メソッド名はcamel形式で作成します。

返り値の型には、変数と同じく基本型か参照型を指定します。しかし、この
メソッドが値を返す必要のないものであった場合は、void型という特別な型
を指定します。void型は、値を持たない特別な型として用意されています。

引数の型名と引数名のペアはいくつでも指定することができます。また引数
を必要としない場合は、省略することもできます。

メソッド内で返り値を返すときはreturnを使います（❶）。returnが実行
されると、メソッドはそこで処理を終了し、式を評価した結果を返り値として
返します。メソッドの返り値の型がvoid型の場合にはreturnだけを書き、
式の部分は省略します。

それでは、先ほど作成したCarクラスに、現在のスピードを変更するメソッ
ドを追加してみましょう。

リスト9-3 スピードを変化させるメソッドの定義（Car.java）

```
class Car {
    /* スピードを保存するフィールド */
    int speed;

    /* スピードを上げるメソッド */
    void speedUp(int value) {
        this.speed += value;
    }

    /* スピードを下げるメソッド */
    void speedDown(int value) {
        this.speed -= value;
    }
}
```

メソッドの内部からは、フィールド名に this を付けてフィールドを参照する
ことができます。this については、第13章で説明します。

<< M e m o >>

フィールドやメソッドの定義順について

ク　ラスの中に複数のフィールドやメソッドを定義するときは、ど
　　のような順番で定義をするのでしょうか?
文法的にはどのような順番で定義をしても、変わりはありません。例
えば先ほどの Car クラスでは、speed フィールドを最後に定義しても
動きは変わりません。
ただしプログラムの読みやすさから、フィールドを最初に定義して、
そのあとメソッドを定義するのが一般的です。

Check Test

Q1 クラスの定義を行うプログラムです。空欄を埋めてください。

```
 A  Car {
    /* ここにフィールドやメソッドを定義する */
}
```

Q2 オブジェクト内のデータを保存するための変数は何と呼ばれますか?

Q3 オブジェクトのデータを使った処理を、主に外部に公開するため
の機能は何ですか?

解答は巻末に掲載

インスタンスの作成

クラスを定義したら、インスタンスを作成することができます。インスタンスは new を使って作成します。

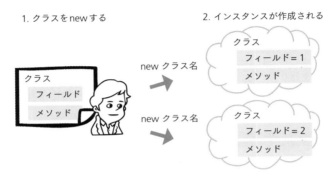

1. クラスをnewする
2. インスタンスが作成される

new クラス名

クラス
フィールド
メソッド

クラス
フィールド = 1
メソッド

new クラス名

クラス
フィールド = 2
メソッド

インスタンスの作成

メソッドと同じく、引数は複数指定することができます。

構文 | newの使い方

```
型名 変数名;
変数名 = new クラス名(引数, …);
```

では、newを使ってCarクラスのインスタンスを作成してみましょう。Carクラスのインスタンスを作成するために、ここではMainクラスを用意します。そしてmainメソッドの中に、Carインスタンスのメソッドを呼び出すプログラムを書いていきます。

以降のサンプルでは、Mainクラスのmainメソッドを実行して動作を確認
してください。

Carクラスのインスタンス化（Main.java）

```java
class Main {
    public static void main(String[] args) {
        Car car; ──────❶
        car = new Car(); ──────❷
    }
}
```

Note

変数の名前はaやbなど意味のない名前ではなく、クラスの名前を含んだ
名前にするのが一般的です（例：car、myCar、car1など）。

❶ではcarという変数が宣言されます。この時点では、Carクラスのインス
タンスは作成されていません。

Car car;

car

Car型

変数の宣言

次の❷でCarクラスのインスタンスが作成され、このインスタンスへの参照
がcar変数に代入されます。

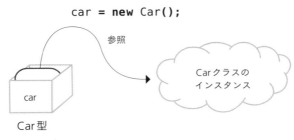

```
car = new Car();
```

参照

Carクラスの
インスタンス

car

Car型

インスタンスの生成

この2つの行はまとめて1行で書くこともできます。

リスト9-5 Carクラスのインスタンス化（1行版）

```
Car car = new Car();
```

動きは2行に分けたときと変わりません。作成したインスタンスを通じてフィールドやメソッドを使うことができます。

フィールドを使用する

フィールドを使用するには、インスタンス変数を通じてフィールド名を指定します。

構文 フィールドの代入と参照

```
/* フィールドに代入する */
変数名.フィールド名 = 値;
/* フィールドを参照する */
変数名.フィールド名;
```

サンプルをリスト9-6に示します。

```
class Main() {
    public static void main(String args[]) {
        Car car = new Car();
        /* speedフィールドに値を代入する */
        car.speed = 80;
        /* speedフィールドの値を参照する */
        System.out.println("スピード：" + car.speed);
    }
}
```

メソッドを呼び出す

　メソッドを使用するには、インスタンス変数を通じてメソッド名を指定します。メソッドの引数は、カッコ（( )）の中にカンマで区切って指定します。

構文 メソッドの呼び出し

```
/* メソッドを呼び出す */
変数名.メソッド名(引数1, …);
```

　サンプルをリスト9-7に示します。

リスト9-7　メソッドの呼び出し

```
class Main() {
    public static void main(String args[]) {
        Car car = new Car();
        /* 引数に値を直接指定してspeedUpメソッドを呼び出す */
        car.speedUp(10);
        /* 引数に変数を指定してspeedUpメソッドを呼び出す */
        int acceleration = 80;
        car.speedUp(acceleration);
    }
}
```

メソッド定義の引数名とメソッド呼び出し時の変数名について

「メソッドの呼び出し」のメソッド呼び出しで指定されている変数名は「acceleration」ですが、「スピードを変化させるメソッドの定義（Car.java）」で定義されている引数名は「value」です。このように、メソッド定義の引数名とメソッド呼び出し時の変数名は、同じである必要はありません。

Check Test

Q1 Carクラスのインスタンスを作るプログラムです。空欄を埋めてください。

```
Car car =  A  Car();
```

解答は巻末に掲載

　2　インスタンスの作成

9 ─ 3 カプセル化

　ここまででクラスとインスタンスの作り方について説明してきました。ここからはこの2つをもとに、「8.2　オブジェクト指向を構成する4つの概念」で説明したオブジェクト指向の4つの特徴の実装方法について見ていきます。

　まずはカプセル化です。**カプセル化**は、オブジェクトの中のフィールドやメソッドのうち、外部に公開しない情報を隠すことができる機能です。

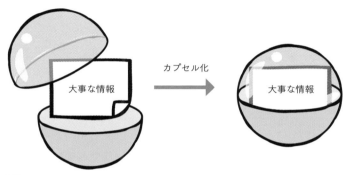

カプセル化

カプセル化しない場合

　まずはカプセル化をしない例を見てみましょう。

　先ほどのCarクラスで定義したspeedフィールドは、実はカプセル化が行われていない状態です。

リスト9-8 カプセル化されていないフィールド（Car.java）

```
/* speedフィールドがカプセル化されていないCarクラス */
class Car {
    /* スピードを保存するフィールド */
    int speed;
}
```

　この状態では、Carインスタンスのspeedフィールドは外部から自由に読み書きすることができます。

リスト9-9　カプセル化されていないフィールド（Main.java）

```
class Main {
    public static void main(String[] args) {
        Car car;
        car = new Car();
        car.speed = 40;   /* 時速40km */
        System.out.println("速度 = " + car.speed);
    }
}
```

　しかしこの状態ではspeedフィールドを直接操作できるため、リスト9-10のような危ない実装も行えてしまいます。

リスト9-10　危険なフィールドの更新（Main.java）

```
class Main {
    public static void main(String[] args) {
        Car car;
        car = new Car();
        car.speed = 100000;   /* 時速10万km?! */
    }
}
```

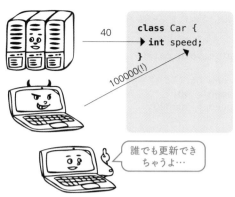

カプセル化されていないフィールドの更新

カプセル化した場合

では speed フィールドをカプセル化してみましょう。カプセル化をするときには、フィールドに対して private を指定します。

プライベート

リスト9-11 カプセル化されたフィールド（Car.java）

```
/* speedフィールドがカプセル化されているCarクラス */
class Car {
    private int speed;
}
```

private を指定することにより、speed フィールドは Car 内部でしか見えなくなりました。例えば先ほどと同じ呼び出しをすると、今度は speed フィールドを参照しているところでコンパイルエラーが発生します。

```
class Main {
    public static void main(String[] args) {
        Car car;
        car = new Car();
        car.speed = 40;        /* コンパイルエラー */
        car.speed = 100000;    /* コンパイルエラー */
    }
}
```

　こうすると、speedフィールドは確かに外部から変更できません。しかしスピードを変更できない車はあまり役に立つものではありません。そこで、speedフィールドを参照したり操作したりするためのメソッドを公開します。

```
/* speedフィールドのカプセル化と公開メソッドを用意したCarクラス */
class Car {
    private int speed;

    /* スピードを取得するメソッド */
    int getSpeed() {
        return this.speed;
    }

    /* スピードを上げるメソッド */
    void speedUp(int value) {
        this.speed += value;
    }

    /* スピードを下げるメソッド */
    void speedDown(int value) {
        this.speed -= value;
    }
}
```

　speedUpとspeedDownという2つの公開メソッドを使って、車の速度を上げ下げすることができるようになりました。また、getSpeedというメソッドを使って、現在の速度を取得できるようになりました。

公開メソッドでカプセル化されたフィールドを操作する（Main.java）

```java
class Main {
    public static void main(String[] args) {
        Car car;
        car = new Car();
        car.speedUp(40);      /* 時速40km加速する */
        car.speedDown(10);    /* 時速10km減速する */

        /* 速度 = 30と表示される */
        System.out.println("速度 = " + car.getSpeed());
    }
}
```

《《 M e m o 》》

ゲッターメソッド

「g et + フィールド名」というメソッドのことを、Javaでは「**ゲッターメソッド**」と呼びます。

しかしこのままでは、カプセル化されていないときと同じく、非常識なスピードが設定できてしまいます。これではカプセル化をした意味がありません。

リスト9-15 危険な公開メソッド（Main.java）

```java
class Main {
    public static void main(String[] args) {
        Car car;
        car = new Car();
        car.speedUp(100000);  /* 時速10万km加速?! */
        car.speedDown(-40);   /* 時速マイナス40km減速?! */
    }
}
```

それでは最後に、マイナスの加速や減速を行えないようにしたり一定以上の速度には変更できないようにしたりするために、公開メソッドの中に安全装置

を付けてみます。

```
/* 安全装置を付けたCarクラス */
class Car {
    private int speed;

    /* スピードを取得するメソッド */
    int getSpeed() {
        return this.speed;
    }

    /* スピードを上げるメソッド */
    void speedUp(int value) {
        if (value < 0) {
            /* 負の加速は無視する */
            return;
        }
        this.speed += value;
        /* 安全装置（最高速度） */
        if (this.speed >= 180) {
            this.speed = 180;
        }
    }

    /* スピードを下げるメソッド */
    void speedDown(int value) {
        if (value < 0) {
            /* 負の減速は無視する */
            return;
        }
        this.speed -= value;
        /* 安全装置（バック時） */
        if (this.speed <= -15) {
            this.speed = -15;
        }
    }
}
```

これで、speedフィールドを完全にカプセル化できました。

マイナスの加速や減速といった意味のない値は指定できません。そして、どんなにアクセルを踏んでも時速180km/h以上にはならない、またバック時は時速15km/h以上にはならない安全なCarクラスになりました。

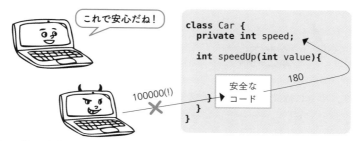

カプセル化の意味があるメソッド

Check Test

Q1 カプセル化の方法に関する説明です。空欄を埋めてください。

フィールドは ___A___ を付けて宣言する。
フィールドを安全に操作する ___B___ を作成する。

解答は巻末に掲載

継承は、すでに作成されているオブジェクトをもとに、差分だけを追加して
新しいオブジェクトを作成することです。Javaで継承を実現するには、まず設
計書に相当するクラスに差分を追加して新しいクラスを作ります。そして、そ
のクラスをもとにインスタンスを作ります。

　Javaでは、元の設計書となるクラスをスーパークラス（または親クラス）と
呼び、差分を追加したクラスをサブクラス（または子クラス）と呼びます。

　「車」クラスを継承して「人を運ぶ車」「荷物を運ぶ車」「作業をする車」と
いう3つのサブクラスを作る例を、以下に示します。

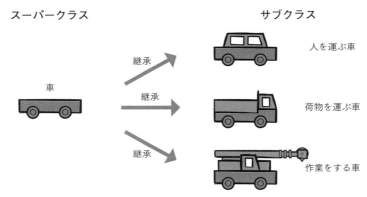

継承

　「スーパークラス」と「サブクラス」は相対的なものです。つまりどこから
見るかによって変わるということです。例えば、Aクラスを継承したBクラス、
そしてBクラスを継承したCクラスを考えます。このときBクラスはスーパー
クラスでしょうか、サブクラスでしょうか?

　答えはどのクラスから見るかによって、次のように変わります。

- Bクラスは、Aクラスのサブクラス
- Bクラスは、Cクラスのスーパークラス

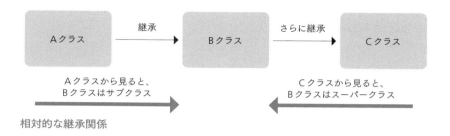

相対的な継承関係

extends

元のクラスを継承して新しいクラスを作るときは、extends（エクステンズ）を使います。

| 構文 | extendsを使ったクラスの継承 |

```
class サブクラス名 extends スーパークラス名{
    /* 差分の処理 */
}
```

Javaでは単一継承しか行うことができません。そのため、extendsに指定するスーパークラスは、最大で1つまでです。リスト9-17のように2つ以上のクラスを指定すると、❶でコンパイルエラーが発生します。

| リスト9-17 | 多重継承でコンパイルエラーが出る |

```
class C extends A, B  { /* コンパイルエラー */ ←─❶
    …
}
```

スーパークラスAとスーパークラスBからサブクラスCを作りたい場合、AとBの親子関係を決めたうえで順番に継承します。

```
class B extends A {
    …
}

class C extends B {
    …
}
```

　それでは、「カプセル化の意味があるメソッドの公開方法」で作成したCar
クラスを継承して、荷物を載せる機能を追加したTruckクラスを作ってみま
しょう。

リスト9-19　Carクラスを継承したTruckクラス

```
class Truck extends Car {
    private int payload = 0;

    /* 荷物（ペイロード）の確認 */
    int getPayload() {
        return this.payload;
    }

    /* 荷物（ペイロード）を載せる */
    void addPayload(int value) {
        this.payload += value;
    }

    /* 荷物（ペイロード）を下ろす */
    void deletePayload(int value) {
        this.payload -= value;
    }
}
```

Note

荷物に関しては、カプセル化で説明した安全機能の実装は省略しています。

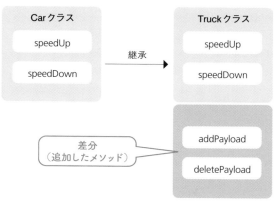

Carクラスを継承したTruckクラス

それでは Truck クラスをもとに、新しいインスタンスを作成してみましょう。

リスト9-20 Truck クラスのインスタンス作成（Main.java）

```java
class Main {
    public static void main(String[] args) {
        Truck truck = new Truck();
        truck.addPayload(10); ←——❶
        truck.speedUp(60); ←——❷
    }
}
```

❶では、Truck クラスに差分として追加した addPayload メソッドを使っ
て荷物を積んでいます。❷では、Truck クラスには定義されていない
speedUp メソッドを呼び出しています。しかし Truck のスーパークラスであ
る Car クラスに speedUp メソッドが用意されているので、呼び出すことがで
きるのです。

継承したクラスをもとにして、さらに新しいクラスを継承で作成することが
できます。例えば Truck クラスをさらに継承した長距離用トラック
（LongDriveTruck クラス）を作ってみます。長距離トラックには、交代ド
ライバーが仮眠できるベッドが用意されています。

```
class LongDriveTruck extends Truck {
    void sleepInBed() {
        /* 交代ドライバーが寝ます */
    }
}
```

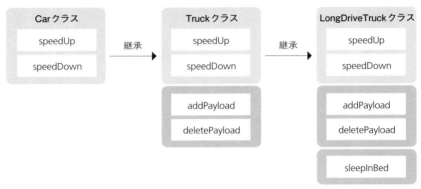

Carクラス − Truckクラス − LongDriveTruckクラスの継承関係

extends句の省略とObjectクラス

extendsの記述は省略できます。省略したときにはObject^{オブジェクト}クラスを継承したことになります。リスト9-22のCarクラスで確認してみます。

```
class Car {
    ...
}
```

つまり、すべてのJavaのクラスはObjectクラスから継承されていることになります。ObjectクラスはJavaであらかじめ用意されているクラスで、Javaのオブジェクトとして振る舞えるよう、基本的なメソッドが用意されています。

Objectクラスの主なメソッド

メソッド名	説明
equals	このオブジェクトと等しいオブジェクトかどうかを調べる
toString	このオブジェクトの中身（クラス名やフィールドの値など）を、文字列に変換して返す

好ましくない継承

継承を使うときには、継承したクラスの機能が元のクラスより減ってしまう継承を行っていないか注意する必要があります。例えば、Truckクラスをもとに、石油を運ぶ用途に特化したTankTruckクラスを作ったとします。

```
class TankTruck extends Truck {
    /* 石油しか運べないようにプログラムしている */
}
```

TankTruckを継承で作った人は、TankTruckはTruckの一種であると考えたのでしょう。しかしTankTruckは、元のTruckクラスに存在した「いろんな荷物が積める」という機能が制限されてしまっています。継承の基本は次のとおりです。

• 継承とは、スーパークラスの機能はすべて使える状態で、かつ新しい機能を差分で追加すること

この点から考えると、TankTruckクラスのようにスーパークラスの機能を制限してしまうような継承は、あまり好ましい継承ではありません。しかしこのような使い方が、常に間違いというわけではありません。意図的に機能を隠すために、あえて継承を使うこともあります。何が正しいか正しくないかに正解はありません。質のよいJavaのプログラムを読んだり、自分でいろいろ試したりしてみて、感覚的にわかってくる領域です。

なお、今回のケースでは、「何かを積める車」を抽象クラスとして作成して、そのサブクラスとして「汎用的なトラック」クラスと「石油を運ぶトラック」クラスを作ることで解決できます。抽象クラスについては第10章で説明しています。

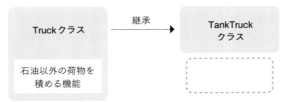

継承して機能が減ってしまった、好ましくない継承の例

Q1 継承に関する説明です。空欄に入る言葉の組み合わせを**ア**〜**ウ**から選んでください。

ある2つのクラスに継承関係があるときに、継承元のクラスを　A　と呼び、継承先のクラスを　B　と呼びます。

ア A:トップクラス　　／ B:アンダークラス
イ A:スーパークラス　／ B:サブクラス
ウ A:ファーストクラス／ B:セカンドクラス

Q2 Yクラスを継承してXクラスを作る文です。空欄を埋めてください。

```
class X  A  Y {
    /* ここに処理 */
}
```

解答は巻末に掲載

4　継承

5 動的束縛とポリモーフィズム

動的束縛

　動的束縛とは、最終的に呼び出されるメソッドが呼び出し先のインスタンスの種類により実行時に決まることです。

コンパイル時　　　　　　　　　　　　　　　実行時

変数の中身は不明　　　　　　　　　変数にインスタンスが代入される

動的束縛

　まず、今まで作った3つのクラス（`Car`クラス、`Truck`クラス、`LongDrive Truck`クラス）のそれぞれに、車のタイプを返すメソッドを用意します。

リスト9-23　Carクラスに getCarType メソッドを作成（Car.java）

```java
class Car {
    String getCarType() {
        return "自動車";
    }
}
```

Truckクラスに getCarType メソッドを作成（Truck.java）

```java
class Truck extends Car {
    @Override
    String getCarType() {
        return "トラック";
    }
}
```

LongDriveTruck クラスに getCarType メソッドを作成
（LongDriveTruck.java）

```java
class LongDriveTruck extends Truck {
    @Override
    String getCarType() {
        return "長距離トラック";
    }
}
```

《 M e m o 》

@Override

Truck クラスと LongDriveTruck クラスの getCarType メソッドの前にある @Override は、**アノテーション**の一種です。詳しくは第10章の「オーバーライド」で説明します。

第 9 章 クラスの基礎

準備ができたところで、リスト9-26のプログラムについて見てみましょう。

動的束縛の例

```java
Car car = new Truck(); ――❶
System.out.println(car.getCarType()); ――❷
```

❶では、変数は Car 型ですが、実際に保存されているインスタンスの型は

Truck型です。このとき❷では、CarクラスとTruckクラスのどちらに定義されているgetCarTypeメソッドが呼び出されるでしょうか？

　答えは「インスタンスの型に合わせて、TruckクラスのgetCarTypeメソッドが呼び出される」です。

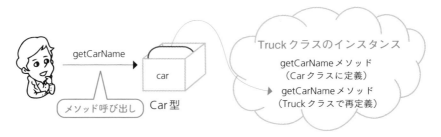

動的束縛の仕組み

　このように、変数の型ではなくインスタンスの型に合わせてメソッドが呼び出されることを「動的束縛」と呼びます。Javaでは常に動的束縛が行われるので、プログラマーが動的束縛を行うために何か注意する必要はありません。

ポリモーフィズム

　この動的束縛を使うと、ポリモーフィズムが実現できます。**ポリモーフィズム**とは、複数種類のオブジェクトに同じ名前のメソッドが定義されているときに、呼び出し元がそれらのメソッドをすべて同じ方法で呼び出すことができることです。

　例えばCarクラス、Truckクラス、そしてLongDriveTruckクラスを用意します。それぞれのクラスのgetCarTypeメソッドを呼ぶプログラムを作ってみましょう。

ポリモーフィズムの例1（Main.java）

```java
class Main {
    public static void main(String[] args) {
        Car car1 = new Car();
        System.out.println(car1.getCarType());    ①

        Car car2 = new Truck();
        System.out.println(car2.getCarType());    ②

        Car car3 = new LongDriveTruck();
        System.out.println(car3.getCarType());    ③
    }
}
```

このプログラムは次のような結果を表示します。

実行結果

```
自動車
トラック
長距離トラック
```

①、②、③でCar型の変数に対して同じようにgetCarTypeメソッドを呼び出していますが、実際に呼び出されるgetCarTypeメソッドは変数に保存されているインスタンスの型に応じて呼び分けられています。

第9章 クラスの基礎

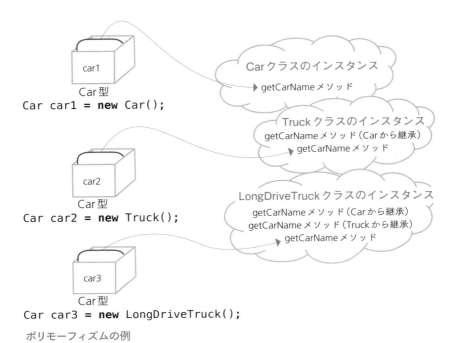

car1

Car クラスのインスタンス
getCarName メソッド

car2

Truck クラスのインスタンス
getCarName メソッド（Car から継承）
getCarName メソッド

car3

LongDriveTruck クラスのインスタンス
getCarName メソッド（Car から継承）
getCarName メソッド（Truck から継承）
getCarName メソッド

ポリモーフィズムの例

　さらにポリモーフィズムは、第7章で説明したコレクションや第8章で説明した反復と組み合わせて使うと、その有用性がわかります。リスト9-28のプログラムは、コレクション（リスト）に保存されたすべてのオブジェクトのgetCarTypeメソッドを呼び出します。

リスト9-28　ポリモーフィズムの例2（Main.java）

```java
class Main {
    public static void main(String[] args) {
        /* コレクションにオブジェクトを用意する */
        ArrayList<Car> cars = new ArrayList<>();
        cars.add(new Car());
        cars.add(new Truck());
        cars.add(new LongDriveTruck());
```

```
            /* コレクション内のオブジェクトを1つずつ処理する */
            for(Car car : cars) {
                System.out.println(car.getCarType()) /* ❶ */
            }
        }
    }
}
```

　❶では Car 型の car 変数の getCarType メソッドを呼び出していますが、
先の例と同じく、実際に呼び出される getCarType メソッドは、car 変数に
代入されるインスタンスの型に合わせたメソッドが呼び分けられます。

Check Test

Q1 動的束縛に関するプログラムです。❶を実行したときに、画面に
は何と表示されますか？　ア〜ウから選んでください。

```
class Person {
    void sayHello() {
        System.out.println("こんにちは");
    }
}

class BilingualPerson extends Person {
    @Override
    void sayHello() {
        System.out.println("hello");
    }
}

Person person = new BilingualPerson();
person.sayHello(); ←──❶
```

　　ア　「hello」と表示される
　　イ　「こんにちは」と表示される
　　ウ　「hello」と「こんにちは」が並んで表示される

Q2 同じ名前のメソッドをクラスの種類を気にせず呼び出せることを何
といいますか？

解答は巻末に掲載

もし動的束縛やポリモーフィズムがなかったら？

もしJavaに動的束縛やポリモーフィズムがなかったら、先のプログラムのforは次のように書かなければならなくなったでしょう。なお、リスト中に出てくるinstanceofは、左辺の変数の中身が右辺のクラス（またはインターフェイス）かそれを継承したクラスのインスタンスかどうかを判定するための演算子です。

リスト9-29 「Javaに動的束縛やポリモーフィズムがない」という仮定での疑似コード

```
for(Car car : cars) {
    if(car instanceof Car) {
        /* 自動車用の処理 */
        System.out.println(car.getCarType());
    } else if(car instanceof Truck) {
        /* トラック用の処理 */
        Truck truck = (Truck) car;
        System.out.println(truck.getCarType());
    } else if(car instanceof LongDriveTruck) {
        /* 長距離トラック用の処理 */
        LongDriveTruck longDriveTruck =
            (LongDriveTruck) car;
        System.out.println(longDriveTruck.
            getCarType());
    }
}
```

つまり動的束縛やポリモーフィズムがないと

- 変数に入っているインスタンスの型が何かをプログラムで調べる
- 適切な型の変数に入れる
- 指定した型のメソッドを呼び出す

という処理が必要となってしまうのです。動的束縛やポリモーフィズムとは、これらの処理をJavaが内部で自動的に行っているのです。

第 **10** 章

クラスの応用

カプセル化、継承、ポリモーフィズム、動的束縛というオブジェクト指向の4つの基礎概念と、それを実現する方法は理解できましたね。この章では、これら4つの概念に関連する、Javaのクラスのさまざまな機能について学んでいきます。

コンストラクター

コンストラクターは、newでインスタンスが作成されたときに呼び出される処理です。メソッドによく似ていますが、直接呼び出すことができない点が異なります。クラスのフィールドの初期値を設定するときなどに使われます。

インスタンスの生成

コンストラクター
→ インスタンス作成時に必ず行うこと

・検品
・製造番号の付与

コンストラクター

コンストラクターの定義は次のように行います。

構文 | コンストラクターの定義

```
class クラス名 {
    クラス名 ( 引数の型名  引数名 ,  … ) {
        /* コンストラクターの処理 */
    }
}
```

メソッドとの主な違いは、「**返り値の型名　メソッド名**」ではなく「**クラス名**」となっているところです。コンストラクターは常にクラスのインスタンスを返します。そのため、返り値の型は暗黙的に決まるので指定が不要です。

リスト10-1は、Carクラスにコンストラクターを用意した例です。スピードを保持するspeedフィールドに、0という初期値を設定しています。

コンストラクターの実装例

```
class Car {
    private int speed;

    /* コンストラクターの定義 */
    Car() {
        this.speed = 0;
    }
}
```

また、異なる引数を持つ複数のコンストラクターを用意することができます。

複数のコンストラクターの実装例

```
class Car {
    private int speed;

    /* コンストラクターの定義 */
    Car() {
        this.speed = 0;
    }

    /* コンストラクターの定義（スピード指定あり） */
    Car(int speed) {
        this.speed = speed;
    }
}
```

Carクラスのコンストラクターは、newでインスタンスを作成したときに呼び出されます。しかし一度作成したインスタンスのコンストラクターは、たとえ名前を指定しても呼び出すことはできません。

コンストラクターの呼び出し方

```
Car car = new Car();   /* コンストラクターはnewで呼び出される */

Car car2 = car.Car();  /* コンストラクター名を指定しても呼び出せない
                          （コンパイルエラー） */
```

```
class Car {
    Car() {
        /* クラスの初期化 */
    }
}
```

コンストラクターは
クラスと同じ名前
で定義する

コンストラクターの特徴

Note

コンストラクターで設定されなかったフィールドは、第9章のフィールドで
説明した初期値が代入されます。

デフォルトコンストラクター

これまでnewでインスタンスを生成するクラスをいくつか書いてきましたが、
どれもコンストラクターはありませんでした。コンストラクターがないのに、
なぜnewでインスタンスが生成できたのでしょうか?

実は、クラスに1つもコンストラクターが定義されていないときに限り、「デ
フォルトコンストラクター」という特別なコンストラクターが自動的に用意さ
れます。デフォルトコンストラクターは次のような特徴があります。

• 引数がない
• 処理は何もない

デフォルトコンストラクターを使うと、リスト10-4のようなプログラムを書
くことができます。

```
class Car {
    /* コンストラクターがないので、デフォルトコンストラクターが用意される */
}
```

このクラスは、引数のないコンストラクターでインスタンスを作ることができます。

```
class Main {
    public static void main(String[] args) {
        Car car = new Car(); /* デフォルトコンストラクターを使っている */
    }
}
```

しかし、Carクラスにコンストラクターを用意するとデフォルトコンストラクターは自動的には用意されなくなります。

```
class Car {
    private int speed;

    /* 独自コンストラクターを定義する。
       これによりデフォルトコンストラクターは用意されなくなる */
    Car(int speed) {
        this.speed = speed;
    }
}
```

Q1 コンストラクターは、いつ呼び出されますか?

Q2 一度生成したインスタンスのコンストラクターを呼び出すことはできますか?

Q3 デフォルトコンストラクターに関する説明です。空欄を埋めてください。

デフォルトコンストラクターは、　A　が1つも定義されていないときに限り、利用することができます。デフォルトコンストラクターは　B　を取らず、　C　もありません。

解答は巻末に掲載

2 this

　クラスに定義されたメソッドの中では、this^{ディス}という特別な変数のようなものを、宣言せずに使うことができます。thisには、常に自分自身のインスタンスへの参照が代入されています。「自分自身を参照する」とはどういう意味でしょうか?

　例えば、次のようにCarクラスのインスタンスを作成したとします。

```
Car car = new Car();
```

　このプログラムは、Car型のcar変数を宣言して、そこにCarクラスのインスタンスを代入しています。つまりcar変数にはCarクラスのインスタンスが代入されています。

　実はこのとき、Carクラスのインスタンスの中に自動的にthisというオブジェクトが用意されます。thisには自分自身への参照が代入されています。つまり、car変数とthisは同じインスタンスを参照している状態となります。

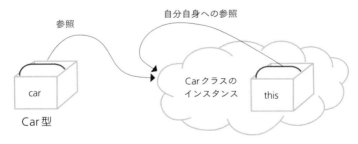

thisは自分への参照を持つ

　thisを使うことのメリットの1つとして、同じ名前を持つローカル変数とインスタンス変数を使い分けられることがあります。例えばリスト10-7のようなメソッドを見てみましょう。

```
class Car {
    private String owner; ──①

    void setOwner(String owner) { ──②
        this.owner = owner; ──③
    }
}
```

【 用 語 解 説 】
ローカル変数

メソッドの中で宣言された変数のことを**ローカル変数**と呼びます。

③では2つのowner（所有者）が登場しています。左側のthisが付いているownerは、thisが指し示しているCarインスタンスで定義されている変数と解釈されます。つまり、①で宣言されているフィールドを表します。右側の何も付いていないownerは、使用されているブロックの最も内側で定義されている同名の変数、つまり②で定義されている変数として扱われます。

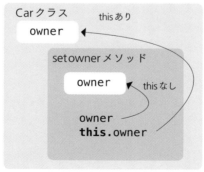

Carクラス
　　owner　thisあり
　　setownerメソッド
　　owner　thisなし
　　owner
　　this.owner

thisを使った変数指定

Q1 次のプログラムで、❶のthisが参照しているインスタンスは何
ですか？ ⑦〜⑨から選んでください。

```
class Car {
    private String name;
    String getName() {
        return this.name;    ——❶
    }
}

class Main {
    public static void main(String[] args) {
        Car car1 = new Car();    ——❷
        String name1 = car1.getName();    ——❸
        Car car2 = new Car();    ——❹
        String name2 = car2.getName();    ——❺
    }
}
```

⑦ 常に❷で作ったCarクラスのインスタンス
⑦ 常に❹で作ったCarクラスのインスタンス
⑨ 状況による。❸から呼び出されたときは❷のインスタンス、
　　❺から呼び出されたときは❹のインスタンス

解答は巻末に掲載

オーバーライド

オーバーライドとは、あるクラスを継承してサブクラスを作成したときに、サブクラスにスーパークラスと同じメソッドを再定義できる機能です。

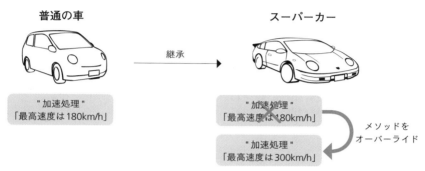

オーバーライドの考え方

《 Memo 》

オーバーライドとオーバーロード

こ のオーバーライドと次に説明するオーバーロードは、名前はよく似ていますがまったく異なる機能です。オーバーロードの説明が終わったところで、2つの違いをまとめます。

メソッドのオーバーライド

それでは、次のCarクラスを継承したSuperCarクラスで、メソッドをオーバーライドしてみましょう。

第10章 クラスの応用

```
class Car {
    protected int speed;

    /* スピードを上げるメソッド */
    void speedUp(int value) {
        this.speed += value;
        /* 安全装置（最高速度） */
        if (this.speed >= 180) {
            this.speed = 180;
        }
    }

    /* スピードを下げるメソッド */
    void speedDown(int value) {
        this.speed -= value;
        /* 安全装置（バック時） */
        if (this.speed <= -15) {
            this.speed = -15;
        }
    }
}
```

Note

カプセル化されたspeedフィールドのスコープがprivateではなく「protected」と指定されています。protectedとは自分自身に加え、自分から継承されたクラスからもアクセスを許すスコープです。継承を利用するときによく使われます。詳しくは第11章で説明します。

SuperCarクラスでは、次の2つの変更を、オーバーライドを使って行います。

- 最高速度を300km/hに変更
- ブレーキ性能の向上

元のメソッドを完全に置き換えるオーバーライド

メソッドをオーバーライドする定義は次のように行います。

メソッドのオーバーライド

```
@Override
返り値の型名 メソッド名(引数の型名 引数名, …) {
    /* メソッドの処理 */
    return 返り値;
}
```

@Override は「9.5　動的束縛とポリモーフィズム」でふれたとおり、「スーパークラスとサブクラスに同じメソッドがあるときに付けるキーワード」です。このように @（アットマーク）で始まる箇所は、アノテーションという Java の仕組みです。アノテーションを使うと、メソッドやクラスなどに何かしらの「意味づけ」を行うことができます。ここでは「@Override」という Java であらかじめ用意されているアノテーションを使って、メソッドがオーバーライドされていることを意味づけています。アノテーションについては第17章であらためて取り上げます。

SuperCar クラスの speedUp メソッドをオーバーライドにより上書きします。

リスト10-9　speedUp メソッドのオーバーライド

```
class SuperCar extends Car {

    /* スピードを上げるメソッド */
    @Override
    void speedUp(int value) {
        this.speed += value;
        /* 安全装置（最高速度）*/
        if (this.speed >= 300) {
            this.speed = 300;
        }
    }
}
```

この場合は、SuperCarクラスのspeedUpメソッドは元のCarクラスの
speedUpメソッドを完全に上書きしています。つまりメソッドをオーバーラ
イドすると、スーパークラスのメソッドは呼び出されません。

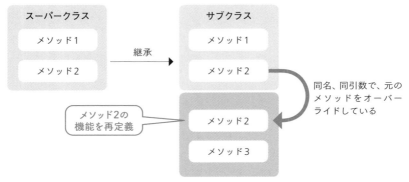

オーバーライドされたメソッドの呼び出し

元のメソッドを生かしたオーバーライド

完全に置き換えるのではなく、元のメソッドを踏まえた修正をしたい場合は、
明示的にスーパークラスのメソッドを呼んであげる必要があります。スーパー
クラスのメソッドはsuperを使うことで呼び出すことができます。

構文 | super

```
@Override
返り値の型名 メソッド名 ( 引数の型名 引数名 , … ) {
    super.メソッド名 ( 引数名 ,…);
    /* メソッドの処理 */
    return 返り値 ;
}
```

例えば、SuperCarクラスでも減速時は普通の車と同じ安全装置を使うよう
にしましょう。ただし少しだけブレーキ性能を向上させてみます。リスト10-10
のようにプログラムします。

```java
class SuperCar extends Car {

    /* スピードを下げるメソッド */
    @Override
    void speedDown(int value) {
        value *= 1.1; /* ブレーキ性能を10%向上 */
        super.speedDown(value); ──❶
    }
}
```

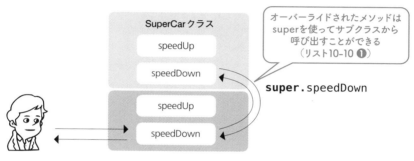

super の動作の仕組み

<< M e m o >>

親の親のメソッドは呼び出せないのか？

this で自分自身、super で1つ上の親を参照することができます。では親の親のメソッドは呼び出せるのでしょうか？
残念ながらJava では親の親を直接呼び出すための文法は用意されていません。そのため、親のメソッドがさらにその親のメソッドを呼び出していくように、明示的にプログラムをする必要があります。

Q1 オーバーライドの説明です。空欄を埋めてください。

オーバーライドしたメソッドには A アノテーションを指定します。

Q2 サブクラスからスーパークラスを参照するには、何を使いますか?

解答は巻末に掲載

---

3 オーバーライド

4 オーバーロード

オーバーロードとは、同じ名前で引数の数や型が異なるメソッドを、クラスの中に複数作ることができる機能です。

メソッドのオーバーロード

例えば、Carクラスをロックするメソッドを用意してみましょう。通常は、鍵を差し込んで回すことでロックされます。しかし最近は、鍵に仕込まれたリモコンを使ってロックすることもできます。「ロックする」という同じ名前の機能も、使うものを変えることで複数用意することができます。

ロックする（カギ）

ロックする（リモコン）

「ロックする」メソッドのオーバーロード

これをJavaのプログラムで書くと、リスト10-11のようになります。

lockメソッドがオーバーロードされたCarクラス

```
class Car {
    /* ロックする（鍵を使う）*/
    void lock(Key key) {  ────❶
        /* 鍵でロックする処理 */
        System.out.println("鍵でロックしました");
    }

    /* ロックする（リモコンを使う）*/
    void lock(RemoteController controller) {  ────❷
        /* リモコンでロックする処理 */
        System.out.println("リモコンでロックしました");
    }
}
```

Note

Keyクラスと RemoteControllerクラスは、オーバーロードの説明のた
めだけに用意した、架空のクラスです。

---

❶と❷では、lockという同じ名前のメソッドが定義されています。しかし
lockの引数が異なるので、それぞれ別のメソッドとして定義することが可能
になっています。

■オーバーロードされたメソッドの呼び出し

次に、オーバーロードされたメソッドを呼び出す方法を見てみましょう。

```
class Main {
    public static void main(String[] args) {
        /* 鍵を使ってロックする */
        Car car1 = new Car();
        Key key = new Key();
        car1.lock(key);  ──❶

        /* リモコンを使ってロックする */
        Car car2 = new Car();
        RemoteController controller = new RemoteController();
        car2.lock(controller);  ──❷
    }
}
```

❶と❷では、どちらも lock メソッドを呼び出しています。しかし渡された引数により、自動的に呼び出されるべきメソッドが決定されます。

実行結果

鍵でロックしました
リモコンでロックしました

Check Test

Q1　次のメソッドの組み合わせがそれぞれオーバーロードとして適切かどうか答えてください。

ア　start(Key key)と
　　start(Key key, String password)
イ　start(int serialNo)と
　　start(int specialCode)
ウ　start(int serialNo)と
　　startFast(int serialNo)
エ　start(Key key)とstart()

解答は巻末に掲載

5 オーバーライドと オーバーロードの復習

オーバーライドとオーバーロード、名前はとても似ているのですが、まったく異なる技術です。ここまでの復習も兼ねて2つの違いについてまとめます。

オーバーライドとオーバーロードの違い

機能名	説明
オーバーライド	スーパークラスに定義されたメソッドを、サブクラスで再定義できる機能。継承と関係がある
オーバーロード	同じクラスに、同じ名前で引数の型や数が違うメソッドを複数作ることができる機能。継承とは関係がない

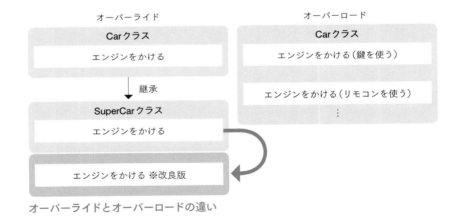

オーバーライドとオーバーロードの違い

Q1 Mainクラスを実行すると、どのような結果になりますか？ ⑦〜⑨から選んでください。

```
class Person {
    void sayHello() {
        System.out.println("こんにちは");
    }
    void sayMessage() {
        System.out.println("メッセージはありません");
    }
}

class BilingualPerson extends Person {
    @Override
    void sayHello() {
        System.out.println("hello");
    }
    void sayMessage(String message) {
        System.out.println(message);
    }
}

class Main {
    public static void main(String[] args) {
        Person person = new BilingualPerson();
        person.sayHello();      ──❶
        person.sayMessage();  ──❷
    }
}
```

⑦ 「こんにちは」「メッセージはありません」と表示される
④ 「hello」「メッセージはありません」と表示される
⑨ 「hello」「(message変数の中身)」が表示される

解答は巻末に掲載

6 final

元のクラスに新しい機能を追加することができる継承は、便利な機能です。しかし場合によっては、元のクラスの機能を勝手に書き換えるべきではないこともあります。

Javaでは、継承による機能の上書きを防止する機能を用意しています。上書きの禁止をメソッドとクラスに対して適用するため、final（ファイナル）というキーワードが用意されています。

メソッドに対してfinalを指定すると、サブクラスでもともとあるメソッドのオーバーライドができなくなります。

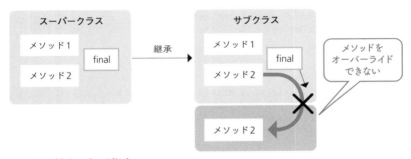

メソッドに対するfinal指定

クラスに対してfinalを指定すると、そもそもサブクラスを作るための継承ができなくなります。

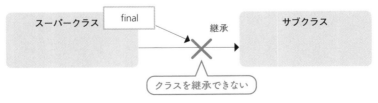

クラスに対するfinal指定

メソッドへのfinal指定

　継承を使うと、あるクラスのメソッドをオーバーライドして新しいメソッド
を作ることができます。しかしオーバーライドされた元のメソッドは、新しい
メソッドからsuperを使って呼び出さない限り呼び出されません。そのため
元のメソッドに重要な初期化の処理などが書かれていた場合は、困ることがあ
ります。

　オーバーライドされてしまうと困るメソッドについては、元のメソッドに対
してfinalを指定することでオーバーライドを禁止することができます。

構文 ┃ メソッドへのfinal指定

```
final 返り値の型名 メソッド名 ( 引数の型名 引数名 , … ) {
    /* メソッドの処理 */
    return 返り値;
}
```

　例えばCarクラスにスピードを0km/hにするという初期化処理を行う
initializeメソッドを用意します。継承されたクラスでこのメソッドの内
容を変更できないようにするため、finalを指定しておきます。

リスト10-13 ┃ メソッドにfinalを指定した例

```
class Car {
    protected int speed;

    /* finalを付けてオーバーライドを禁止する */
    final void initialize() {
        this.speed = 0;
    }
}
```

　このCarクラスを継承したクラスでinitializeメソッドをオーバーライ
ドしようとすると、コンパイルエラーが発生します。

```
class SuperCar extends Car {

    /* final指定されたメソッドのオーバーライドはコンパイルエラーとなる */
    @Override
    void initialize() {
        this.speed = 100;
    }
}
```

C o l u m n

メソッドにfinalは付けるべき？

メソッドにfinalを付けるべきか否か、いいかえると「メソッドは基本的にオーバーライド可能にするべきか否か」で迷うことがあります。迷った場合どちらにするかは、これという正解はありません。

Javaでは基本的にメソッドはオーバーライド可能であり、オーバーライドを禁止するためにfinalを使用します。しかし他の言語では、基本的にメソッドはオーバーライド禁止で、オーバーライドを可能にするためのキーワードを用意するものもあります。

筆者は次のような理由から、基本的にオーバーライドを可能とするJava方式がやや有利かと考えています。

- スーパークラスに万一間違いがあったときに、オーバーライドできれば直すことができる
- 当初は正しいスーパークラスの内容が、技術の進化とともに陳腐化あるいは非効率的になったときに、オーバーライドできれば改善することができる

クラスへのfinal指定

プログラムの設計上、継承による機能の追加をされたくないクラスというものが存在します。このような場合、クラスに対してfinalを指定することで継承を禁止することができます。

クラスへのfinal指定は、次のように行います。

| 構文 | クラスへのfinal指定 |

```
final class クラス名 {
    …
}
```

<< Memo >>

クラスへのfinal指定の使いどころ

✕ メソッドへのfinal指定に比べて、クラスへのfinal指定のほうが、使われるケースがより限られます。身近な例では、「4.2 文字列」で説明したStringクラスがあります。

Check Test

Q1 メソッドにfinalを指定すると何が起きますか？

Q2 クラスにfinalを指定すると何が起きますか？

解答は巻末に掲載

7 内部クラス

内部クラスとは、主にあるクラスの中でしか使われないことを想定したクラスです。次のように定義します。

```
class クラス名 {
    class 内部クラス名 {
        …                          内部クラス
    }
}
```

内部クラスは、宣言されたクラスの中では通常のクラスと同じように使うことができます。例をリスト10-15に示します。

```java
class Car {
    private Engine engine;

    class Engine {                          ❶
        void start() {
            System.out.println("エンジンスタート");
        }
    }

    Car() {
        /* Carを初期化したときに、Engineも初期化する */
        this.engine = new Engine();         ❷
    }

    void start() {
        this.engine.start();                ❸
        System.out.println("発車できます");
    }
}
```

上記の❶では、Carの中にEngineという内部クラスを定義しています。❷でEngineクラスをインスタンス化して、❸でEngineクラスのメソッドを呼び出しています。

内部クラスは、内部クラスが定義されているクラスの中ではインスタンス化やメソッド呼び出しが行えます。しかし他のクラスからは内部クラスを使うことはできません。

リスト10-16 内部クラスを外部からは利用できない

```java
class Airplane{
    /* コンパイルエラー */
    private Engine engine; ————❹

    Airplane() {
    /* コンパイルエラー */
        this.engine = new Engine(); ————❺
    }
}
```

AirplaneクラスからみるとEngineクラスは直接扱うことができません。そのため、❹や❺の箇所はコンパイルエラーが発生します。

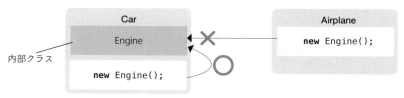

内部クラスは外部から利用できない

このように制約の多い内部クラスですが、この形のまま使われることはあまりありません。しかし次に説明する「無名内部クラス」はよく使われます。無名内部クラスの一般的なものとして、動作原理だけは押さえておきましょう。

複雑な内部クラスの仕様

Javaの仕様書をよく読むと、実は内部クラスを外部から利用する方法があることがわかります。

ただしこのような特殊な使い方は、限定された使い方でのみ効果があるものです。内部クラスを使う効果が十分理解できない状況は、無理をして内部クラスを使う必要がないときと思ったほうがよいでしょう。

内部クラス内のthisの扱い

内部クラスの中では、thisは内部クラスのインスタンスを参照しています。内部クラスを定義している外のクラスのインスタンスは「外のクラス名.this」で参照できます。

リスト 10-17 内部クラス内の this の扱い

```
class Car {
    private Engine engine;
    private String name = "本体";  ──①

    class Engine {
        private String name = "エンジン";  ──②

        void check() {
            /* "エンジン"が表示される */
            System.out.println(this.name);  ──③
            /* "本体"が表示される */
            System.out.println(Car.this.name);  ──④
        }
    }
```

```
    Car() {
        /* Carを初期化したときに、Engineも初期化する */
        this.engine = new Engine();
    }

    void check() {
        this.engine.check();
    }
}
```

❸では this が Engine のインスタンスを参照しているので、❷の name が
使われます。❹では Car.this が Car のインスタンスを参照しているので、
❶の name が使われます。

無名内部クラス

無名内部クラス（または**匿名内部クラス**）とは、1カ所でしか使わないとい
う制限付きで、クラスの名前を付けることを省略することができる特殊な内部
クラスです。
　無名内部クラスは次のように、クラスの定義とインスタンス化を同時に行う
必要があります。

構文 ┃ 無名内部クラス

```
クラス名 変数名 = new クラス名 ( ) {
    /* "クラス名"の継承処理 */    ←── 無名内部クラス
};
```

クラス名の場所には、第12章で説明するインターフェイスを指定すること
も可能です。

具体例を見てみましょう。

```java
class Engine {
    void start() {}  ━━━❶
}

class Car {
    private Engine engine;

    Car() {
        this.engine = new Engine() {  ━━━❷
            @Override
            void start() {  ━━━❸
                System.out.println("エンジンスタート");
            }
        };  ━━━❹
    }

    void start() {
        this.engine.start();
    }
}
```

❷では Engine クラスを実装した新しいクラスの定義と engine 変数への代入を同時に行っています。

定義したクラスにはプログラム上では名前がありません。これが「無名」と呼ばれる理由です。代入するオブジェクトは Engine クラスのインスタンスのように見ますが、正しくは「Engine クラスを継承して作成された内部クラス（名前はない）」のインスタンスです。

❹では } の後ろにセミコロンがあります。これは間違いではなく、❷から始まる this.engine フィールドに対する「1つの大きな代入文」の終わりとしてのセミコロンです。

無名内部クラスは、次のように通常の内部クラスで書き換えることができます。無名内部クラスでは名前のなかった Engine クラスのサブクラスに、ここでは「CarEngine」という名前が付いています。ソースコード内の❶～❸は、無名内部クラスのソースコード内の❶～❸に対応しています。

```java
class Engine {
    void start() {} ←——❶
}

class Car {
    private Engine engine;

    class CarEngine extends Engine {
        @Override
        void start() { ←——❸
            System.out.println("エンジンスタート");
        }
    }

    Car() {
        this.engine = new CarEngine(); ←——❷
    }

    void start() {
        this.engine.start();
    }
}
```

Column

無名内部クラスの使われ方

無名内部クラスは、内部クラスに比べると実は使われる機会が多いテクニックです。実際のプログラムでは次のようなケースで使われています。

- スレッドプログラミング
- Androidなどのイベントリスナー
- コレクションのソート用アルゴリズムの定義

Q1 次のプログラムでは何が起こるでしょうか？ ⑦〜⑨から選んでください。

```
class Car { ・・・ }
class Truck extends Car { ・・・ }
class SuperCar extends Car { ・・・ }

Car car = new Truck();
SuperCar superCar = (SuperCar) car; ──①
```

⑦ コンパイル時に①でコンパイルエラーが発生する
④ プログラムを実行したときに、①で実行時にプログラムが終了する
⑨ SuperCarクラスにcarクラスのインスタンスの参照が代入されて、そのまま処理が継続する

解答は巻末に掲載

参照型のキャスト

第4章では、基本型を異なる型の変数に代入するための「キャスト」について説明しました。参照型についてもキャストが存在しています。しかし、基本型とはキャストの考え方が異なります。

まずは基本型のキャストについて復習します。基本型のキャストは代入される値そのものの型が変換されます。つまり、double型の「1」という値をint型にキャストすると、値そのものがint型の「1」に変換されて代入されます。

それに対し参照型のキャストは、参照されているオブジェクトそのものは変わらずに参照を保持する変数だけが変わります。

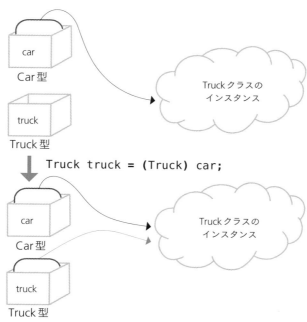

参照型のキャスト

参照型のキャストの構文は、基本型のキャストと変わりません。次のように
なります。

構文 ┃ 参照型のキャスト

クラス名 キャスト後の変数 ＝ （クラス名） キャスト前の変数；

Carクラスと、Carクラスを継承したTruckクラスを使って、キャストの
サンプルを作ります。

リスト 10-20 ┃ 参照型のキャストのサンプル

```
class Car {
    …
}

class Truck extends Car {
    …
}

Car car = new Truck();            ❶
Truck truck1 = car; /* コンパイルエラー */   ❷
Truck truck2 = (Truck) car;       ❸
```

❶では、TruckクラスのインスタンスをCar型の変数に代入しています。
サブクラスのインスタンスは、スーパークラスの型を持つ変数へ直接代入する
ことが可能です。

❷では、Car型の変数carの持つ参照を、変数truck1に代入しようとし
ています。プログラマーからすれば、変数carにCar型が入っているのは自
明です。しかしJavaのコンパイラーとしては、Car型の変数には必ずしも
Truck型ではないインスタンスが参照されているかも、と判断します。その
ようなインスタンスへの参照は、Truck型の変数に代入することはできません。
そのため、この行はコンパイルエラーとなります。

次に❸を見てみます。文法としては変数carには、Carクラスを継承したす
べてのクラスのインスタンスが入る可能性があります。しかしこのプログラム
では、変数carにはTruck型のインスタンスしか入りえないことがわかって

います。そこでキャストを使い、プログラマーがコンパイラーに対して「変数carの中にはTruck型のインスタンスしか入っていないから、コンパイルエラーを起こさないようにしてよ」と知らせて、Truck型の変数への代入を行えるようにしています。

変数carにはTruck型のインスタンスしか入れないから、気にせず代入して！

プログラマー

暗黙的なキャスト

```
Car car = new Truck();
Truck truck1 = car;← コンパイルエラー！
```

Javaコンパイラー

変数carにはTruck型ではないインスタンスも入る可能性があるから、コンパイルできません！

明示的なキャスト

明示的なキャスト

```
Car car = new Truck();
Truck truck2 = (Truck)car;
```

Javaコンパイラー

わかりました。でも、もしTruck型ではないインスタンスが入っていると、プログラムが止まっちゃいますからね！

《 Memo 》

キャストの危険性

こ　こで挙げたCarやTruckのように、スーパークラスからサブクラスへキャストすることを、特に「ダウンキャスト」といいます。ダウンキャストは、コンパイラーによる警告を無視することになるので、プログラムの間違いがあると実行中に強制終了してしまいます。使うときには、本当にキャストが必要か注意するようにしてください。

Q1 以下のプログラムの❶のメソッドを実行して「実行結果」のように表示されるよう、空欄を埋めてください。

```java
abstract class Person {
    void displayName() {
        System.out.println("Personです");
    }
    abstract void display();
}

class House {
    void displayName() {
        System.out.println("Houseです");
    }
    Person getPerson() {
        Person person = new Person() {
            @Override
            void displayName() {
                System.out.println("名無しのPersonです");
            }
            @Override
            void display() {  ←――❶
                 A  .displayName();
                 B  .displayName();
                 C  .displayName();
            }
        };
        return person;
    }
}

class Main {
    public static void main(String[] args) {
        House house = new House();
        Person person = house.getPerson();
        person.display();
    }
}
```

実行結果

```
名無しのPersonです
Personです
Houseです
```

解答は巻末に掲載

8 参照型のキャスト

静的フィールドと静的メソッド

　ここまでの説明で、オブジェクトのフィールドやメソッドを使うときには「どのインスタンスのものか」を指定してきました。しかし特定のインスタンスではなく、クラスそのものの情報を保持するフィールド、あるいはそのフィールドを操作するためのクラスが必要になるときがあります。Javaではこのような用途のために、「静的フィールド」と「静的メソッド」が用意されています。

Note

「静的」の代わりに「スタティック」という用語が使われることもあります（例：スタティックフィールド、スタティックメソッド）。

静的フィールド

- -

　例えば、人の情報を保存するオブジェクトを考えてみましょう。「名前」というフィールドを用意すれば、インスタンスごとに名前の情報を保存することができます。しかし、「今いくつインスタンスを作ったか」という情報も保存したいとします。複数のインスタンスがある場合、どのインスタンスに保存すればいいのでしょうか？ そもそもインスタンスがない場合、保存する場所さえありません。

　そのような場合は、クラスそのものに情報を保存することができます。これを**静的フィールド**と呼びます。クラスは設計図なので、常に1つだけ存在しています。そのため、静的フィールドはこのような情報を保存する適切な場所です。

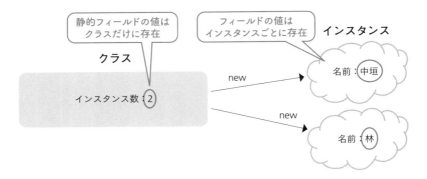

フィールドと静的フィールドの保存場所の違い

　あるフィールドを静的フィールドにするには、宣言時に$\overset{\text{スタティック}}{\textbf{static}}$というキーワードを付けます。

構文 ┃ 静的フィールド

```
class クラス名 {
    スコープ static 型名 変数名;
}
```

　例に出てきたクラスは、リスト 10-21 のような定義になります。

リスト 10-21 　静的フィールドを含むクラスの例

```
class Person {
    String name;         /* これは通常のフィールド */
    static int count = 0;  /* これは静的フィールド */
}
```

　次に静的フィールドを使用する方法について説明します。
　通常のフィールドの場合は、対象のインスタンスが代入されている変数を使って「**変数名 . フィールド名**」と指定ができました。静的メソッドの場合は、クラス名を使って次のように指定することができます。

クラス名 . フィールド名

　通常のフィールドと静的フィールドの指定方法の違いをリスト10-22に示します。

リスト10-22　通常フィールドと静的フィールドの指定方法

```java
class Main {
    public static void main(String[] args) {
        Person person1 = new Person();
        Person person2 = new Person();

        /* 通常のフィールドの操作（変数名．フィールド名）*/
        person1.name = "中垣";
        person2.name = "林";

        /* 静的フィールドの操作（クラス名．フィールド名）*/
        Person.count = 2;
    }
}
```

Note

　この例では、説明のためにフィールドのカプセル化はしませんでした。実際は次に説明する静的メソッドを使って、静的フィールドもカプセル化することを推奨します。

静的メソッド

　メソッド呼び出しもフィールドのときと同じく「どのインスタンスのメソッド」を呼び出すか指定する必要がありました。しかしメソッドも、インスタンスがない状態で呼び出したいケースがあります。そのようなメソッドを、**静的メソッ**

第10章 クラスの応用

ドとして定義できます。

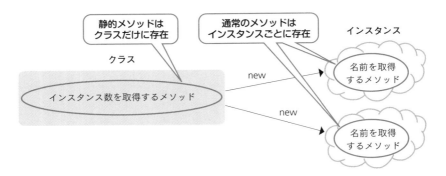

静的メソッドの定義場所

　あるメソッドを静的メソッドにするには、静的フィールド同様、メソッド宣言時に static というキーワードを付けてください。

| 構文 | 静的メソッド |

```
class クラス名 {
    スコープ static 型名 メソッド名{
        /* ここにメソッドの処理内容 */
    }
}
```

　先に例示したクラスのフィールドをカプセル化すると、リスト 10-23 のような定義になります。

```
class Person {
    private String name;            /* これは通常のフィールド */
    private static int count = 0;   /* これは静的フィールド */

    /* これは通常のメソッド */
    void setName(String name) {
        this.name = name;
    }

    /* これは静的メソッド */
    static void setCount(int count) {
        Person.count = count;
    }
}
```

　次に静的メソッドの呼び出し方法について説明します。静的フィールドのときと同じく、クラス名.メソッド名で呼び出すことができます。

構文　静的メソッドの呼び出し方法

クラス名.メソッド名();

　通常のメソッドと静的メソッドの呼び出し方法の違いをリスト10-24に示します。

リスト10-24　通常メソッドと静的メソッドの呼び出し方法

```
class Main {
    public static void main(String[] args) {
        Person person1 = new Person();
        Person person2 = new Person();

        /* 通常のメソッド呼び出し（変数名.メソッド名()） */
        person1.setName("中垣");
        person2.setName("林");

        /* 静的メソッド呼び出し（クラス名.メソッド名()） */
        Person.setCount(2);
    }
}
```

静的メソッドの注意点

静的メソッドの中では、「今、どのインスタンスに対する操作をしているのか」という考え方がありません。そのため、次のような点に注意する必要があります。

- 通常のフィールドやメソッドが使えない
- this は使えない

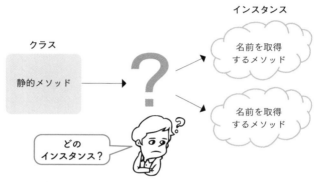

静的メソッドの注意点

例えば、リスト10-25のようなプログラムは、コンパイルエラーが発生します。静的メソッドから通常のフィールドやメソッドの呼び出しは、ソースコード上は近くにフィールドやメソッドが存在しているので、かえってコンパイルエラーの原因として気付きにくいことがありますので、気を付けましょう。

リスト10-25 静的メソッドの間違った実装

```
class Person {
    private String name; /* 通常のフィールド */

    /* 通常のメソッド */
    void setName(String name) {
        this.name = name;
    }
```

```
    /* 静的メソッド */
    static void wrongOperation() {
        /* コンパイルエラー！ 通常のフィールドは使えない */
        name = "中垣";

        /* コンパイルエラー！ thisは使えない */
        this.setName("林");
    }
}
```

静的フィールド、静的メソッドの用途

　このように制限のある静的フィールドや静的メソッドですが、これらの機能の使いどころがあるので存在しています。すべてではないですが、以下のようなケースで使われることが多いです。

- 状態を持たない処理の実装
- インスタンスそのものを管理する

　状態を持たない処理というとちょっと難しいですが、与えられた引数だけから結果を返すことができるメソッドです。数学の関数などは、そのよい例です。Javaライブラリでは、数学の関数を集めたMathクラスに多くの静的メソッドが用意されています。平方根（$\sqrt{\ }$）を計算するsqrtは静的メソッドなので、Mathクラスのインスタンスを作らなくても、直接呼び出すことができます。

リスト10-26　Mathクラスの静的メソッドの呼び出し

```
class Main {
    public static void main(String[] args) {
        /* Mathクラスの静的メソッドを直接呼び出す */
        double value = Math.sqrt(2);
        System.out.println("ルート2 = " + value);
    }
}
```

ルート2 = 1.4142135623730951

　もう1つのインスタンスそのものを管理する例は、newの代わりにインスタンスを作る静的メソッドを用意するようなプログラムです。インスタンスの生成とインスタンス数の管理を同時に行うテクニックです。

リスト10-27　　インスタンスそのものを管理する静的メソッド

```
class Person {
    /* インスタンス数（静的フィールド）*/
    private static int count = 0;

    /* 数を管理しながらインスタンスを作る静的メソッド */
    static Person createInstance() {
        Person.count += 1;
        return new Person();
    }
}
```

　静的フィールドや静的メソッドは、使って効果のある使いどころがある程度特定される機能です。あまりむやみに使わないようにしましょう。

Check Test

Q1　静的フィールドは静的メソッドから参照できますか？

Q2　静的フィールドは通常のメソッドから参照できますか？

解答は巻末に掲載

$\dfrac{10}{}$ 定数

定数は、よく使う変更されることのない値にあらかじめ別名を付けておく機能です。例えば、数学でいう円周率（π = 3.141592…）のようなものです。

円周率	光速	重力（加速度）
$\pi = 3.14159265...$	c = 秒速30万km	$g = 9.8\text{m/s}^2$

定数の例

ソースコードの中で定数を上手く使うと、同じ値を何度も書く必要がなくなるので見やすくなります。

リスト10-28 定数を使わないプログラム

```
class Car {
    private int speed;

    void speedUp(int value) {
        this.speed += value;
        /* 安全装置（最高速度に値をそのまま指定）*/
        if (this.speed >= 180) {
            this.speed = 180;
        }
    }
}
```

このプログラムの中では、**180**という数値が2回出てきます。このあともプログラムを修正すると増えるかもしれません。たくさんあると、どこかで間違えて**18**や**1800**などと打ち間違えるかもしれません。また、最高速度を**190**

と変更したいときに、一部だけ直し忘れをするかもしれません。

そこで、あらかじめ最高速度を定数として用意しておきます。Javaには定数の機能は直接用意されていません。代わりに変数やフィールドに、staticとfinalを両方指定します。定数の定義方法は、次のとおりです。

| 構文 | 定数 |

```
class クラス名 {
    スコープ static final 定数の型 定数名 = 値;
}
```

定数を使って先ほどのプログラムを修正すると、リスト10-29のようになります。

| リスト10-29 | 定数（MAX_SPEED）を使ったプログラム |

```
class Car {
    /* MAX_SPEED という定数を準備する */
    private static final int MAX_SPEED = 180;
    private int speed;

    void speedUp(int value) {
        this.speed += value;
        /* 安全装置（最高速度を定数で指定する） */
        if (this.speed >= MAX_SPEED) {
            this.speed = MAX_SPEED;
        }
    }
}
```

このようにすると、18や1800といった打ち間違いは発生しません。また、定数を宣言している箇所で180から200に変更するだけで、プログラム中のすべての最高速度が200として扱われます。

定数のよいところは、プログラムが実行されているときに値が書き換えられる心配がないことです。変数と同じように、初期化後に値を再代入しようとしても、final指定がされているのでコンパイルエラーが発生します。

ここでの final は、変数に指定する final です。詳しくは「3.8　変数の
final宣言」を読み返してください。

Check Test

Q1 クラスそのものにフィールドやメソッドを定義するときに使う
キーワードは何ですか?

Q2 Javaで定数を作る例です。空欄を埋めてください。

```
public class Einstein {
    private  A   B  double c = 300000;

    /* E=mc^2 を計算する */
    double calculateE(double m) {
        return m * c * c;
    }
}
```

解答は巻末に掲載

列挙型（enum型）

道路にある信号は、赤、黄、青の3つの状態があります。このような状態を
表すために、Javaには列挙型が用意されています。

列挙型の定義

列挙型を使うと、状態に対して意味のある名前を付けることができます。数
字などで管理するより、よりわかりやすく管理することができます。

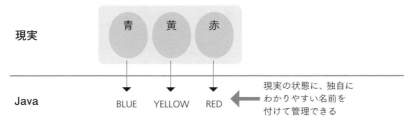

列挙型を使って名前で状態を管理

列挙型は <u>enum</u> を使って定義することができます。列挙型の構文は次のとお
りです。

> 構文) 列挙型の定義
>
> ```
> enum 列挙型の名前 { 値1, 値2, … }
> ```

値には、プログラマーが自由に名前を付けることができます。例えば信号で
使われている「赤」「黄色」「青」という3つの状態を定義するには、次のよう
な定義をすることができます。RED、YELLOW、BLUEはもともとJavaで用意
されている用語ではないことに、注意してください。

　　　　　　　　　　　　　　　11　列挙型（enum型）

列挙型の定義の例

```
enum Light { RED, YELLOW, BLUE }
```

> **Note**
>
> 列挙型の値の名前は、すべて大文字で単語の区切りをアンダースコアにす
> るのが一般的です
> (例：**DARK_GRAY** (深い灰色)、**LIGHT_BLUE** (水色))。

　定義した列挙型は、「**列挙型名 . 値**」で使うことができます。また、列挙型
は基本型のように変数の宣言や代入、あるいは制御構文での論理式で利用する
ことができます。リスト 10-30 では、信号が赤のときだけメッセージを表示し
ています。

リスト10-30　列挙型を使ったプログラムの例

```
/* Light型の変数を宣言&初期値 (Light.RED) を代入 */
Light light = Light.RED;

/* Light型の変数の比較 */
if (light == Light.RED) {
    System.out.println("信号は赤です");
}
```

列挙型のメリット

　状態を数字で表してもよいのに、わざわざ列挙型を使うメリットは何でしょ
うか？ それには列挙型を使わないときのデメリットを見てみると、理由がわかっ
てきます。

● 列挙型を使わない場合

　道路の信号に応じて、動作が変わるプログラムを考えてみましょう。まず思い付くのは、赤＝0、黄色＝1、青＝2というように状態に数字を割り当てる方法です。この考え方で作ったメソッドは、リスト10-31のようになります。

信号の状態に応じたメソッド（数字を使う）

```java
void choiceAction(int light) {
    if (light == 0) {
        System.out.println("赤なので停止してください");
    } else if(light == 1) {
        System.out.println("黄色なので注意してください");
    } else {
        System.out.println("青なので進んでください");
    }
}
```

　このプログラムの欠点は何でしょうか？ おそらく、次の2つがあることに気付くでしょう。

- 欠点1──プログラムの中で0や1という部分が、他の人には赤や黄色を意味しているとすぐには理解してもらえない
- 欠点2──引数lightに0、1、2以外の数字が代入される可能性がある

　欠点1は、0が何かということを知らない人には、意味が不明なプログラムに見てしまいます。欠点2はもっと深刻です。例えばlightに−1が代入されたときは、意図に反して信号は青としてプログラムが動いてしまいます。

● 列挙型を使う場合

　リスト10-31を、前に定義したLight列挙型を使った形に直してみましょう。

```java
void choiceAction(Light light) {
    if (light == Light.RED) {
        System.out.println("赤なので停止してください");
    } else if(light == Light.YELLOW) {
        System.out.println("黄色なので注意してください");
    } else {
        System.out.println("青なので進んでください");
    }
}
```

欠点1は、0や1がRED、YELLOWなどといった意味のあるキーワードになっ
たことで解消されています。また欠点2については、Light型には3つしか値
がないため、REDでもYELLOWでもなければBLUEであることが保証されるため、
やはり解消されています。

このように、プログラムがわかりやすくなること、そして想定外の値が使わ
れないことが保証されることが、列挙型を使う利点です。

Check Test

Q1 状態を数値ではなく、列挙型で表現するメリットを2つ挙げてくだ
さい。

Q2 天気を表すWeather列挙型を定義してください。天気の状態は
晴れ（FINE）、曇り（CLOUDY）、雨（RAINY）、雪（SNOW）、
その他（OTHER）とします。

解答は巻末に掲載

第 **11** 章

名前空間と
アクセス制御

本格的なJavaのプログラムで
は、数百ものクラスを作ること
が当たり前になってきます。す
ると、クラスやメソッドの名前
が重複したり、メソッドやフィー
ルドの管理があいまいになった
りします。このような問題を防
ぐため、名前空間とアクセス制
御が用意されています。

11 ー 1 名前空間

　クラスの名前は、1〜2個の単語を組み合わせた単純なものです。そのため、同じ名前のクラスが複数存在する可能性があります。Javaでは、**名前空間**という考え方を使って、同じ名前のクラスを区別できるようにしています。

　人に例えてみましょう。「山田太郎」という名前の人は全国で何人もいますよね。しかし、住所まで含めて「○○県○○市○○町1-2-3に住んでいる山田太郎」といえば、1人に特定することができます。これは住所が階層的にかつ重複しないように用意されているからです。Javaにおいて、この住所に相当するものが名前空間となります。

名前空間の例

　Javaでの名前空間は、半角英数字をピリオド「.」で組み合わせて作成します。例えば、次のような名前空間を作ることができます。

名前空間の例

```
jp.co.shoeisha.surasura.chapter11
com.appspot.myproject
nakagaki.android.mygame
```

　例えば上記の名前空間それぞれに Person というクラスがあった場合、名前空間を含めた完全なクラス名は次のようになります。

名前空間を含めたクラスの例

```
jp.co.shoeisha.surasura.chapter11.Person
com.appspot.myproject.Person
nakagaki.android.mygame.Person
```

jp.co.shoeisha.surasura.chapter13.**Person**

名前空間　　　　　　　　　　　　クラス名

名前空間を含めたクラス名が
「完全なクラス名」なんだね

完全なクラス名

　名前空間は、個人でプログラムを作る分にはどのようなルールで付けても問題ありません。しかし作ったプログラムを公開したいときには、世界中のどの人が作ったプログラムとも重複しない名前を付けるべきです。一般的なルールとして、所有しているドメインを逆順で付けるというものがあります。ドメインとは "shoeisha.co.jp" といった、ブラウザーで入力するインターネット上の住所のようなものです。ドメインは世界中で重複しないように管理されているので、名前空間として利用するのに適切なのです。

とはいっても、個人でドメインを取得している人はそう多くないでしょう。ドメインがない場合は、なるべく重複する可能性の少ない名前を使ってください。例えば、本書のプログラムで名前空間を使うときには、章ごとに「surasura.chapter00」というように、ドメインとは関係のない簡易的な名前空間を利用しています。

package

名前空間を持ったJavaのクラスを作るには、次の手順が必要となります。

- クラスの先頭に「package パッケージ名」を追加する
- 「クラス名.java」という名前のファイル（javaファイル）を、パッケージに合わせたサブフォルダーに保存する

パッケージ
package の構文は次のとおりです。packageは、javaファイルの1行目に記載します。

構文 package

```
package パッケージ名;
```

● packageの利用

それではクラスにpackageを追加してみましょう。

```java
package surasura.chapter11;

class Main {
    public static void main(String[] args) {
        System.out.println("こんにちは");
    }
}
```

次にこのjavaファイルを、パッケージ名に合わせたサブフォルダーに保存します。サブフォルダーはパッケージ名の区切りごとに作成してください。

例として「surasura.chapter11」という名前空間の場合を考えてみましょう。その場合はsurasura¥chapter11というフォルダーにjavaファイルを保存します。

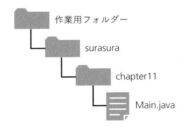

パッケージに合わせたjavaファイルの保存場所

Note

作業用フォルダーは、次の場所です。

- IntelliJ IDEAの場合――srcディレクトリ
- コマンドラインの場合――javacコマンドで、ソースコードパス（sourcecodeオプションで指定）として指定したフォルダー

---

import

　Javaのすべてのクラスには名前空間を含む長い名前が付けられています。そのため、本当はクラス名をすべて長い名前（完全なクラス名）で指定しなければなりません。人に例えると、会話の中で山田太郎という名前が出たとき、「東京都新宿区1-1に住んでいる山田太郎」というように住所まで含めた長い名前で常に説明するということです。

　しかし、普通はそのような回りくどい説明はしません。「山田太郎は東京都新宿区1-1に住んでいる人ですよ」という暗黙の了解のうえで、会話には単に「山田太郎」という名前のみが使われるでしょう。

山田太郎さんを特定しない場合

名前空間を省略する

「『山田太郎さん』といえば東京都新宿区1-1に住んでいる山田太郎さん」とした場合

名前空間を省略する

　Javaでクラス名を省略するためには、明確に指定する必要があります。そのために import（インポート）が用意されています。

● importの利用

それでは、importの使い方を実際に見てみましょう。例えば、リスト11-2のようなPersonクラスを用意します。

リスト11-2 Personクラス（surasura.chapter11に属している）

```
package surasura.chapter11;

public class Person { … }
```

importを使わずにこのクラスを使用するときには、リスト11-3のように書く必要があります。

リスト11-3 importを使わない場合

```
class Main {
    public static void main(String[] args) {
        /* 何度も同じ名前空間が繰り返されている */
        surasura.chapter11.Person person1
            = new surasura.chapter11.Person();
        surasura.chapter11.Person person2
            = new surasura.chapter11.Person();
    }
}
```

リスト11-3では、「surasura.chapter11.Person」という表現が毎回（4回も！）登場していて、とても読みづらくなっています。そこで、importを使って「このソースコードの中では、Personといえばsurasura.chapter11.Personのこと」と指定します。importの構文は次のとおりです。

構文 import

```
import インポートする完全なクラス名;
```

importを使うと、先のプログラムはリスト11-4のように書き換えることができます。

　　　　　　　　　　　　/　名前空間

リスト11-4　importを使った場合

```
/* このソースコードの中で使うPersonクラスをimportする */
import surasura.chapter11.Person;

class Main {
    public static void main(String[] args) {
        /* importがあるので、名前空間が省略できている */
        Person person1 = new Person();
        Person person2 = new Person();
    }
}
```

　先頭にimportを使って、Personクラスの長い名前を指定します。これで、Personといえばsurasura.chapter11.Personのことであると宣言しています。これでプログラムがだいぶ読みやすくなりましたね。

Column

異なる名前空間に属する同じ名前のクラスを使う場合

surasura.chapter11.Person と surasura.chapter12.Personというように、省略されると同じ名前を持つ2つのクラスをimportできるでしょうか?
残念ながらJavaでは、このようなクラスはどれか1つしかimportすることはできません。importできなかったクラスは、名前空間を含めて完全なクラス名を使う必要があります。

```
import surasura.chapter11.Person;

class Main {
    public static void main(String[] args) {
        /* importで指定したPersonクラス */
        Person person1 = new Person();
        /* importで指定できなかったPersonクラス */
        surasura.chapter12.Person person2 =
            new surasura.chapter12.Person();
    }
}
```

あるパッケージの中のクラスをすべて import する構文も、用意されています。

パッケージ中のクラスをすべて import する

```
import パッケージ名.*;
```

ただし、この方法では、具体的にどのクラスを import しているのかがわかりにくくなります。最近の IDE（統合開発環境）は、必要とする import を過不足なく定義してくれる機能があるので、このような書き方は使わないほうがよいでしょう。

Check Test

Q1 次の完全なクラス名を、名前空間とクラス名に分割してください。

surasura.chapter11.SampleClassA

jp.co.shoeisha.JavaBook

Question

Q2 クラスの属する名前空間を指定するために、ソースコードの先頭で使うキーワードは何ですか？

Q3 import を使う目的は何ですか？

解答は巻末に掲載

11　2　アクセス制御

　アクセス制御とは、クラスやその中で定義されるフィールドやメソッドなど
が、他の場所から見える「範囲」を制限するための仕組みです。適切にアクセ
ス制御を設定することで、複雑度を減らし、読みやすいプログラムにすること
ができます。

　ここでは一般的な組み合わせの例を使って、アクセス制御によって複雑度が
下がることを確認しましょう。次の図を見てください。

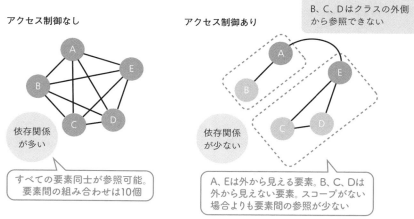

アクセス制御の役割

　アクセス制御ありの図（右図）では、AとBが含まれるグループと、CとD
とEが含まれるグループの2つを用意します。そして、AとEのみが、他のグルー
プからも参照できるように制限します。このようなアクセス制御を行うことで、
依存関係の少ないシンプルな状態を作り出しています。

　この例では、たかだか5つの要素でした。しかし要素が増えるほど、要素同
士の組み合わせの数は急速に増えていきます。そのため適切なアクセス制御で
依存関係を減らすことは、複雑さを減らすためにとても重要なことになります。

Javaでのアクセス制御とアクセス修飾子

Javaでクラスやフィールド、そしてメソッドでアクセス制御を行うには、次の構文を利用します。

アクセス修飾子によるアクセス制御の指定方法

```
/* クラスの定義 */
アクセス修飾子 class クラス名 {

    /* フィールドの定義 */
    アクセス修飾子 型名 フィールド名;

    /* メソッドの定義 */
    アクセス修飾子 型名 メソッド名(引数, …) {
        …
    }
}
```

それぞれのアクセス修飾子が何に対して指定できるかを、次の表に示します。クラスにはprotectedとprivateが指定できないことに注意してください。またデフォルトというアクセス制御は、アクセス修飾子を省略することで指定します。

Note

第10章で説明した内部クラスには、クラスであるもののprotectedやprivateが指定できます。

アクセス制御の範囲と適用可能箇所

アクセス修飾子	アクセス制御の範囲	クラス	メソッド	フィールド
public	すべて	○	○	○
protected	同じ名前空間あるいは継承したクラス	×	○	○
デフォルト	同じ名前空間	○	○	○
private	同じクラス内のみ	×	○	○

　以降は、それぞれのアクセス制御によって、呼び出しの範囲がどう変わるのか見ていきましょう。

privateアクセス修飾子

　private^{プライベート}は、最も範囲の狭いアクセス制御です。privateが指定されたフィールドやメソッドは、同じクラスの中から参照することができます。しかし、それ以外の場所からは参照することができません。

リスト11-5　private宣言されたフィールドとメソッド

```
package surasura.chapter11;

class MyClassA {
    /* private宣言されたフィールド */
    private int fieldA = 0;

    /* private宣言されたメソッド */
    private void methodA() {
        System.out.println("do methodA");
    }

    /* 同じクラスに属するフィールドやメソッド */
    void callSample() {
        System.out.println(this.fieldA); /* フィールドの参照 */
        this.methodA();                  /* メソッドの呼び出し */
    }
}
```

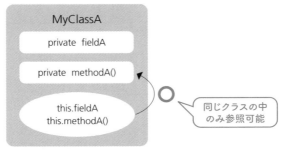

private宣言されたフィールドとメソッドの公開範囲

デフォルトアクセス修飾子

デフォルトアクセス修飾子は、2番目に範囲の狭いアクセス制御です。privateアクセス修飾子の範囲に加えて、同じ名前空間を持つクラスの中からも参照することができます。

リスト11-6 デフォルト宣言されたフィールドやクラス

```java
package surasura.chapter11;

class MyClassB {
    /* デフォルト宣言されたフィールド */
    int fieldB = 0;

    /* デフォルト宣言されたメソッド */
    void methodB() {
        System.out.println("do methodB");
    }
}
```

リスト11-7	デフォルト宣言されたフィールドやクラスの参照

```
/* MyClassBと同じ名前空間 */
package surasura.chapter11;

class OtherClassB {
    void callSample() {
        MyClassB myClassB = new MyClassB();
        System.out.println(myClassB.fieldB); /* フィールドの参照 */
        myClassB.methodB();                  /* メソッドの呼び出し */
    }
}
```

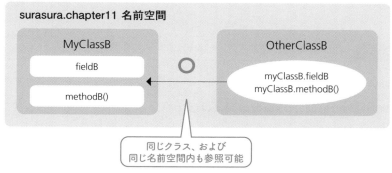

デフォルト宣言されたフィールドやクラスの参照

protectedアクセス修飾子

　protectedアクセス修飾子は、デフォルトアクセス制御に加えて、継承したサブクラスのメソッドからも参照できるアクセス制御です。サブクラスの名前空間は、スーパークラスの名前空間と異なっていても参照できます。ただし、名前空間が異なる場合は、クラスそのものに publicを指定する必要があります。

```
package surasura.chapter11;

/* 別の名前空間からも参照できるよう、classにpublicを指定する */
public class MyClassC {
    /* protected宣言されたフィールド */
    protected int fieldC = 0;

    /* protected宣言されたメソッド */
    protected void methodC() {
        System.out.println("do methodC");
    }
}
```

```
/* スーパークラスとは異なる名前空間 */
package surasura.other;

import surasura.chapter11.MyClassC;

/* MyClassCを継承している */
class SubClassC extends MyClassC {
    /* スーパークラスのフィールドやメソッド */
    void callSample() {
        System.out.println(this.fieldC); /* フィールドの参照 */
        this.methodC();                  /* メソッドの呼び出し */
    }
}
```

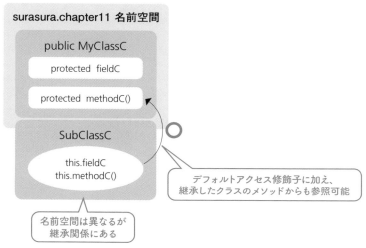

protected宣言されたフィールドやクラスの参照

publicアクセス修飾子

publicアクセス修飾子は、最も広いアクセス制御です。どのような場所からでも参照することができます。異なる名前空間のクラスに定義されたメソッドなどを呼び出すときには、protectedのときと同じように、参照するクラスにpublicを指定する必要があります。

リスト11-10 public宣言されたフィールドやクラス

```
package surasura.chapter11;

/* 別の名前空間からも参照できるよう、classにpublicを指定する */
public class MyClassD {
    /* public宣言されたフィールド */
    public int fieldD = 0;

    /* public宣言されたメソッド */
    public void methodD() {
        System.out.println("do methodD");
    }
}
```

リスト 11-11 public宣言されたフィールドやクラスの参照

```
/* MyClassDと異なる名前空間 */
package surasura.other;

import surasura.chapter11.MyClassD;

class OtherClassD {
    void callSample() {
        MyClassD myClassD = new MyClassD();
        System.out.println(myClassD.fieldD); /* フィールドの参照 */
        myClassD.methodD();                  /* メソッドの呼び出し */
    }
}
```

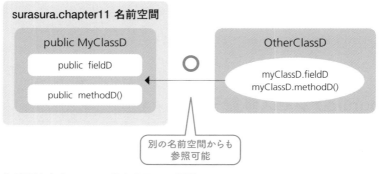

public宣言されたフィールドやクラスの参照

アクセス制御使い分けの指針

　ここでもう一度、これらのアクセス制御の参照範囲について見てみましょう。例えば、同じクラス内からはすべてのアクセス制御のフィールドやメソッドを参照することができます。しかし、まったく関連のないクラスからは、public指定されたフィールドやメソッドしか参照することができません。

　まとめとして、これらのアクセス制御の使い分けに関する指針を紹介します。

呼び出し場所	private	デフォルト	protected	public
同じクラス内	○	○	○	○
同じ名前空間のクラス内	×	○	○	○
サブクラス内	×	×	○	○
関連のないクラス内	×	×	×	○

Note

以降で紹介する指針は筆者の考えた案であり、Javaの仕様で決まっていることではありません。

● 原則

まず原則として、可能な限り狭いアクセス制御をする方針を採るべきです。これは、第8章で紹介したカプセル化のメリットを引き出すためです。クラスとクラスの間の依存関係をなるべく少なくすることで、影響範囲を限定したうえでプログラムの修正を行うことが可能となります。

• 指針1——可能な限り狭いアクセス修飾子（**private**）を使うこと

● 継承

次に、クラスの継承を行ったときのスーパークラスのメソッドについて検討します。継承を行うと、スーパークラスのメソッドを、サブクラスからも呼び出せる必要が生じます。このようなときにも、**public**ではなく**protected**とすることで、必要最小限のアクセス制御にとどめることができます。

• 指針2——継承を行った場合には、サブクラスから参照されるメソッドに対して**protected**を使うこと

外部に公開するメソッド

そして、カプセル化の概念で外部に公開するべきメソッドについては
publicを指定します。一度クラスやメソッドにpublicを指定してしまうと、
そのクラスやメソッドの修正がプログラムのすべての箇所に影響が出る可能性
があります。そのため、public指定するクラスやメソッドについては、引数
の数などを注意深く考える必要があります。

- 指針3——publicアクセス修飾子は影響範囲が広いため、明らかに他から参照
  されるクラスやメソッドに限定すること

デフォルト指定

最後に、デフォルト指定ですが、これは他のアクセス制御に比べると使用頻
度は少なくなります。「本来はprivateのメソッドで収めるべき処理が大きく
なりすぎてしまったときに、それらを分割するため」など、限られたケースで
の利用が考えられます。

- 指針4——デフォルトアクセス修飾子は、大きくなりすぎたprivateメソッドの
  処理を分割するときに使用されることがある

■ Check Test

Q1 最も狭い範囲からしか参照できないようにするアクセス修飾子は
何ですか？

Q2 継承したサブクラスから参照したいフィールドやメソッドには、
どのアクセス修飾子を指定するべきですか？

Q3 どこからでもアクセスできるメソッドには、
どのアクセス修飾子を指定するべきですか？

解答は巻末に掲載

第 12 章

抽象クラスと
インターフェイス

クラスの設計をしていると、具
体的な内容を定義しづらいもの
が出てきます。Javaでは、この
ようなときのために「抽象クラ
ス」と「インターフェイス」と
いう仕組みを用意しています。

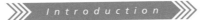

338

1 抽象クラスとは？

オブジェクト指向の特徴の1つとして、継承を使ってクラス同士の親子関係を表すことがあります。ここで以下のように「生き物」クラスを継承して「犬」クラスや「猫」クラスを作ることを考えてみましょう。

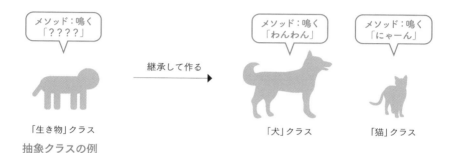

メソッド：鳴く
「？？？？」

継承して作る ➡

メソッド：鳴く
「わんわん」

メソッド：鳴く
「にゃーん」

「生き物」クラス

「犬」クラス

「猫」クラス

抽象クラスの例

ほとんどの生き物は、鳴くことができます。犬だったら「わんわん」、猫だったら「にゃーん」と鳴きます。

しかしその親クラスである「生き物」クラスは何と鳴くのか具体的に決めることはできませんね。これは、犬や猫が「具体的」であるのに対して、生き物が「概念的、抽象的」であることが理由です。

このような概念的、抽象的なものを作るために**抽象クラス**が使われます。

抽象メソッドと抽象クラス

抽象メソッドは、メソッド名や引数、返り値を定義することはできますが、具体的なメソッド内部の処理を省略するメソッドです。いわば半完成品の状態となっており、継承したクラスでメソッド内部の処理を完成させることを意図しています。また、1つでも抽象メソッドが存在するクラスは、抽象クラスとして定義しなければなりません。

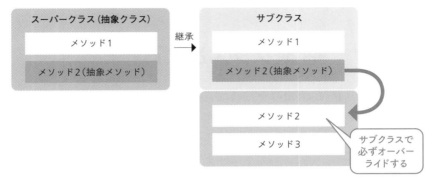

抽象メソッドと抽象クラス

　抽象クラスと抽象メソッドは次のように定義します。

　❶が抽象クラスの定義です。通常のクラス定義の構文に「abstract」という
指定を行います。これでクラスを抽象クラスとすることができます。

　❷が抽象メソッドの定義です。通常のメソッド定義の構文に「abstract」
という指定を行います。さらに抽象メソッドは具体的なメソッドの実装を省略
するので、通常のメソッドでは{ }で囲まれて定義される部分をすべて削除し
て、代わりにセミコロン（;）1つを指定します。

　このように定義された抽象クラスは、通常のクラスに比べて次のような特徴
があります。

- newを使ってインスタンス化できない
- 抽象クラスを継承したサブクラスでは、必ず抽象メソッドをオーバーライドして具体的な処理を書かないといけない

抽象クラスと抽象メソッドの具体例

「抽象的」というのは「具体的」と対になる日本語です。車、自転車、飛行機などといった具体的なものを、「人が乗るもの」という共通部分を抜き出して「乗り物」という抽象的なものにまとめる、という意味合いで使われますね。

ここでは、「共通部分を抜き出す」というところが大切です。これを踏まえて、抽象クラスと抽象メソッドの具体的な例を示します。

まず車を表す**Car**クラスを用意します。これは普通のクラスです。そしてこのクラスに、乗車できる最大人数を返す**getMaxPerson**というメソッドを用意します。このメソッドも通常のメソッドです。

リスト**12-1** Carクラス

```
class Car {
    int getMaxPerson() {
        /* 最大5人乗れます */
        return 5;
    }
}
```

次にこのクラスを継承して、乗車できる最大人数が2人の**SuperCar**クラスを作ります。**getMaxPerson**をオーバーライドして、乗車できる最大人数を変更します。

リスト**12-2** Carクラスを継承したSuperCarクラス

```
class SuperCar extends Car {
    @Override
    int getMaxPerson() {
        /* スーパーカーには2人しか乗れない */
        return 2;
    }
}
```

これで、乗車できる最大人数が確認できるようになりました。

```
class Main {
    public static void main(String[] args) {
        Car car = new Car();
        System.out.println("車は最大"
            + car.getMaxPerson() + "人");

        SuperCar superCar = new SuperCar();
        System.out.println("スーパーカーは最大"
            + superCar.getMaxPerson() + "人");
    }
}
```

実行結果

車は最大5人
スーパーカーは最大2人

　問題はないように見えますが、実は目に見えにくい問題があります。継承と
は、「元のクラスの機能をすべて受け継ぎつつ」「新しい機能を追加する」仕組
みです。つまりCarクラスが最大乗車人数5人ということは、Carクラスを継
承したSuperCarクラスも最大乗車人数5人になる、という矛盾した機能も
SuperCarクラスに含まれてしまいます。実際にSuperCarクラスの中で
「super.getMaxPerson()」と呼び出すと5という結果が返ってきます。
　何が問題なのでしょうか？これは、継承元のCarクラスに「最大5人乗れる」
という具体的な実装が書かれているのが原因です。

SuperCarクラスも5人まで乗れてしまう

そこで、Carクラスには具体的な最大乗車人数を書かず、サブクラスに具体的な人数を書くようにしてみます。

リスト12-4　NormalCarクラスとSuperCarクラス

```
class Car {
    int getMaxPerson() {
        /* 最大何人乗れるの？ */
        return ?;   /* 値を返す処理がないのでコンパイルエラー */
    }
}

class NormalCar extends Car {
    @Override
    int getMaxPerson() {
        /* 普通車には5人乗れる */
        return 5;
    }
}

class SuperCar extends Car {
    @Override
    int getMaxPerson() {
        /* スーパーカーには2人しか乗れない */
        return 2;
    }
}
```

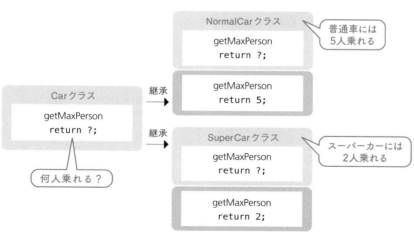

NormalCarクラスとSuperCarクラス

コンパイルエラーは残っているものの、だいぶよくなってきました。NormalCarクラスの最大乗車人数は5人であり、SuperCarクラスは最大乗車人数が2人であることが明確になりました。

しかしCarクラスそのものの最大乗車人数は何人でしょうか? この疑問をよく考えると、Carクラスはそもそも抽象的なものであり、具体的な人数を返すべきではないと気付くでしょう。

そこでCar.getMaxPersonメソッドを抽象メソッドに変更し、さらにCarクラスを抽象クラスに変更します。

| リスト12-5 | Carクラスと getMaxPerson メソッドを抽象化 |

```
abstract class Car {
    /* 乗車人数を返すメソッドの定義だけをする  */
    abstract int getMaxPerson();
}
```

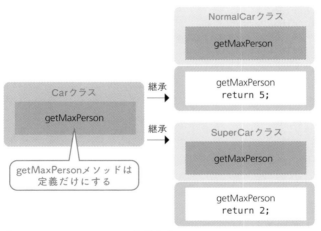

Carクラスと getMaxPerson メソッドを抽象化

これで、「Carクラス自体の最大乗車人数は?」という問題が解決しました。なぜならCarクラスのgetMaxPersonメソッドは抽象化したため、人数を返す必要がなくなったからです。

/ 抽象クラスとは?

解答は巻末に掲載

Check Test

Q1 車クラスとオートバイクラスがあった場合、それぞれの共通の親と
なる抽象クラスとして何クラスが考えられるでしょうか?

インターフェイスとは?

インターフェイスとは、異なるクラス同士に含まれる共通のメソッドを1つにまとめることのできる機能、または共通のメソッドをまとめたものです。しかし、この説明だけでは機能や役割をイメージしにくいですよね。そこで、テレビ、ラジオ、掃除機という3つの身近な家電を例にして、インターフェイスの役割と機能を見ていきましょう。

複数のクラスから共通点を抜き出す

テレビ、ラジオ、そして掃除機をそれぞれクラスで実現するとします。これらのクラスには、「家電」という概念としての共通点はあるものの、それぞれのスーパークラスに相当する具体的な家電はなさそうに思えます。つまり、3つのクラスには継承関係はないと考えるのが自然です。

しかし、これら3つの家電には「電源を入れる」という共通する操作を行うことができます。継承関係にないクラスでも、特定の概念では共通するメソッドが存在しうるわけです。

このような共通のメソッドを複数のクラスから見つけ出し、それらをインターフェイスとしてまとめることができます。インターフェイスを使ってまったく継承関係のないクラス同士をまとめると、ポリモーフィズムを使って同一視できるというメリットが出てきます。

関連のないクラス同士からインターフェイスを見つけ出す

インターフェイスに関するJava 8以降の変更点

Java 7までは、インターフェイスにはメソッドの宣言をすることはできましたが、中身の実装を行うことはできませんでした。しかしJava 8からは、インターフェイスにもメソッドの実装を行えるようになりました。

これは主に、第19章と第20章で説明するラムダやストリームを実現するためのものです。とはいえ、さまざまな制限もあるため、初めのうちは「インターフェイスにはメソッドの実装はできない」という前提でプログラミングをしたほうがよいでしょう。

Check Test

Q1 インターフェイスに関する説明です。空欄を埋めてください。

インターフェイスは、 A 関係のないクラス同士から、共通の B を抽出してまとめたものです。インターフェイスを抽出したクラスは C を使って、同じように扱うことができます。

解答は巻末に掲載

3 インターフェイスの実装方法

　それでは、実際に複数のクラスの中から共通メソッドを見つけ出し、それら
をインターフェイスとする手順を見ていきます。

> **【用 語 解 説】**
> ## 設計と実装
>
> 一般的に何かを作るときには「設計」と「実装」という考え方があります。例え
> ばビルで例えると、ビルを建てる前には「何階建てか」「エレベーターは何基あ
> るか」などといった情報が書かれた設計書があり、それに沿って実際のビルが
> 作られます。
> インターフェイスでは、含まれるメソッドを設計に見立て、そのメソッドの中身
> をプログラムすることを「インターフェイスを実装する」ということがあります。
> 覚えておきましょう。

　前節の説明で登場した家電の中から、テレビとラジオを模した
Televisionクラスとラジオクラスを用意し、これらのクラスから同じ機能
を抽出してインターフェイスを作ってみましょう。

┃ クラスを作成する

　まずはTelevisionクラスから作成します。Televisionクラスは、電源
の状態をisPoweredフィールドで管理するようにします。そして電源を入れ
るときに、コンセントが刺さっているかどうかを確認して、刺さっているとき
だけ電源を入れるようにしてみましょう。

リスト 12-6 Television クラス

```
class Television {
    private boolean isPowered = false;

    public boolean powerOn() {
        if (!isPlugged()) {
            /* コンセントが刺さっていなければ、電源を入れない */
            return false;
        }

        this.isPowered = true;
        return true;
    }

    public void powerOff() {
        this.isPowered = false;
    }

    private boolean isPlugged() {
        /* ここにコンセントが刺さっているかどうかのチェック */
        ...
    }
}
```

Radioクラスも作ってみましょう。RadioクラスもTelevisionクラスと同じく電源の状態をisPoweredフィールドで管理するようにしました。そして、電源を入れるときにバッテリの状態を確認しています。

リスト 12-7 Radio クラス

```
class Radio {
    private boolean isPowered = false;

    public boolean powerOn() {
        if (!isBatteryEnabled()) {
            /* バッテリが切れていたら電源を入れない */
            return false;
        }

        this.isPowered = true;
        return true;
    }
```

```
    public void powerOff() {
        this.isPowered = false;
    }

    private boolean isBatteryEnabled() {
        /* ここにバッテリの状態をチェックする処理 */
        …
    }
}
```

　Televisionクラスと Radioクラスには、それぞれ powerOnメソッドと powerOffメソッドを用意しています。これらのメソッドの見た目は同じですが、クラス同士に継承関係がないため、Javaではまったく関連のないメソッドとして扱われます。

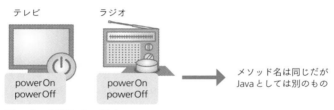

インターフェイスを使わない場合

インターフェイスを作成する

　先ほど作成した Televisionクラスと Radioクラスには、powerOnと powerOffという2つの共通メソッドがありました。これらの2つのメソッドを含む Powerableインターフェイスを作成します。
　インターフェイスを作成するためには「interface」を使います。インターフェイスを定義するファイルの名前は、クラスと同様に「**インターフェイス名.java**」とします。

インターフェイスの定義

```
interface インターフェイス名 {
    /* ここにインターフェイスとして提供するメソッドを定義する */
    返り値の型名 メソッド名 ( 引数の型名 引数名,…);
}
```

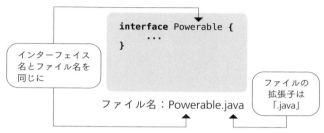

```
interface Powerable {
    ...
}
```

インターフェイス
名とファイル名を
同じに

ファイルの
拡張子は
「.java」

ファイル名：Powerable.java

インターフェイス用ファイルのルール

　インターフェイス名は、クラス名と同じPascal形式で作成します。メソッドの定義はクラスの抽象メソッドの定義とほぼ同じです。つまりメソッドの実装（処理の組み込み）はインターフェイスでは行わず、インターフェイスを実装したクラスで行います。そのため、メソッドの終わりは中カッコ（{ }）ではなく、セミコロン（;）とします。

● Powerable インターフェイスの作成

　それでは、電源のOn/Offを行うPowerableインターフェイスを作成してみましょう。

Powerable インターフェイス

```
interface Powerable {
    /* 電源を入れるメソッド。返り値の定義は次のとおり
     * true：電源が入った
     * false：何らかの理由により電源が入らなかった
     */
    boolean powerOn();

    /* 電源を切るメソッド */
    void powerOff();
}
```

これでPowerableインターフェイスには、電源を入れるメソッド（powerOn）と、電源を切るメソッド（powerOff）が定義されました。

クラスにインターフェイスを実装する

次に、それぞれのクラスにインターフェイスを実装します。インターフェイスの実装とは、次の2つをクラスに対して行うことです。

- implements_{インプリメンツ}というキーワードを使って、使用するインターフェイスを指定する

・ implements（インプリメンツ）というキーワードを使って、使用するインターフェイスを指定する
・ インターフェイスに定義されたメソッドの具体的な処理を作成する

インターフェイスの実装方法は、次のとおりです。

implementsによるインターフェイスの実装

```
class クラス名 implements インターフェイス名,… {
    @Override
    返り値の型 メソッド名(引数,…) {
        /* メソッドの実装 */
    }
}
```

implementsが指定されたクラスでは、インターフェイスに定義されたすべてのメソッドを実装する必要があります。実装されていないメソッドがあると、コンパイルエラーが発生します。またインターフェイスのメソッドを実装したことがわかるように、メソッドには@Overrideアノテーションを付けます。

インターフェイスの実装

● Powerable インターフェイスの実装

それでは、Television クラスと Radio クラスに Powerable インターフェイスを実装してみましょう。

まずは Television クラスを作成します。

リスト 12-9 Powerable インターフェイスを実装した Television クラス

```java
class Television implements Powerable {
    private boolean isPowered = false;

    @Override
    public boolean powerOn() {
        if (!isPlugged()) {
            /* コンセントが刺さっていなければ、電源を入れない */
            return false;
        }

        this.isPowered = true;
        return true;
    }

    @Override
    public void powerOff() {
        this.isPowered = false;
    }

    private boolean isPlugged() {
        /* ここにコンセントが刺さっているかどうかのチェック */
        …
    }
}
```

Radio クラスも作ってみましょう。

リスト 12-10 Powerable インターフェイスを実装した Radio クラス

```java
class Radio implements Powerable {
    private boolean isPowered = false;

    @Override
    public boolean powerOn() {
        if (!isBatteryEnabled()) {
            /* バッテリが切れていたら電源を入れない */
            return false;
        }
```

```
        this.isPowered = true;
        return true;
    }

    @Override
    public void powerOff() {
        this.isPowered = false;
    }

    private boolean isBatteryEnabled() {
        /* ここにバッテリの状態をチェックする処理 */
        ...
    }
}
```

　これで、Television クラスと Radio クラスは、共通の Powerable インター
フェイスを持つことができました。

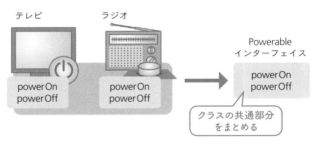

インターフェイスを使った場合

インターフェイスによるポリモーフィズム

　インターフェイスの役割の1つとして、継承関係のないクラスに対しても、
第9章で説明したポリモーフィズムを適用できるようにするというものがあり
ます。例えば、Powerable インターフェイスを実装した Television クラ
スと Radio クラスのインスタンスは、いずれも Powerable 型の変数に代入
することができます。

リスト 12-11 インターフェイスによるポリモーフィズム

```
/* Television クラスも Radio クラスも Powerable インターフェイスを
 * 実装しているので、Powerable 型の変数に代入できる
 */
Powerable television = new Television();
Powerable radio = new Radio();

/* テレビのスイッチを操作する */
boolean result1 = television.powerOn();
television.powerOff();

/* ラジオのスイッチを操作する */
boolean result2 = radio.powerOn();
radio.powerOff();
```

Java では単一継承しか許されていないため、インターフェイスを上手く使うことで、柔軟なポリモーフィズムを実現できます。

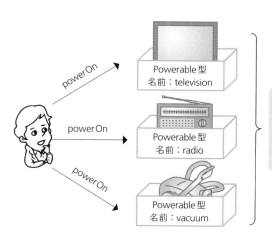

テレビ、ラジオ、掃除機は継承関係にないが、同じ Powerable インターフェイスを実装しているため、ポリモーフィズムを使って同じメソッドを呼び出すことができる

インターフェイスによるポリモーフィズム

インターフェイスの名前の付け方について

プログラムの中で、クラスとインターフェイスは同じように使われることがあります。そのため、名前を見ただけで、それがクラスかインターフェイスかを判断できると、便利なことがあります。Java の仕様としては名前の付け方にルールはありませんが、慣例として次のようなルールがよく使われています。

• 慣例1――「-able」で終わるようにする
インターフェイスは、クラスに対して「何かをできるようにする」ことを明示するために使われることが多いです。今回の例では「電源のOn/Off ができるようにする」です。そのため、英語で可能であるということを意味する「-able」がインターフェイス名によく使われています。
　　例――Comparable（比較できる）、Runnable（実行できる）

• 慣例2――共通した特徴を入れる
インターフェイスを実装したクラスが持つ特徴を名前に入れる方法です。いろいろなオブジェクト指向言語でプログラムが作られる中で、典型的な名前が生み出されてきました。中でも「-Listener」（監視するもの）という名前はよく使われているものの1つです。
　　例――MouseListener（マウスの状態を監視するもの）、
　　　　　KeyListener（キーボードの状態を監視するもの）

• 慣例3――共通の概念を名前とする
通常のクラスよりもより概念的な名詞を名前とする方法です。スーパークラスとサブクラスの関係によく似た名前の付け方です。
　　例：Collection（集合）、List（順序を持った集合）、Set（重複しない集合）

Check Test

Q1 インターフェイスXを実装したクラスAを宣言する方法です。空欄を埋めてください。

```
class A  A  X {
...
}
```

Q2 インターフェイスXを実装したクラスAで、インターフェイスXのメソッドを一部実装していない場合、何が起こるでしょうか？
㋐～㋒から選んでください。

㋐ 実装していないメソッドは、何も処理がないデフォルトメソッドと見なされる

㋑ コンパイルエラーが発生する

㋒ コンパイルは成功するが、クラスAをインスタンス化しようとしたときに実行時例外が発生する

Q3 TelevisionクラスとRadioクラスに対して、共通のPowerableインターフェイスを作成できたとします。これら2つのクラスのインスタンスをポリモーフィズムを使って扱いたい場合、インスタンスを代入する変数の型は、次のどれにするべきでしょうか？

• Television型

• Radio型

• Powerable型

解答は巻末に掲載

インターフェイスは、1つのクラスに複数実装することができます。クラスでは、指定されたすべてのインターフェイスのメソッドを実装する必要があります。

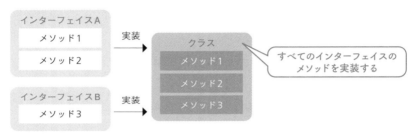

複数インターフェイスの実装

例えば、先ほど作成したTelevisionクラスに、ボリュームを変更するVolumeChangableインターフェイスを追加してみましょう。

まずはインターフェイスを作成して、ボリュームを上げるメソッドと下げるメソッドを定義します。

リスト12-12 VolumeChangable インターフェイス

```
interface VolumeChangable {
    /* ボリュームを上げる */
    void volumeUp();
    /* ボリュームを下げる */
    void volumeDown();
}
```

次に、先ほどのTelevisionクラスにVolumeChangableインターフェイスを実装します。

```java
class Television implements Powerable, VolumeChangable {
    private boolean isPowered = false;
    private int volume = 0;

    @Override
    public boolean powerOn() { /* 前と同じなので省略 */ }

    @Override
    public void powerOff() { /* 前と同じなので省略 */ }

    private boolean isPlugged() { /* 前と同じなので省略 */ }

    @Override
    public void volumeUp() {
        if (this.volume < 100) {
            this.volume++;
        }
    }

    @Override
    public void volumeDown() {
        if (this.volume > 0) {
            this.volume--;
        }
    }
}
```

このように、インターフェイスは1つのクラスに対していくつも実装することができます。

同じメソッドを持つインターフェイス

複数のインターフェイスを実装するときに、それぞれのインターフェイスに同じ名前で同じ引数が定義されたメソッドが存在してしまうことがあります。Javaではこのようなインターフェイスの実装を許しますが、どのインターフェイスのものかを指定してメソッドを用意することはできません。つまり、クラスには1つのメソッドだけを定義します。

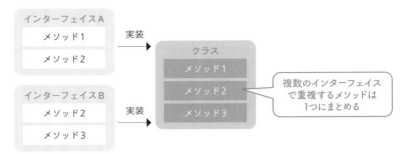

複数インターフェイスでのメソッド重複

> Note

同じメソッドを持つインターフェイスを作ることは可能ですが、できれば
他のインターフェイスと重複しないメソッドを用意するべきです。

■ Check Test

Q1 クラスに複数のインターフェイスを実装する方法の説明です。
空欄を埋めてください。

クラスに複数のインターフェイスを実装するときには、
implementsに複数のインターフェイスを　A　で区切って
指定します。

Q2 インターフェイスXとYを実装したクラスAにおいて、
インターフェイスYのメソッドだけ実装されていない場合、
何が起こるでしょうか？　ア〜ウから選んでください。

ア　コンパイルエラーが発生する
イ　コンパイルは成功するが、クラスAのインスタンスを
　　作成しようとしたときに、実行時例外が発生する
ウ　コンパイルは成功するが、Y型の変数にクラスAの
　　インスタンスを代入しようとすると、実行時例外が発生する

解答は巻末に掲載

12 ─ 5 インターフェイスの継承

クラスを継承して新しいクラスを定義できるのと同じく、インターフェイスを継承して新しいインターフェイスを定義することができます。

インターフェイスの継承は、クラスと同じく extends を使います。

構文 インターフェイスの継承

```
interface インターフェイス名 extends インターフェイス名, … {

}
```

クラスの継承と異なる点として、インターフェイスの継承は複数のインターフェイスから行えるということがあります。つまりインターフェイスでは多重継承が可能です。例えば、インターフェイスAとインターフェイスBを継承してインターフェイスXを作る場合は、extendsの後ろにインターフェイス名をカンマで区切って指定します。

構文 インターフェイスの多重継承

```
interface X extends A, B {
    …
}
```

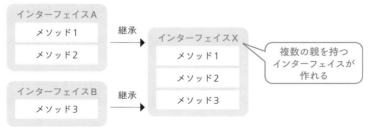

インターフェイスの多重継承

なぜインターフェイスは多重継承ができるのか？

インターフェイスはクラスと違い、メソッドが中身を持ちません。そのため、多重継承で問題が発生しないのです。

仮に、クラスAとクラスBを多重継承してクラスXを作れたとします。AとBの2つのクラスに同じ名前と引数のメソッドが存在した場合、どちらのメソッドを使うのかの判定が複雑になります。そのため、Javaではクラスの多重継承はあえて禁止されています。

しかし、インターフェイスAとインターフェイスBを多重継承してインターフェイスXを作ったときには、AとBに同じ名前と引数のメソッドが存在したとしても、「同じメソッドを持つインターフェイス」のルールに沿ってメソッドは1つにまとめられます。

Check Test

Q1 インターフェイスXとインターフェイスYを継承して
インターフェイスZを作るソースコードです。
空欄を埋めてください。

```
interface Z  A  X, Y { /* メソッドは省略 */ }
```

Q2 Q1で作ったインターフェイスZを実装したクラスAについて、
説明が正しいものを⑦〜⑨から選んでください。

⑦ インターフェイスXとインターフェイスYに同じメソッド
があった場合、それぞれのメソッドの実装をしなければ
ならない

⑦ インターフェイスXのメソッドだけ実装すればコンパイルできる。
ただしインターフェイスYのメソッドを使おうとすると、
実行時エラーが発生する

⑨ インターフェイスXとインターフェイスYのメソッドを
実装する順序は、どのような順序になっても問題ない

解答は巻末に掲載

第 **13** 章

ジェネリクス

Javaでは、扱う対象が異なるだけで処理はまったく同じクラスを自動で生成する「ジェネリクス」という機能があります。ジェネリクスを使うと、似たような処理をオブジェクトごとに何度も書く手間がなくなります。

1 ジェネリクスとは?

Javaでプログラムを作ると、次の例のように「○○というオブジェクトを扱うオブジェクト」という関係のものが出てきます。

- 例1：「物」オブジェクトと、それを保存する「倉庫」オブジェクト
- 例2：「人」オブジェクトと、それを管理する「名簿」オブジェクト

「物」は、自動車やパソコンなどいくつもの種類が考えられます。通常は、それぞれに対して

- 自動車を保存する倉庫
- パソコンを保存する倉庫

のようなオブジェクトを個別に作る必要があります。

しかし「○○を保存する倉庫」という汎用的なオブジェクトを1つだけ用意する方法もあります。このように、○○というオブジェクトをあとから指定できる仕組みを、**ジェネリクス**と呼んでいます。

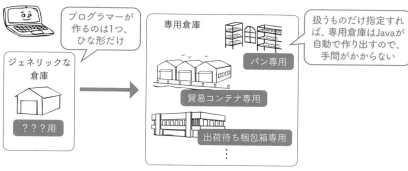

ジェネリクスの概念

ジェネリクスの役割

ジェネリクスそのものの説明に入る前に、ジェネリクスとはどのような役割を果たすものなのかについて見ていきましょう。

先ほど登場した「倉庫」オブジェクトについて考えてみます。倉庫オブジェクトには、次の2つの機能を用意します。

- 「物」オブジェクトを預ける
- 預けた「物」オブジェクトを取り出す

この倉庫オブジェクトには、どのような種類の「物」オブジェクトも扱えることができるようにしておきます。

この倉庫オブジェクトを使うときには、どのようなことが起こるでしょうか?

「物」オブジェクトを預けるときには特に気を付けることはありません。しかし預けた「物」オブジェクトを取り出すときは、取り出した「物」オブジェクトの種類が特定できないという問題が発生します。そのため、受け取り側で取り出したオブジェクトの型を、常に確認する必要があります。

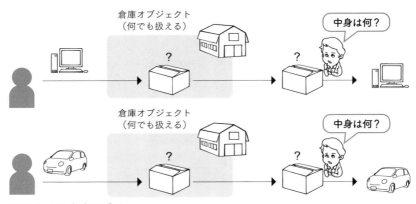

何でも扱える倉庫オブジェクト

取り出すオブジェクトの型を特定の型に限定したい場合、特定のオブジェク

ト専用の倉庫オブジェクトを用意することで実現できます。しかし10種類の
オブジェクトを扱おうと思ったら、10個の倉庫クラスを用意する必要があり
ます。

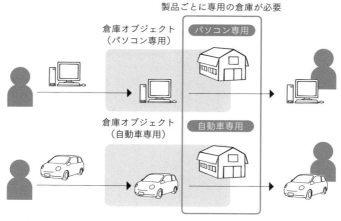

特定のオブジェクトだけ扱える倉庫オブジェクト

　ここで特定のオブジェクトだけ扱える倉庫クラスの仕様について見てみましょ
う。例えば、自動車を扱う倉庫クラスとパソコンを扱う倉庫クラスを比較して
みます。

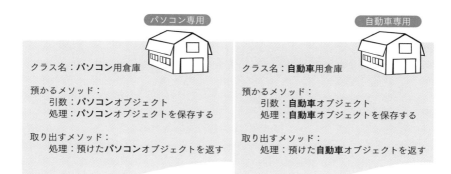

パソコン用倉庫クラスと自動車用倉庫クラスの比較

2つの倉庫クラスは、どうやら機械的に「自動車」と「パソコン」を変更するだけで作れそうに見えます。そこで、プログラマーは1つの半完成品の倉庫クラスだけを作成し、専用の倉庫クラスは自動で作る機能が用意されています。

　この機能こそが**ジェネリクス**です。

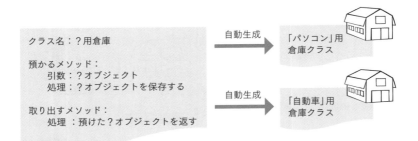

ジェネリクスを使った専用倉庫クラスの自動生成

13 — 2 ジェネリクスの実装

それでは実際に倉庫クラスを作成してみましょう。まずは普通の方法で倉庫クラスを作成して、その後ジェネリクスを使った倉庫クラスに改良します。

何でも扱える倉庫クラス

まずは、何でも扱える倉庫クラスを作成します。ここではジェネリクスは使っていません。

リスト13-1 何でも扱える倉庫クラス

```java
/* 倉庫クラス（何でも扱える） */
public class Warehouse {
    private Object item;

    /*「物」オブジェクトを預かる */
    public void stock(Object item) {
        this.item = item;
    }

    /*「物」オブジェクトを取り出す */
    public Object leave() {
        Object item = this.item;
        this.item = null;
        return item;
    }
}
```

「物」オブジェクトを預ける stock メソッドは、引数が Object 型となっているので、どのような型のインスタンスも渡すことができます。

何でも扱える倉庫インスタンスに「物」オブジェクトを預ける

```
/* パソコンを倉庫に預ける */
Warehouse computerWarehouse = new Warehouse();
Computer computer = new Computer();
computerWarehouse.stock(computer);

/* 自動車を倉庫に預ける */
Warehouse carWarehouse = new Warehouse();
Car car = new Car();
carWarehouse.stock(car);
```

しかし、オブジェクトを取り出す leave メソッドは、返り値が Object 型です。このままでは、預けたときの型として扱うことができません。

そのため、リスト 13-3 の❶や❷のように返り値をキャストする必要があります。

何でも扱える倉庫インスタンスから「物」オブジェクトを取り出す

```
/* パソコンを倉庫から取り出す */
Computer computer = (Computer) computerWarehouse.leave(); ────❶

/* 自動車を倉庫から取り出す */
Car car = (Car) carWarehouse.leave(); ────❷
```

特定のものを保存できる倉庫クラス

次に、Computer オブジェクトと Car オブジェクトを扱う 2 つの専用倉庫クラスを作成してみましょう。これもジェネリクスは使っていません。

リスト13-4　特定のオブジェクトを扱うための専用倉庫クラス

```
/* パソコン専用倉庫クラス */
public class ComputerWarehouse {
    private Computer item;

    /* パソコンを預かる */
    public void stock(Computer item) {
        this.item = item;
    }

    /* パソコンを取り出す */
    public Computer leave() {
        Computer item = this.item;
        this.item = null;
        return item;
    }
}

/* 自動車専用倉庫クラス */
public class CarWarehouse {
    private Car item;

    /* 自動車を預かる */
    public void stock(Car item) {
        this.item = item;
    }

    /* 自動車を取り出す */
    public Car leave() {
        Car item = this.item;
        this.item = null;
        return item;
    }
}
```

　この倉庫クラスを使うと、リスト13-3の❶や❷のような返り値の型の確認
は不要となります。しかし、保存するオブジェクトの型ごとに
*Xxxx*Warehouseクラスを作成する必要があります。

専用倉庫インスタンスから「物」オブジェクトを取り出す

```
/* パソコンを倉庫に預ける */
ComputerWarehouse computerWarehouse = new ComputerWarehouse();
Computer computer = new Computer();
computerWarehouse.stock(computer);

/* 自動車を倉庫に預ける */
CarWarehouse carWarehouse = new CarWarehouse();
Car car = new Car();
carWarehouse.stock(car);

/* パソコンを倉庫から取り出す */
Computer computer2 = computerWarehouse.leave(); ————❶

/* 自動車を倉庫から取り出す */
Car car2 = carWarehouse.leave(); ————❷
```

ジェネリクスを使った倉庫クラス

ジェネリクスを使わない場合、次のようなデメリットが発生します。

- デメリット1——何でも保存できる倉庫クラスは、取り出すときに毎回キャストが必要
- デメリット2——キャストを不要にするためには、種類ごとに専用倉庫クラスの作成が必要

ジェネリクスを使うと、この2つのデメリットがなくなります。つまり、取り出すときにキャストが不要で、かつクラスは1つだけ作ればよいのです。

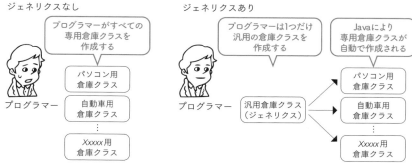

ジェネリクスによるクラスの自動生成

それでは、ここまで作ったクラスをジェネリクスで作り変えてみます。ジェネリクスを使ったクラスは次のように作成します。

> **構文** ジェネリクスを使ったクラスの定義

```
class クラス名<型パラメーター,…> {
    /* クラス内部で型名を指定する場所で、型パラメーターが使える */
    …
}
```

型パラメーターとは、半完成品のクラスに対して何のオブジェクトを扱うのかを指定するためのものです。具体的な指定方法については、これから順に説明してきます。

● ジェネリクスを使ったクラスの作成

それでは、ジェネリクスを使った何でも扱える倉庫クラスを作成しましょう。

何でも扱える倉庫クラス（ジェネリクス版）

```
/* ものを扱えるクラス（ジェネリクス利用）*/
public class Warehouse<T> {  ──❶
    private T item;  ──❷-1

    /*「物」を預かる */
    public void stock(T item) {  ──❷-2
        this.item = item;
    }

    /*「物」を取り出す */
    public T leave() {  ──❷-3
        T item = this.item;  ──❷-4
        this.item = null;
        return item;
    }
}
```

❶では、Warehouseクラスの中で、ジェネリクスにより自動的に置換される型を宣言する場所をTとして用意しています。Tはそういう名前の型があるわけではなく、単なる名前（識別子）です。**型パラメーター**と呼ばれます。

❷-1から❷-4では、❶で指定した型に置き換わる場所をTという型パラメーターで定義しています。

| Note |

Tは Type（＝型）の頭文字です。文法的な決まりではありませんが、ジェネリクスでよく使われる型パラメーターの名前です。

● ジェネリクスを使ったクラスのインスタンス化

ジェネリクスを使ったクラスは、次のようにnewでインスタンス化することができます

| 構文 | ジェネリクスを使ったクラスのインスタンス化

クラス名<置換するクラス名, …> 変数名 = new **クラス名<>( )**;

変数宣言するときに、ジェネリクスのクラスで型パラメーター（＝T）を指定した場所へ使用するクラスを指定します。この結果、型パラメーターの部分を、指定したクラスで置き換えたクラスが、コンパイラーにより自動で作成されます。

リスト13-7	ジェネリクスを使ったクラスのインスタンス化

```
/* パソコンを倉庫に預ける */
Warehouse<Computer> computerWarehouse = new Warehouse<>(); ──❶
Computer computer = new Computer();
computerWarehouse.stock(computer);

/* 自動車を倉庫に預ける */
Warehouse<Car> carWarehouse = new Warehouse<>(); ──❷
Car car = new Car();
carWarehouse.stock(car);
```

❶や❷ではWarehouseクラスのインスタンスを生成しています。< >の中には、WarehouseクラスのTの部分を置き換えるクラス名を指定します。

Note

Java 6までは、newの< >の中にも、置換するクラス名を書く必要がありました。

Java 7からは変数宣言と同じクラスで置換するときに、< >の中を省略できるようになりました。型パラメーターが省略された< >の部分は、ダイアモンドオペレーターと呼ばれます。

このようにして作られた倉庫クラスは、特定のクラス専用の倉庫クラスとなっています。次にこの倉庫クラスから「物」オブジェクトを取り出してみましょう。

```
/* パソコンを倉庫から取り出す */
Computer computer = computerWarehouse.leave();  ——①

/* 自動車を倉庫から取り出す */
Car car = carWarehouse.leave();  ——②
```

　computerWarehouse 変数と carWarehouse 変数には、それぞれ特定の
オブジェクト専用の倉庫インスタンスが保存されています。そのため①や②で
は、キャストを使わずにオブジェクトを取り出すことができます。

　扱うオブジェクトの種類が増えた場合、ジェネリクスがない場合は専用のク
ラスをプログラマーが作ります。しかしジェネリクスがある場合は、あらかじ
め 1 つだけ作られたジェネリクスな倉庫クラスをもとに、専用のクラスが自動
で作成されます。

複数の型パラメーター

　型パラメーターは複数指定することもできます。複数の型パラメーターのよ
い例として「マップ」があります。マップはキーと値の組み合わせで集合を管
理するものです。

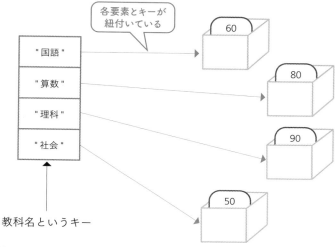

各要素とキーが
紐付いている

60

80

90

50

"国語"

"算数"

"理科"

"社会"

教科名というキー

マップの概要

　第6章ではJavaで用意されている高機能なマップを学びましたが、ここでは
ジェネリクスを使って簡易的なマップを自作します。

　例えば、人を管理するマップを用意してみましょう。この場合は人を特定す
るためのキーと、人オブジェクトそれぞれが用途に応じて置き換えられるよう
なオブジェクトが必要です。つまりリスト13-9のようなクラスが考えられます。

リスト13-9　複数の型パラメーターを指定する

```java
public class PersonMap<K, V> {
    public void put(K k, V v) {
        /* 人オブジェクトを追加する */
        /* （実際の処理は省略しています） */
    }

    public V get(K k) {
        /* キーに対応する人オブジェクトを返す */
        /* （実際の処理は省略しています） */
    }
}
```

KはKey（＝キー）、VはValue（＝値）の頭文字です。文法的な決まりでは
ありませんが、ジェネリクスでよく使われる型パラメーターの名前です。

　このPersonMapクラスを使うと、次のようなオブジェクトを自動で作成す
ることができます。

出席番号で生徒を管理するPersonMap

K	Integer型
V	Student型
変数宣言	PersonMap <Integer, Student> students = 　　　　new PersonMap<>();

名前で友達を管理するPersonMap

K	String型
V	Friend型
変数宣言	PersonMap <String, Friend> friends = 　　　　new PersonMap<>();

Studentクラス（学生クラス）とFriendクラス（友達クラス）は、複数
の型パラメーターのジェネリクスを説明するための架空のクラスです。

　このように、ジェネリクスを使ったクラスでは、型パラメーターを複数指定
することができます。

3 ワイルドカード

　ワイルドカードを使うと、型パラメーターに指定できる型を、特定のクラスのサブクラス、あるいはインターフェイスを実装したクラスに限定することができます。ワイルドカードを使ったジェネリクスクラスの定義を示します。

```
class クラス名<型パラメーター extends ワイルドカード型名> {
    …
}
```

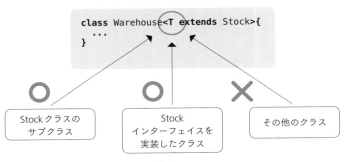

ワイルドカードによる型パラメーターの限定

　ワイルドカードを使う理由の一つに、型パラメーターで宣言されたオブジェクトのメソッド呼び出しがあります。実際のプログラムで確認しましょう

ワイルドカードを使ったクラスの作成

　ジェネリクスとして作られた倉庫クラスに、今預けられている「物」オブジェクトの名前を取得するメソッドを用意してみます。

何でも扱える倉庫クラス（ジェネリクス版）
※ただしコンパイルエラーを含む

```
/* 「物」Tを扱えるクラス（ジェネリクス利用） */
class Warehouse<T> {
    private T item;

    /* 「物」の名前を取得する */
    public String getItemName() {
        if (item == null) {
            return "何もありません";
        } else {
            return item.getName(); /* コンパイルエラー */ ━━━❶
        }
    }
}
```

❶では、共通のスーパークラスあるいはインターフェイスを使ったポリモー
フィズムを使いたいところです。

しかし型パラメーターTにはどのようなクラスも指定可能なので、**getName**
メソッドがないクラスが指定されるかもしれません。そのため、このプログラ
ムはコンパイルエラーが発生してしまいます。

そこで、型パラメーターにワイルドカードを指定して、特定のクラスのサブ
クラスか特定のインターフェイスの実装クラスしかできないようにします。こ
こでは例として、**Stockable**インターフェイスを用意します。

リスト13-11　　Stockableインターフェイス

```
interface Stockable {
    String getName();
}
```

```
Note
```

Stockableは「預けられるもの」という意味で使っています。

そしてワイルドカードを使って、型パラメーターにStockableインターフェイスを実装したクラスのみ指定できるようにします。

リスト13-12 何でも扱える倉庫クラス（ジェネリクス版）

```
/* 「物」Tを扱えるクラス（ジェネリクス利用）*/
class Warehouse<T extends Stockable> { ————❶
    private T item;

    /* 「物」の名前を取得する */
    public String getItemName() {
        if (item == null) {
            return "何もありません";
        } else {
            return item.getName(); /* 正常にコンパイル */ ————❷
        }
    }
}
```

❶では、型パラメーターTに対して、Stockableインターフェイスを実装したクラスのみ許可するようにワイルドカードを指定しています。T型の変数に保存されたオブジェクトは、すべてStockableインターフェイスで定義されたgetNameメソッドを実装しているはずです。そのため先ほどはコンパイルエラーとなった❷が、正常にコンパイルできるようになります。

ワイルドカードを使ったクラスの利用

それでは、実際にワイルドカードが使われた倉庫クラスを利用してみましょう。まずは、Stockableインターフェイスを実装していないCarクラスを型パラメーターTに指定してみます。

リスト 13-13　Stockable インターフェイスを実装していない Car クラス

```
class Car {
    String getName() {
        return "自動車です";
    }
}
```

リスト 13-14　型パラメーターに合わないクラスの指定

```
/* Car クラスは Stockable インターフェイスと関係ないので
 * コンパイルエラー */
Warehouse<Car> carWarehouse = new Warehouse<>();  ————❶
Car car = new Car();
carWarehouse.stock(car);
```

　この場合は、Car クラスと Stockable インターフェイスには関係がありません。そのため、たとえ Warehouse クラスの中で使われている getName というメソッドが Car クラスにあったとしても、❶がコンパイルエラーとなります。そこで Car クラスに Stockable インターフェイスを実装してみましょう。

リスト 13-15　Stockable インターフェイスを実装した Car クラス

```
class Car implements Stockable {
    @Override
    public String getName() {
        return "自動車です";
    }
}
```

　このように Car クラスを修正すると、先ほどの❶で発生していたコンパイルエラーは発生しなくなります。

Check Test

Q1 ジェネリクスが指定されたクラスの型パラメーターに、ワイルドカードを指定する利点の説明です。空欄を埋めてください。

ジェネリクスクラスの型パラメーターにワイルドカードを指定すると、ワイルドカードに指定されたクラスやインターフェイスの A を、ジェネリクスクラスの中で呼び出すことができます。

解答は巻末に掲載

例外

プログラムを実行すると、エラーが発生することがあります。エラーが発生したときには、プログラムはエラーに対処しなければなりません。Java には、エラーに対処するための例外という仕組みがあります。この章では、例外を利用したエラー処理について学びます。

エラーと例外は、いずれも似たような意味で使われますが、完全に同一の考え方ではありません。ここでは、2つの言葉の使い分けについて説明します。

エラー

例えば、画像や音楽などのファイルをインターネットからダウンロードするプログラムを思い浮かべてください。このプログラムが正常に動作した場合、ファイルがダウンロードされて、プログラムを実行した人はファイルを手に入れていることが期待されます。

しかし、「ファイルを保存するための容量が不足していた」「インターネットに接続されていなかった」「ファイルをダウンロードするサーバーが停止していた」などといった理由により、期待されていたファイルを手に入れられないケースが発生することがあります。

プログラムの**エラー**とはこのように、プログラムが期待された結果を実現できなかったことを指します。

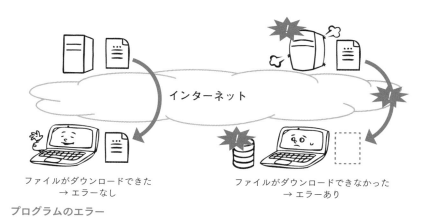

ファイルがダウンロードできた
→ エラーなし

ファイルがダウンロードできなかった
→ エラーあり

プログラムのエラー

例外

　エラーが発生した場合には、何もしないとプログラムが異常終了してしまったり、誤ったデータが登録されてしまったりする可能性があります。そのため、プログラムはエラーに対処しなければなりません。対処するための処理は、**エラー処理**と呼ばれています。

　エラー処理の方法は、プログラミング言語によって異なりますが、Javaでは**例外**という仕組みを使って、エラー処理を行います。例外の処理では次のようなことが行われます。

- エラーが起きたことを認識したら「例外」を発生させて、今の処理を中断し、エラー専用の処理を実行する
- エラー専用の処理が終了したら、次の処理から再開する

　例外の中には、エラーの具体的な種類や内容、通常の処理のどの場所でエラーが発生したか、などの情報が保存されています。

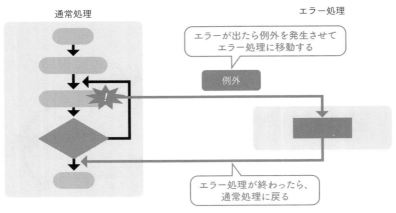

例外の仕組み

例外の種類

Javaで扱われる例外は、大きく次の3つのクラスに分類されます。

❶ 検査例外（**Exception**）
❷ 非検査例外（**RuntimeException**）
❸ エラー（**Error**）

これらのクラスは、以下の継承関係を持っています。

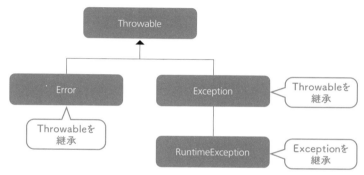

例外の種類と継承関係

スローアブル
Throwableクラスは、Javaで例外を扱うための**try/catch**文などの構文で利用できることを表すクラスです。**Throwable**クラスから、それぞれのグループを表すクラスが継承されています。

● 検査例外（Exception）
　エクセプション

　最も基本となる例外です。必ず例外に対応するエラー処理を記述する必要があります。エラー処理がなかった場合はコンパイルすることができないため、プログラマーのミスを防ぐことができます。

● 非検査例外（RuntimeException）
ランタイムエクセプション

実行時例外とも呼ばれ、プログラムの中のさまざまな場所で発生する可能性
がある例外を表しています。エラー処理は記述することもできますが、記述を
しなくてもコンパイルすることが可能です。

● エラー（Error）

プログラムが動いているコンピューターのメモリ不足やハードウェアの故障
など、主にエラー処理を書くことが難しい状態を表しています。非検査例外と
同じく、エラー処理を記述しなくてもコンパイルすることが可能です。

これらの例外を使い分けるポイントは、コンパイルエラーになる例外か、な
らない例外かということです。エラー処理を省略せずに作成させたい場合には、
検査例外が使われます。

よく使われる例外

Javaでは、あらかじめさまざまな例外が用意されています。このうち、プログラムを作っているときによく使われる例外について紹介します。

- 検査例外
  - `FileNotFoundException`：指定したファイルが存在しないときに発生する例外。正しいファイル名を指定するか、指定の場所に正しいファイル名を置くことによって対処される

- 非検査例外
  - `NullPointerException`：何も参照していない参照型の変数に対して操作を行うと発生する例外。多くの場合、プログラムの誤りによって発生するため、エラー処理を書くよりもプログラムを修正することによって対処される

- エラー
  - `OutOfMemoryError`：プログラムを処理する際にメモリが不足した際に発生する例外。こちらもエラー処理を記述するよりも、より少ないメモリを利用するようにプログラムを修正したり、コンピューターのメモリを増やすことで対処される

Check Test

Q1 エラーと例外の違いについて説明してください。

Q2 例外を利用しないエラー処理には、どのような欠点がありますか？2つ挙げてください。

Q3 例外処理を書かないとコンパイルエラーとなる例外は、何という例外ですか？

解答は巻末に掲載

2 例外の検出

　それでは、プログラムで例外が発生したことを検出して、エラー処理を実行するための仕組みについて見ていきましょう。

▌例外を検出する

　例外を検出するための仕組みとして try/catch が用意されています。try/catchは、次のような構文を利用して、例外が発生する可能性がある処理と、例外が発生したときの処理を分けて記述することができます。

```
try {
    /* 例外が発生する可能性がある処理 */
} catch ( 例外の型名 変数名 ) {
    /* 例外が発生したときのエラー処理 */
}
```

　tryブロックで囲まれた処理の中で例外が発生すると、処理が中断されてcatchブロックのエラー処理が実行されます。例外の型名には、エラー処理を実行させる例外を指定します。発生した例外オブジェクトは、catchで指定した変数に代入されます。

　この構文を利用して、例外を検出する処理を書いてみましょう。

リスト14-1 例外を検出する

```
import java.text.ParseException;
import java.text.SimpleDateFormat;
import java.util.Date;

public class TryExample01 {
    public static void main(String[] args) {
        SimpleDateFormat format = new SimpleDateFormat(⏎
"yyyy/MM/dd");
        try {
            Date date = format.parse("19XX/08/21"); ——❶
            System.out.println(date); ——❷
        } catch (ParseException e) {
            System.out.println("この文字列は、日付に変換できません。"); ——❸
        }
    }
}
```

実行結果

この文字列は、日付に変換できません。

　ソースコードの❶で"19XX/08/21"という不正な日付を表す文字列が
parseメソッドに渡されているため、ParseException例外が発生してい
ます。その時点で現在実行中の処理が中断されるため❷の処理は実行されてい
ません。そしてcatchブロックの中が実行されるので、❸のエラー処理の出
力だけが行われています。このようにtryブロック内で例外が発生した場合に
は、以降の行が実行されず、catchブロックに処理が遷移します。

ParseExceptionが発生

例外が発生するとcatchの
処理へ遷移する

```
try {
    Date date = format.parse("19XX/08/21");
    System.out.println(date);
} catch (ParseException e) {
    System.out.println("この文字列は、日付に変換することができません。");
}
```

try/catch文の動作

● 例外の型名について

catchに指定する例外の型名は、検出したい例外クラスそのものではなく、例外クラスのスーパークラスも指定することができます。

例えば、MyException例外クラスを継承して、MyException1例外クラスがあった場合、catchの例外の型名をMyExceptionとすると、MyException1も同時に検出することができます。

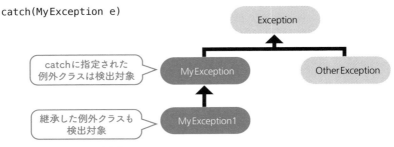

catchの検出対象となる例外

複数の例外を検出する

tryブロック内で発生する例外は、1種類とは限りません。そのような場合のために、例外の種類ごとにcatchブロックを複数書くことができます。このときの構文は次のようになります。

構文 try/catch（例外が複数の場合）

```
try {
    /* 例外が発生する可能性がある処理 */
} catch （例外の型名1 変数） {
    /* 例外が発生したときのエラー処理 */
} catch （例外の型名2 変数） {
    /* 例外が発生したときのエラー処理 */
}
```

例外が発生したときは、ソースコードの上から順番に例外の型名がチェックされます。もし該当する例外だった場合、そのcatchの処理が実行されます。一度該当するcatchの処理が実行されたら、その後のcatchはチェックされません。つまり、1回の例外で複数のcatchが実行されることはありません。

それでは、複数のcatchがあるプログラムを見てみましょう。

リスト14-2　複数の例外を検出する

```java
import java.text.ParseException;
import java.text.SimpleDateFormat;
import java.util.Date;

public class TryExample02 {
    public static void main(String[] args) {
        SimpleDateFormat format = new SimpleDateFormat(⏎
"yyyy/MM/dd");
        String[] dates = new String[2];
        dates[0] = "1984/12/26";
        dates[1] = "19xx/12/26";
        try {
            String stringDate = dates[2]; ──────❶
            Date date = format.parse(stringDate);
            System.out.println(date);
        } catch (ParseException e) { ──────❷
            System.out.println("この文字列は、日付に変換することが⏎
できません。");
        } catch (ArrayIndexOutOfBoundsException e) { ──────❸
            System.out.println("範囲外の要素が指定されました。");
        }
    }
}
```

実行結果

範囲外の要素が指定されました。

リスト14-2を実行すると、tryブロック内の❶で配列の範囲外の要素にアクセスしたときに、ArrayIndexOutOfBoundsException例外が発生します。まず、❷の例外の型名と比較が行われますが、ParseExceptionはArrayIndexOutOfBoundsExceptionとは継承関係にないので、この

catchブロックのエラー処理は実行されません。次に❸の例外の型名と比較すると一致したため、catchブロック内のエラー処理が実行されます。

　また、Java 7以降では複数の種類の例外を1つのcatchブロックで処理できるようになったため、同じエラー処理を重複して書く必要がなくなりました。このような場合には次に示すような構文が利用できます。

構文　複数の例外を同時に処理

```
try {
  /* 例外が発生する可能性がある処理 */
} catch ( 例外の型名1 | 例外の型名2 ) {
  /* 例外が発生したときのエラー処理
}
```

　上記の構文では例外が2つのみ記述されていますが、任意の数の例外の型名を「|」（パイプ記号）でつなげて書くことができます。

Column

エラーを通知するだけ？

　先ほどの「複数の例外を検出する」プログラムでは、例外の発生をコンソールに出力しているだけです。しかし、実際のプログラムでエラー対処する場合にも通知するだけでよいのでしょうか？
　実際のプログラムでは、もちろん自動的にエラーから復旧する作りになっているものもありますが、通知を行っているだけの場合も意外と多いのです。プログラマーにメールで通知したり、画面にエラーの発生を表示したりすることで、エラーに対して人間が何らかのアクションを行うことができます。
　このとき、どのような種類のエラーなのかをわかりやすく知らせることができれば、それを見た人間は、より適切なアクションを行うことができます。

必ず最後に実行する

　例外が発生すると、通常の処理は中断されてしまいます。そのため本来実行するべき処理が、例外が発生したことにより実行されなくなってしまいます。例外発生の有無によらず必ず実行される処理を書く場所として、finally が用意されています。

　finally の構文は次のとおりです。

構文 | try/catch/finally

```
try {
    /* 例外が発生する可能性がある処理 */
} catch ( 例外の型名 変数名 ) {
    /* 例外が発生したときのエラー処理 */
} finally {
    /* 例外発生の有無によらず必ず実行される処理 */
}
```

　finally が指定された場合は、catch は省略することもできます。リスト14-3に、finally を使ったサンプルを示します。

リスト14-3　必ず最後に実行する

```
import java.text.ParseException;
import java.text.SimpleDateFormat;
import java.util.Date;

public class FinallyExample {
    public static void main(String[] args) {
        SimpleDateFormat format = new SimpleDateFormat(
"yyyy/MM/dd");
        try {
            Date date = format.parse("19XX/12/26");
            System.out.println(date);
        } catch (ParseException e) {
            System.out.println("この文字列は、日付に変換することが
できません。");
```

```
        } finally {
            System.out.println("最後に必ず実行されます。");
        }
    }
}
```

この文字列は、日付に変換することができません。
最後に必ず実行されます。

　このように finally を記述した場合、例外が発生した場合でも発生しなかっ
た場合でも、finally ブロック内の行は必ず実行されます。
　また、上記プログラムを正しい日付に変更して、ParseException が発生
しない場合にも finally ブロック内の処理が実行されることも確認してみる
とよいでしょう。

リソースを解放する

　ハードディスクやメモリの容量、ネットワークの通信帯域などは、一般的に
リソースと呼ばれます。リソースはコンピューターが利用できる限られた資源
であり、Java 以外のプログラムからも使われます。
　そのためリソースを Java で使うときには、使うときに「これからこのリソー
スを使います」、使い終わったら「これでこのリソースを使い終わります」と
いう指示を行う必要があります。
　Java 6 以前までは、この指示は、try と finally の組み合わせで行ってい
ました。Java 7 からはリソース管理のために、新たに **try-with-resources** が用
意されました。2つの構文を次に示します。

構文 | Java 7 以降のリソース処理

```
try (MyResource resource = new MyResource() /* リソースを使う指示 */)
{
    /* リソースを使った処理 */
}
/* リソースを使い終わる指示は書かなくても、Javaが自動で行う */
```

構文 | Java 6 以前のリソース処理

```
/* リソースを使う指示 */
MyResource resource = new MyResource();
try {
    /* リソースを使った処理 */
} finally {
    /* リソースを使い終わる指示 */
    resource.close();
}
```

Note

MyResource は、リソースを操作するための架空のクラスです。My Resource にかかわらず try-with-resources 文を利用するためには Auto Closeable インターフェイスを実装したクラスである必要があります。

Java 7 以降の書き方には、次の利点があります。

- リソースを使い終わるための処理の記述が自動で行われるので、プログラマーのミスによるリソース解放漏れが発生しない
- リソースを操作する変数が、try の中だけでしか使われないことが保証される

Q1 例外が発生したときの処理を書く構文です。
空欄を埋めてください。

```
  A  {
      /* 例外が発生する可能性がある処理 */
}  B  ( 例外クラス e ) {
      /* 例外が発生した時のエラー処理 */
}
```

Q2 例外の発生の有無にかかわらず、最後に必ず実行したい処理
を書くブロックを何と呼びますか?

解答は巻末に掲載

3 例外の発生

ここまで、発生した例外を検出する方法について説明しました。次は自身で作成しているプログラムの中で例外を発生させる方法について、見ていきましょう。

例外を発生させる

例外を発生させるには、まず発生させたい例外クラスをインスタンス化します。そしてthrow（スロー）にそのインスタンスを指定して、例外を発生させます。throwの構文を、次に示します。

構文 throw

```
throw 例外クラスのインスタンス；
```

throwが実行されると、それ以降の処理は実行されません。そして例外処理が実行されます。

Note
---

throwは日本語に訳すと「投げる」です。そのため、throwで例外を発生させることを「例外を投げる」や「例外をスローする」などということも多いです。

それでは、throwを使って例外を発生させてみましょう。

```java
public class ThrowExample {
    public static void main(String[] args) {
        try {
            throw new ArrayIndexOutOfBoundsException();  ←─── ❶
            System.out.println("ここは実行されません。");  ←─── ❷
        } catch (ArrayIndexOutOfBoundsException e) {  ←─── ❸
            System.out.println("例外が通知されました。");
        }
    }
}
```

実行結果

例外が通知されました。

　上記のソースコードでは、❶で例外を発生させています。そのため、❷の処理は実行されていません。❶で発生させた例外クラス（ArrayIndexOutOfBoundsException）は❸のcatchで指定されているため、❸の処理が実行されています。

独自の例外を作成する

　プログラムを作るときに起こしたい例外は、まずはあらかじめ用意されているJavaの標準ライブラリの中に適切なものがないか探してみましょう。しかしどうしてもぴったりと合致する例外がない場合、例外を自作することもできます。

　例外を自作するには、通常のクラスの継承と同じ要領で、ExceptionクラスやRuntimeExceptionクラスを継承した例外クラスを用意します。

リスト 14-5　独自例外の作成

```java
public class MyException extends Exception {
    /* ここにこの例外独自の処理を書く */
}
```

Check Test

Q1 例外を発生させるために用意されている機能は何ですか?

Q2 独自の例外を作成するためには、何をすればよいですか?

解答は巻末に掲載

14 ___ 4 例外の伝播

あるメソッドの中でthrowにより発生した例外を、try/catchで検出しなかった場合は、どうなるでしょうか？ その場合は、発生した例外がそのメソッドの呼び出し元に伝えられます。これを**例外の伝播**といいます。

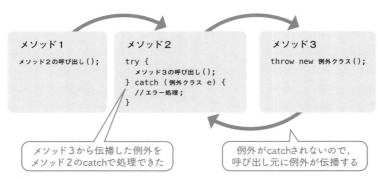

例外の伝播

メソッド3の中でthrowにより例外が発生しています。しかしメソッド3の中ではこの例外をtry/catchで処理していないため、メソッド2に例外が伝播しています。メソッド2の中では例外を伝播させた「メソッド3の呼び出し」をcatchしてエラー処理を行っています。

例外の伝播を具体的なサンプルプログラムとして見てみましょう。

リスト14-6 例外の伝播

```
public class TransmitExample {
    public void method1() {
        method2(); ———❶
    }
```

```
    public void method2() {
        try {
            method3();  ←——❷
            System.out.println("ここは実行されません。");
        } catch (MyRuntimeException e) {  ←——❸
            System.out.println("例外が通知されました。");
        }
    }

    public void method3() {
        /* 注：MyRuntimeExceptionは非検査例外 */
        throw new MyRuntimeException();  ←——❹
    }
}
```

第 14 章

例外

　❹でMyRuntimeExceptionという非検査例外が発生しています。しかしmethod3メソッドの中ではこの例外をcatchしていないため、method3メソッドを呼び出した❷に例外が伝播しています。

　❷に伝播したエラーは❸のcatchで検出され、エラー処理が行われます。method2メソッド内で例外が処理されたため、method2メソッドを呼び出した❶には例外は伝播しません。

▌実行時エラー

　次々と伝播していく例外を最後までtryで処理をしないと、最終的には「実行時エラー」となり、プログラムは強制終了します。実行時エラーの例を見てみましょう。

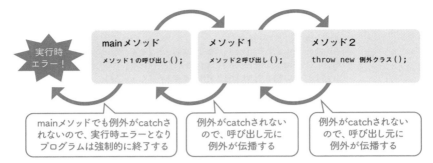

実行時エラー

サンプルプログラムを見てみましょう。

リスト14-7　実行時エラー

```java
public class RuntimeExceptionExample {
    public static void main(String[] args) {
        RuntimeExceptionExample example = 
new RuntimeExceptionExample();
        example.method1();
    }
    public void method1() {
        method2();
    }

    public void method2() {
        throw new MyRuntimeException();
    }
}
```

　Javaのプログラムは main メソッドから始まります。プログラムの中で発生した例外が伝播を繰り返し、最終的に main メソッドの中でも try/cache で処理されない場合、実行時エラーとなり、プログラムは強制的に終了します。

　このプログラムの実行結果は、次のとおりです。

実行結果

```
"C:¥Program Files¥Java¥jdk-9.0.1¥bin¥java"
"-javaagent:C:¥Program Files¥JetBrains¥IntelliJ IDEA Community
Edition 2017.3¥lib¥idea_rt.jar=49959:C:¥Program
Files¥JetBrains¥IntelliJ IDEA Community Edition 2017.3¥bin"
-Dfile.encoding=UTF-8 -classpath C:¥Users¥nakak¥IdeaProjects
¥surasura¥ch14¥runtimeexceptionexample¥out¥production
¥runtimeexceptionexample RuntimeExceptionExample
Exception in thread "main" MyRuntimeException
    at RuntimeExceptionExample.method2(RuntimeExceptionExample.
java:11)
    at RuntimeExceptionExample.method1(RuntimeExceptionExample.
java:7)
    at RuntimeExceptionExample.main(RuntimeExceptionExample.
java:4)

Process finished with exit code 1
```

《 Memo 》

実行時エラーについて

 通常作るプログラムでは、検査例外あるいは非検査例外で実行時
エラーが発生することは避けるべきです。

検査例外の伝播

　検査例外を呼び出し元に伝播させるときには、どのような例外が伝播される
可能性があるのかを、メソッドに指定する必要があります。指定には throws
を使います。throwsの構文を次に示します。

throws

```
返り値の型名 メソッド名() throws 例外クラス名, … {
    :
    throw 例外クラス;
    :
}
```

　メソッドの中でcatchされない検査例外がある場合、その例外クラス、あるいは親の例外クラスをすべてthrowsに追加する必要があります。throwsに指定する検査例外が足りないときは、コンパイルエラーが発生します。

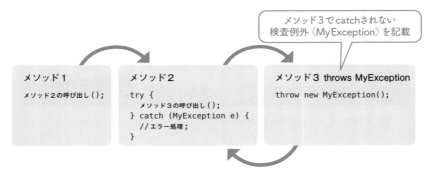

メソッド3でcatchされない
検査例外（MyException）を記載

メソッド1
メソッド2の呼び出し();

メソッド2
```
try {
    メソッド3の呼び出し();
} catch (MyException e) {
    //エラー処理;
}
```

メソッド3 throws MyException
```
throw new MyException();
```

検査例外とthrows

　サンプルプログラムを見てみましょう。

リスト14-8　例外の伝播

```java
public class InspectionExample {
    public void method1() {
        method2();
    }
```

```java
    public void method2() {    ●①
        try {
            method3();
            System.out.println("ここは実行されません。");
        } catch (MyException e) {
            System.out.println("例外が通知されました。");
        }
    }

    public void method3() throws MyException {    ●②
        /* 注：MyExceptionは検査例外 */
        throw new MyException();    ●③
    }
}
```

　method3メソッドでは、③で例外が発生します。この例外（MyException）は検査例外のため、method3メソッドには②のようにthrowsでMyExceptionクラスを指定する必要があります。method2メソッドでは伝播した例外をcatchブロックで処理しているため、method2メソッドには①のようにthrowsでMyExceptionクラスを指定する必要はありません。

　検査例外を使うと、自身のメソッドでtry/catchを使って処理するか、呼び出し元のメソッドに伝播させるか、いずれかの処理を行わないとコンパイルエラーが出ます。そのため、エラーの処理忘れという不具合をある程度防ぐことができます。

スタックトレース

　例外が発生した場所を確認するために、例外は**スタックトレース**という情報を持っています。スタックトレースに含まれる情報は、例外クラスのprintStackTraceメソッドで表示させることができます。

構文 ┃ スタックトレース

```
例外オブジェクト.printStackTrace();
```

それでは実際にスタックトレースを表示してみましょう。次のソースコードをご覧ください。

リスト14-9 スタックトレース

```
public class StackTraceExample {
    public static void main(String[] args) {
        StackTraceExample example = new StackTraceExample();
        example.method1();
    }
    public void method1() {
        method2();
    }

    public void method2() {
        try {
            method3();
            System.out.println("ここは実行されません。");
        } catch (Exception e) {
            System.out.println("例外が通知されました。");
            e.printStackTrace(); ←──❶
        }
    }

    public void method3() throws Exception {
        throw new Exception();
    }
}
```

❶で、発生した例外クラスのスタックトレースを表示しています。実行結果は次のようになります。

実行結果

```
例外が通知されました。
java.lang.Exception ←──❶
at StackTraceExample.method3(StackTraceExample.java:21) ┐
at StackTraceExample.method2(StackTraceExample.java:12) │
at StackTraceExample.method1(StackTraceExample.java:7)  ├──❷
at StackTraceExample.main(StackTraceExample.java:4)     ┘
```

- ❶から❷が、printStackTraceメソッドで表示されているスタックトレースです。
- ❶では、発生した例外の種類が表示されています。
- ❷では、例外が発生した場所が呼び出されたメソッドが、順番にすべて表示されています。内容は「**at　メソッド名（メソッドが定義されたクラスのソースファイル）**」となっています。

　このスタックトレースを見ると、一番下の main メソッドから、実際に例外が発生した method3 メソッドまでどのような順序でメソッドが呼び出されていったかがわかります。

```
Note
```

セキュリティ上の理由から、外部ライブラリのメソッドが定義されたソースファイルの情報は、表示されないようになっていることもあります。

　プログラムを作成するときには、少し作って実行して動作を確認し、また少し作っては動作を確認するといった作業を繰り返すことになります。スタックトレースは、この作業を行っているときに最初に使うことが多い機能です。
　スタックトレースの情報を読み取ることができれば、プログラムのどこが悪いのかを素早く判断できるため、より早くプログラムを作成することができるようになります。

Q1 例外の伝播とはどのような仕組みですか?

Q2 例外が最後まで処理されないと、何が起きますか?

Q3 検査例外を伝播させるために用意されている機能は何ですか?

Q4 スタックトレースから読み取れる情報にはどのようなものがありますか?

解答は巻末に掲載

4 例外の伝播

第 **15** 章

スレッド

Javaには複数の処理を並行に実
行するためのスレッドという仕
組みがあります。例えば、映像
を表示する裏側で音声を再生す
る動画再生アプリや複数のユー
ザが同時に利用するオンライン
ショップなどで利用されていま
す。この章ではスレッドの基本
的な使い方と安全に利用するた
めのコツについて学びます。

1 スレッドとは?

　スレッド（thread）は、日本語では糸という意味です。これまでプログラムの流れを考える際には、フローチャート（流れ図）を利用してきました。フローチャートが表すのは「処理の流れ」です。このフローチャートの処理の流れを1本の糸と考えると、スレッドを利用したプログラムでは、複数の糸が絡み合いより大きな流れを作ります。この大きな流れを作る一つ一つの処理の流れをスレッドと呼びます。

　これまで学習してきたプログラムは、上から下に1行ずつ実行していくので、スレッドが1つだけのプログラムといえます。スレッドが1つだけのプログラムはシングルスレッドのプログラムと呼ばれます。これに対し、スレッドが複数あるプログラムはマルチスレッドのプログラムと呼ばれます。

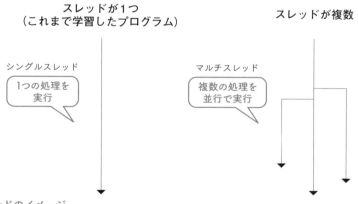

スレッドのイメージ

　シングルスレッドのプログラムでは、プログラムのコードが1行ずつ順番に実行されるため、処理の流れも順番に追いかけることができました。

　しかし、マルチスレッドのプログラムでは、流れが複数あるため処理を追いかけることが難しくなります。また、あるスレッドの動作が他のスレッドの動作に影響を与えてしまい、プログラムが正常に動作しない現象が発生すること

もあります。

　このような現象が発生しないように考慮されたプログラムを作るには、**スレッ
ドセーフ**という考え方を学ぶ必要があります。

スレッドの利用シーン

　実際にスレッドの利用シーンとして解凍ソフトが挙げられます。解凍は時間
のかかる処理ですが、解凍中にGUI側で進捗がわかるようになっています。こ
れはGUIを動かすためのスレッドと解凍を行うためのスレッドに分かれている
ため実現できるのです。

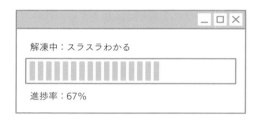

解凍ソフト

　もし、解凍ソフトを1つのスレッドだけで作成すると解凍処理が終わるまで
GUIの画面は止まったままになってしまいます。しかし2つのスレッドを利用
すれば解凍処理とGUIの描画処理を並行して処理できるようになるのです。

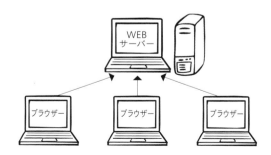

また、多くの人々が同時にアクセスするWEBサーバーでは、一度に多くの人にサービスを提供するための方法として、スレッドが使われることがあります。

■ Check Test

Q1 スレッドが1つのプログラムは、
どんなプログラムと呼ばれていますか？

Q2 マルチスレッドのプログラムを正しく作るための
考え方は何でしょう？

解答は巻末に掲載

② スレッドの基礎

　スレッドを理解する一番の近道は、実際にプログラムを動かしてみることです。ここでは、マルチスレッドのプログラムを記述する方法について学びましょう。

▌スレッドを作成する（Threadクラスを利用）

- -

　Javaでスレッドを動かすには、Thread（スレッド）クラスを継承したクラスを作成します。そして、そのクラスのrun（ラン）メソッドをオーバーライドすることにより、スレッドで行う処理を定義することができます。

リスト15-1 スレッドの作成

```java
public class MyThread extends Thread {
    private String name;

    public MyThread(String name) {
        this.name = name;
    }

    public void run() {
        for (int i = 0; i < 3; i++) {
            try {
                Thread.sleep(1000);
            } catch (InterruptedException e) {
                e.printStackTrace();
            }
            System.out.println(name + "が動いています:" + i);
        }
    }
}
```

　上記のプログラム内で利用しているsleepメソッドは、指定したミリ秒だけ処理の流れを停止するメソッドです。

スレッドを起動する

　作成したクラスのstartメソッドを呼び出すことによって、スレッドを起動できます。

第15章　スレッド

リスト15-2　スレッドの起動

```java
public class Example01 {
    public static void main(String[] args) {
        MyThread t1 = new MyThread("thread01");
        MyThread t2 = new MyThread("thread02");

        t1.start();
        t2.start();

        System.out.println("メインスレッドを終了します。");
    }
}
```

　スレッドが起動されると新しい処理の流れが作成され、runメソッドで定義した処理が実行されることになります。上記のプログラムでは、2つのスレッドを起動しているので、新しい処理の流れも2つ作成されます。

Note

　mainメソッドを実行するスレッドは**メインスレッド**と呼ばれます。また、独自に起動したスレッドは**サブスレッド**と呼ばれます。

実行結果

```
メインスレッドを終了します。
thread02が動いています:0
thread01が動いています:0
thread02が動いています:1
thread01が動いています:1
thread01が動いています:2
thread02が動いています:2
```

2　スレッドの基礎

このプログラムを実行するとメインスレッドとthread01スレッド、thread02スレッドが別々の処理の流れの中で動いていることを確認できます。この実行結果では、メインスレッドが最初に終了し、次にthread01スレッド、thread02スレッドの順で終了しています。

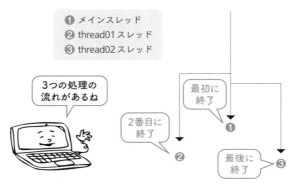

① メインスレッド
② thread01スレッド
③ thread02スレッド

3つの処理の
流れがあるね

最初に
終了

2番目に
終了

最後に
終了

スレッドの分岐と終了

　このようにスレッドは、それぞれ異なるタイミングで動作します。
　また、今回の実行結果ではthread01スレッドが先に終了していましたが、thread02スレッドが先に終了する場合もあります。これは、それぞれのスレッドが独立して動作しているためです。

スレッドの終了を待つ

　先のプログラムでは、メインスレッドが最初に終了していました。しかし、thread01スレッドやthread02スレッドが終了してから実行したい処理が必要なときもあるでしょう。解凍ソフトでいえば、解凍の完了を待つような場合です。
　そのようなときにはjoinメソッドを利用することで、thread01スレッドやthread02スレッドの終了を待つことができます。

　　　　　　　　　2　スレッドの基礎

リスト15-3　スレッドの終了を待つ

```java
public class Example02 {
    public static void main(String[] args) {
        MyThread t1 = new MyThread("thread01");
        MyThread t2 = new MyThread("thread02");
        t1.start();
        t2.start();

        try {
            t1.join();
            t2.join();
        } catch (InterruptedException e) {
        }

        System.out.println("メインスレッドが終了します。");
    }
}
```

実行結果

```
thread01が動いています：0
thread02が動いています：0
thread01が動いています：1
thread02が動いています：1
thread01が動いています：2
thread02が動いています：2
メインスレッドが終了します。
```

　thread01スレッドとthread02スレッドが終了してから、メインスレッドが終了しています。このようにjoinメソッドを利用することで、スレッドの終了を待つことができます。

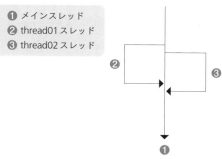

❶ メインスレッド
❷ thread01 スレッド
❸ thread02 スレッド

スレッドの終了を待つ

スレッドを作成する
（Runnable インターフェイスを利用）

　先に説明した Thread クラスを継承する方法以外にもスレッドを作成する方法があります。Runnable インターフェイスを実装する方法です。この方法は、他のクラスを継承しているために Thread クラスを継承することができないときに利用します。

　まずは Runnable インターフェイスを実装したクラスを作成します。そして run メソッドをオーバーライドして、別スレッドとして実装したい処理を作成します。

| リスト15-4 | Runnable インターフェイスに処理を実装する |

```
public class MyRunnable implements Runnable {
    public void run() {
        System.out.println("threadが動いています。");
    }
}
```

　こうして作成した処理を、Thread クラスを使って別スレッドとして実行できます。

| リスト15-5 | Runnable インターフェイスを利用したスレッドの起動 |

```
public class Example03 {
    public static void main(String[] args) {
        Thread t1 = new Thread(new MyRunnable());
        t1.start();
        System.out.println("メインスレッドを終了します。");
    }
}
```

　スレッドの起動は通常の Thraed クラスを継承した方法と同じく start メソッドを呼び出すことで行います。

Q1 スレッドを作成する2つの方法の説明です。
空欄を埋めてください。

方法1：　A　　クラスを継承したクラスを作成する
方法2：　B　　インターフェイスを実装したクラスに処理を書き、
　　　　　このクラスをThreadクラスのコンストラクターに渡す

Q2 スレッドで実行する処理は、runメソッドに定義されています。し
かし、スレッドを起動するときはstartメソッドを利用していました。
startメソッドの代わりにrunメソッドを直接呼び出した場合の
動作を、確認してください。

解答は巻末に掲載

第15章　スレッド

複数のスレッドが同じ変数を利用して動作する場合、処理の順番によって矛盾が発生することがあります。Javaには、このような矛盾からプログラムを守る機能が用意されています。この機能によって複数のスレッドを利用しても安全に動作するプログラムをスレッドセーフなプログラムと呼びます。

矛盾が発生する仕組み

スレッドセーフなプログラムを作成するためには、まず、どのような仕組みで矛盾が発生するのかを知らなければなりません。

複数のスレッドの処理が実行される順番によって矛盾が発生するプログラムを見てみましょう。

リスト15-6 　矛盾が発生するプログラム

```
public class Example04 {
    public static void main(String[] args) {
        Stock stock = new Stock(10);
        Shop shop1 = new Shop(stock, "shop1");
        Shop shop2 = new Shop(stock, "shop2");

        shop1.start();
        shop2.start();
    }
}
```

```
class Stock {    ●①
    private int count = 0;

    public Stock(int stock) {
        this.count = stock;
    }
    public boolean take(int num) {    ●②
        if (num <= this.count) { /* 在庫数のチェック */
            try {
                Thread.sleep(10);
            } catch (InterruptedException e) {
                e.printStackTrace();
            }
            this.count -= num; /* 在庫の取り出し */
            return true;
        } else {
            return false;
        }
    }

    public int getCount() {
        return this.count;
    }
}

class Shop extends Thread {    ●③
    private Stock stock = null;
    private String name = null;

    public Shop(Stock stock, String name) {
        this.stock = stock;
        this.name = name;
    }

    public void run() {
        while (true) {
            if (!this.stock.take(1)) {    ●④
                break;
            }
            System.out.printf("%s:商品を1個取り出しました。%n",
                this.name);
        }
        System.out.printf("%s:残りの在庫は%d個です。%n", this.name,
            this.stock.getCount());
    }
}
```

3 スレッドセーフ

少し長いプログラムですが、順を追って見ていきましょう。まず、❶の Stock クラスです。Stock クラスは、商品の在庫を管理する倉庫の役割を果たしています。❷の take メソッドによって商品を取り出すことができます。❸の Shop クラスは、お店の役割を果たしています。Shop クラスは、❹のように Stock クラスの take メソッドを利用することで、商品の取り出しを行っています。このプログラムでは、Shop クラスがスレッドの役割も果たしています。

スレッドの処理の順番

　では、リスト15-6を実行したときにどのような矛盾が発生するのでしょうか? 矛盾が発生する場合の実行結果を見てみましょう。

実行結果

```
・・・
shop2: 商品を1個取り出しました。
shop2: 商品を1個取り出しました。
shop2: 商品を1個取り出しました。
shop1: 商品を1個取り出しました。
shop1: 残りの在庫は0個です。
shop2: 商品を1個取り出しました。
shop2: 残りの在庫は-1個です。
```

　実行結果の最後の行を見ると、残りの在庫が-1個になっています。しかし、Stock クラスの take メソッドの中では、しっかりと在庫数のチェックをしたあとで、在庫を減らす処理を行っていました。

　スレッドを初めて使う場合、とても不思議に感じるかもしれません。この謎を解くには、それぞれのスレッドがどのような順番で処理を行っているかを考える必要があります。この矛盾が発生するときには、shop1 スレッドと shop2 スレッドの処理が次の図のような順番で実行されていました。

各スレッドの処理順

shop1スレッドとshop2スレッドの処理順

　shop1スレッドがチェックした時点で在庫が1個だった場合、本来、shop2スレッドは在庫を取得することができません。しかし、shop1スレッドが在庫数を減らす前にshop2スレッドが在庫数をチェックしてしまったため、shop2スレッドも在庫が残っていると判断してしまったのです。

　このような矛盾を発生させないためには、あるスレッドが在庫のチェックと取り出しを実行しているときには他のスレッドが実行できないようにする必要があります。このような仕組みは、**排他制御**と呼ばれています。

synchronizedなメソッド

　Javaで排他制御を実現するには、synchronizedなメソッドを利用することができます。synchronizedなメソッドは、通常のメソッド定義にsynchronizedというキーワードを追記することで作成できます。

　このようにして作成されたメソッドは、あるスレッドが実行している間、他のスレッドからは実行できないメソッドになります。あるスレッドがこのメソッドを利用しているときに、他のスレッドがこのメソッドを呼び出した場合は、先に呼び出されたほうのスレッドが終了するまで待たされることになります。

```java
public synchronized boolean take(int num) {
    if (num <= this.count) {
        try {
            Thread.sleep(10);
        } catch (InterruptedException e) {
            e.printStackTrace();
        }
        this.count -= num;
        return true;
    } else {
        return false;
    }
}
```

　リスト15-7のプログラムは、Stockクラスのtakeメソッドをsynchronizedなメソッドに改造しています。このようにsynchronizedというキーワードを付けることによってtakeメソッドは、複数のスレッドから同時に実行できないメソッドとなりました。では、この改造したプログラムを実行してみましょう。

実行結果

```
...
shop1: 商品を1個取り出しました。
shop2: 商品を1個取り出しました。
shop1: 商品を1個取り出しました。
shop2: 商品を1個取り出しました。
shop2: 残りの在庫は0個です。
shop1: 残りの在庫は0個です。
```

　実行結果の最後では、正しく在庫数が0個になっていますね。

　スレッドセーフなプログラムを作るときの基本的な考え方は、この在庫のチェックと取り出しのように矛盾が発生してはならない組み合わせの処理を1つの仕事としてセットで扱えるようにすることです。synchronizedなメソッドを作成することで、他のスレッドに邪魔されずに仕事を終えることができるようになります。

在庫確認して
から取り出し

在庫確認して
から取り出し

在庫確認して
から取り出し

在庫数のチェックと取り出し（shop01）

在庫数のチェックと取り出し（shop02）

在庫数のチェックと取り出し（shop01）

在庫数のチェックと取り出し

……繰り返し

各スレッドの処理順

synchronizedで1つの仕事にする

synchronizedブロック

　synchronizedなメソッドとすることで、同時に実行できないメソッドを
作成することができました。ですが、メソッドより細かい単位で制御を行いた
い場合はどのようにすればよいのでしょうか?

　単純にメソッドを分割する方法もありますが、プログラムがわかりにくくなっ
てしまったり、修正にとても時間がかかってしまったりという問題が起こりえ
ます。このようなときには、synchronized ブロックを利用すれば、より細や
かな制御を行うことができます。

　次のプログラムは、synchronizedなメソッドと同等の処理を
synchronizedブロックで実装しています。

```java
class Stock {
    private Object lock = new Object();
    private int count = 0;

    public Stock(int stock) {
        this.count = stock;
    }

    public boolean take(int num) {
        synchronized (lock) {
            if (num <= this.count) {
                try {
                    Thread.sleep(10);
                } catch (InterruptedException e) {
                    e.printStackTrace();
                }
                this.count -= num;
                return true;
            } else {
                return false;
            }
        }
    }

    public int getCount() {
        return this.count;
    }
}
```

　この例では、takeメソッド内のすべての処理をsynchronizedブロックで囲んでいるため、synchronizedなメソッドと同様の処理となります。また、synchronizedブロックを利用した場合は、メソッド内の○行目〜△行目までといった範囲だけを囲むこともできます。この場合は、そのブロック内だけが同時に実行できない処理となります。

```
synchronized (lock) {

    // 排他制御したい処理

}
```

　さて、ここでは synchronized ブロックの ( ) の中に lock^{ロック}オブジェクトを指定していますが、これは、どのインスタンスが排他制御を管理するかを表しています。synchronized なメソッドの場合は、暗黙的に this によって管理されますが、synchronized ブロックを利用する場合は、明示的に指定する必要があります。

　synchronized なメソッドと同じ this を使うこともできますが、この例のようにロック専用のインスタンスを用意して使うのが慣例となっています。この排他制御を管理する機能はすべての Java オブジェクトが持っており、同時に実行できる処理かどうかはインスタンス単位で管理されます。同じインスタンスが管理する排他制御の処理は、同時に実行されません。一方、同じメソッドでも排他制御を管理するインスタンスが異なれば同時に実行することができます。

```java
public class Example07 {
    public synchronized void a() {}
    public synchronized void b() {}
    public void c() {}
}
```

　リスト15-9のようなメソッドを持つクラスがあり、そのインスタンスxとy
があった場合、同時に実行できる組み合わせは次のようになります。

組み合わせと同時実行の可否

スレッドA	スレッドB	同時実行	解説
x.a()	x.a()	×	メソッド、インスタンスともに同じなので同時実行できない
x.a()	x.b()	×	メソッドは違うがインスタンスが同じなので同時実行できない
x.a()	x.c()	○	インスタンスは同じだが、c()は排他制御の対象ではないので同時実行できる
x.a()	y.a()	○	同じメソッドだがインスタンスが違うので同時実行できる
x.a()	y.b()	○	メソッド、インスタンスともに違うので同時実行できる

Check Test

Q1 Javaで排他制御を実現する方法を2つ挙げてください。

解答は巻末に掲載

第 **16** 章

ライブラリ

すべての機能を自分で作るのは
労力もかかり、間違いも増えて
きます。よく使う機能を共通機
能として用意しておき、それを
使いまわせれば、労力や間違い
を減らすことができます。Java
では、このような共通部分を他
のアプリケーションに組み込む
ために、「ライブラリ」という
考え方があります。

1 ライブラリとは？

ライブラリ（library）とは、日本語でいうと「図書館」や「蔵書」といった意味があります。図書館にはたくさんの本が収められていますが、Javaのライブラリも図書館と同じように、いくつかのクラスが収められて一つのファイルになっています。このファイルは拡張子が「.jar」として作られるので**jarファイル**と呼ばれます。

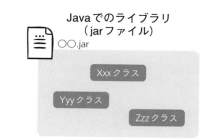

Javaでのライブラリ

普通のJavaのプログラムとライブラリに技術的な違いはありません。他の人から再利用されることを前提として作られたプログラムのことを、一般的に「ライブラリ」と呼んでいます。

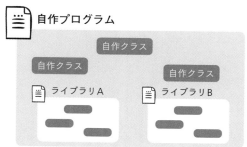

ライブラリを組み込んだプログラム

Check Test

Q1　ライブラリ用のファイルの拡張子は何ですか？

Q2　ライブラリと普通のアプリケーションの違いは何ですか？

解答は巻末に掲載

Javaクラスライブラリ

　Javaそのものにも、非常に多くのクラスが収められたライブラリがあらかじめ用意されています。このライブラリは、**Javaクラスライブラリ**（略：JCL）または省略して単に**Javaライブラリ**と呼ばれています。Javaクラスライブラリは、Javaのバージョンによって用意されているものが少しずつ違っています。バージョンごとに、公式のドキュメントが用意されています。

Javaクラスライブラリ用ドキュメントのURL

バージョン	URL
Java 18	https://docs.oracle.com/javase/jp/18/docs/api/index.html
Java 17	https://docs.oracle.com/javase/jp/17/docs/api/index.html
Java 16	https://docs.oracle.com/javase/jp/16/docs/api/index.html

　ドキュメントはインターネット上で閲覧できます。

Java 18のクラスライブラリのドキュメント

Javaクラスライブラリには、さまざまな用途で使えるクラスが用意されています。これらのクラスを適材適所で使うことで、より短いコードでプログラムを作ることができます。第4章で説明した文字列を扱う**String**クラスや、第5章で説明した日付を扱う**Date**クラスなども、Javaクラスライブラリに用意されているものです。

Javaクラスライブラリには、千を超えるクラスがあり、用途ごとに名前空間（パッケージ）に分類されています。しかしこのうち、一般的によく使われるクラスはそれほど多くはありません。

以降では、利用頻度が高い代表的なクラスが含まれるパッケージについて見ていきましょう。

java.lang

ジャバ ラング
java.langパッケージには、Javaの基本的な機能を実現するためのクラスが用意されています。非常によく使われるクラスなので、**java.lang**パッケージの中のクラスは**import**をしなくても使えるよう、特別扱いとなっています。第2章でふれた**Math**クラスや第15章で紹介した**Thread**クラスも**java.lang**パッケージに含まれています。

これら以外によく使われるクラスとして、基本型のラッパークラスが存在し

ます。ラッパークラスは、基本型と文字列との相互変換を行ったり、コレクションなどで扱える参照型と見なせるものに変換したりする機能を持っています。すべての基本型には、ラッパークラスが用意されています。例えば int という基本型には Integer というラッパークラスが用意されています。この Integer クラスは、内部に int 型の値を持っています。これがあたかも int 型を Integer クラスが包んで（ラップして）いるように見えるので、ラッパークラスと呼ばれています。

ラッパークラス

それではラッパークラスがどのように基本型を扱うかについて見ていきましょう。

● 基本型と文字列の相互変換

基本型を文字列に変換するには、toString メソッドを使います。toString メソッドには、文字列に変換したい基本型を引数に渡します。

| リスト16-1 | 基本型を文字列に変換する例 |

```
int i = 10;
String s = Integer.toString(i);  /* 基本型を文字列に変換 */
```

文字列を基本型に変換するには、parseXxx メソッドを使います。parseXxx メソッドには、基本型に変換したい文字列を引数に渡します。Xxx には基本型の名前が入ります。文字列が数値として正しくない場合には、NumberFormatException 例外が発生します。

| リスト 16-2 | 文字列を基本型に変換する |

```
String s = "10";
int i = Integer.parseInt(s);    /* 文字列を基本型に変換 */
```

toStringメソッドとparse*Xxx*メソッドは、次の図のように対になっています。

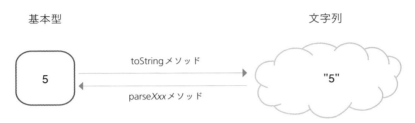

基本型　　　　　　　　　　　　　　　　　　　　文字列

toStringメソッド

5　　　　　　　　"5"

parse*Xxx*メソッド

基本型と文字列の相互変換

　この相互変換は、画面上で入力された数字だけからなる文字列を数値に変換したり、また計算結果を画面に表示したりするときなどに、よく使われます。

● 基本型とラッパークラスの相互変換

　基本型をラッパークラスに変換するには、valueOf メソッドを使います。valueOf メソッドには、ラッパークラスに変換したい基本型を引数として渡します。

| リスト 16-3 | 基本型をラッパークラスに変換する例 |

```
int i = 10;
Integer value = Integer.valueOf(i);    /* 基本型をラッパークラスに変換 */
```

基本型をラッパークラスでラップして扱う

```
ArrayList<Integer> list = new ArrayList<>();
int i = 10;
Integer value = Integer.valueOf(i); /* 基本型をラッパークラスでラップ */
list.add(value);
```

ラッパークラスから基本型に変換するには、*xxx*Value メソッドを使います。
ラッパークラスのインスタンスの中に保存されている基本型の値を取得します。

ラッパークラスに保存されている基本型の値を取得する

```
Integer value = Integer.valueOf(1);
int i = value.intValue(); /* ラッパークラスでラップされた基本型を取得 */
```

valueOf メソッドと *xxx*Value メソッドも、次のように対になっています。

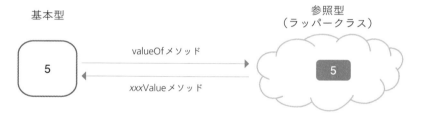

基本型とラッパークラスの相互変換

　この相互変換は、数値を第6章で説明した List などに保存したり、また
List から取り出したりするときなどに、よく使われます。

● ボクシングとアンボクシング

　Java 5以降からは、基本型が期待されるところに参照型（ラッパークラス）
が指定されたりその逆のことを行ったりしたときに、自動的に基本型と参照型
の変換が行われます。基本型をラッパークラスにする機能は「**ボクシング**（Boxing：
ボックス化）」、その逆を「**アンボクシング**（Unboxing）」と呼びます。

ボクシングとアンボクシング（Java 5以降で有効）

```
ArrayList<Integer> list = new ArrayList<>();
list.add(1);              /* int型からIntegerクラスへのボクシング */
int value = list.get(0); /* Integerクラスからint型へのアンボクシング */
```

《《 Memo 》》

ラッパークラスについて

Javaはオブジェクト指向なので、すべてがオブジェクトであることを前提に作られています。

しかし数値などをすべてオブジェクトとして扱うと、現実問題として動作が遅くなる可能性があります。そのため、通常は数値を基本型という特別なものと見なして扱い、必要なときにラッパークラスを使ってオブジェクトとして扱えるようにしています。

これは、オブジェクト指向とパフォーマンスのそれぞれいいところを採ったJavaらしい機能の一例です。

java.util

java.util（ジャバユーティル）パッケージは、用途を特定せずに使うことのできる便利なクラスが用意されています。utilは「便利なもの」を意味する「utility」が省略されたものです。

例えば第6章で紹介したDateクラスやCalendarクラス、第7章で紹介したコレクションに関する一連のクラスなどは、それぞれの用途に合わせてインスタンスを生成するために使われます。

java.util 名前空間に含まれるクラスの例

java.io

　java.io パッケージには、コンピューターの重要な機能の一つである入力と
出力を行うためのクラスが用意されています。
　入力とは、外部の装置からコンピューターの中にデータを取り込むことです。
例えばキーボードで文字を打ち込んだり、ディスクに保存されているファイル
を読み込むこと、あるいはインターネットでつながった遠くのサーバーからデー
タを取り寄せたりすることなどが入力です。

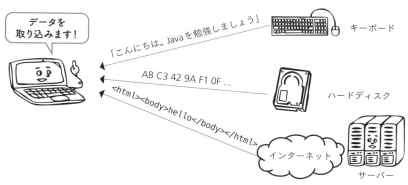

さまざまな入力の例

　出力とは、コンピューターの中から外部の装置にデータを送ることです。例
えばディスプレイに文字を表示したり、文章をファイルに保存したりすること、

あるいはインターネットでつながったサーバーにデータを送信したりすること
などが出力です。

さまざまな出力の例

● 入力と出力のインターフェイスとクラス

`java.io`パッケージには、入力と出力を実現するためのクラスが用意され
ています。これらのクラスは、ルールに沿ってわかりやすく整理されています。

まず基本となるのは、以下の4つの抽象クラスです。「入力用か出力用か」
という観点と、データ形式が「バイナリかテキストか」という観点の組み合わ
せで、基本的な用途が決まります。

java.ioで基本となる4種類の抽象クラス

	バイナリ	テキスト
入力	InputStream	Reader
出力	OutputStream	Writer

データの形式

コ ンピューターで扱うデータには、**テキスト**と**バイナリ**という2つの形式があります。

テキスト形式とは、第4章で紹介した文字コードエンコーディングに沿ったデータです。Windowsの場合、メモ帳で開いて読むことのできるシンプルなデータです。

バイナリ形式とは、テキスト形式ではないすべてのデータです。画像データや音声データなど、多くのデータが当てはまります。

　これらの抽象クラスに対して、具体的に何に対する操作を行うかを指定することで、実際に使用するクラスが用意されます。例えばファイルを操作するクラスについては、次の4つのクラスが用意されています。

ファイルを操作するクラスの一覧

クラス名	用途
FileInputStream	バイナリファイルから読み込みを行う
FileOutputStream	バイナリファイルへ書き込みを行う
FileReader	テキストファイルから読み込みを行う
FileWriter	テキストファイルへ書き込みを行う

　他にも、文字列に対する操作を行うためにStringReaderクラスやStringWriterクラス、メモリ上のバイナリデータを操作するためにByteArrayInputStreamクラスやByteArrayOutputStreamクラスなどが用意されています。

　このようにJavaで用意されている入出力用のクラスは、名前を見るだけで

- 入出力の対象
- 入力か出力か
- 扱うデータはバイナリ形式かテキスト形式か

がわかるようになっています。

● 入力の例

java.ioで用意されているクラスを使うときには、try-with-resource がよく使われます。

> *Note*
>
> try-with-resource構文は、第14章を参照してください。

実装例を以下に示します。

リスト 16-7　java.ioとtry-with-resourceを使ったファイルからの入力処理

```
try (Reader reader = new FileReader("foo.txt")) {        ❶
    while (true) {
        int data = reader.read();        ❷
        if (data < 0) {
            break;
        }
        /* ここに入力されたデータを操作する処理 */
        System.out.print((char) data);
    }
} catch (IOException e) {        ❸
    /* ここにエラー時の処理 */
    System.out.println(e);
}
```

上の❶では、"foo.txt"というテキストファイルの読み取り用として、 reader変数を宣言しています。

❷では、テキストファイルから順番にデータを取り出していきます。Readerク ラスにはreadメソッドが用意されており、取り出すべきデータがある場合に

はそのデータが、すでに最後に到達している場合にはマイナス値が返ってくることになっています。そのため、返り値がマイナス値になるまで繰り返しreadメソッドを呼ぶことで、データをすべて読み込むことができます。

❸ではデータの読み込みに失敗したときのエラー処理を作成します。try-with-resourceを使うことで、入出力の処理中に例外が発生しても、正常に入出力が終了しても、自動的に（必ず）ストリームを閉じる処理が呼ばれます。これは、「ファイルが開きっぱなしになる」といった誤動作を防ぐためのテクニックです。

Java 6以前の入力の例

try-with-resourceはJava 7以降から使えるようになった機能です。それ以前は、同じ動きをするプログラムを、次のように書いていました。

リスト16-8　Java 1.6までのjava.ioを使った例

```
FileReader reader = null;
try {  ──❶
    reader = new FileReader("foo.txt");
    while (true) {
        int data = reader.read();  ──❷
        if (data < 0) {
            break;
        }
        /* ここに入力されたデータを操作する処理 */
        System.out.print((char) data);
    }
} catch (IOException e) {
    /* ここにエラー時の処理 */
    System.out.println(e);
} finally {  ──❸
    if (reader != null) {
        try {
            reader.close();  ──❹
        } catch (IOException e) {
            /* closeの時のエラーは慣習的に無視をしてよい */
        }
    }
}
```

❶では、Readerクラスを使う処理をtryの中にすべて書くようにしています。Readerクラスに関する処理がどのような状況で例外を発生したとしても、❸のfinallyの中で必ずストリームを閉じる処理を行うようにするための一般的なテクニックです。

　❸では、作成したFileReaderインスタンスを閉じる処理を行っています。本質的な処理は❹のreader.close()の部分となっています。

　Java 7以降の処理に比べると冗長な書き方に見えますが、これが最も短い書き方になります。

■ Check Test

Q1 int型⇔Integerクラスの変換を行うIntegerクラスに定義されたメソッドを、2つ挙げてください。

Q2 Dateクラスやコレクション関連のクラスが含まれている名前空間は何でしょうか？

Q3 StringReaderクラスはJavaライブラリに含まれるクラスです。この名前から、このクラスがどのような働きをするクラスなのかを説明した次の文の空欄を埋めてください。

StringReaderクラスは、　A　クラスのインスタンスからテキストデータを　B　ためのクラスです。

解答は巻末に掲載

外部ライブラリ

Javaクラスライブラリに用意されているクラスで実現できない機能があった場合、どうすればよいでしょうか? その際は、足りない機能を自分で作るという方法もありますが、他の人がすでに作っているライブラリを探して取り込むという方法もあります。

Javaは**オープンソース**と呼ばれる文化が発達しており、いろいろな用途のために作られたライブラリが自由に使える形で公開されています。このようなライブラリを**外部ライブラリ**（または「サードパーティ製のライブラリ」）と呼んでいます。外部ライブラリを公開している有名なサイトを次に示します。

外部ライブラリを公開している有名なサイト

ライブラリ名	説明	URL
Apache commons	Javaの標準的なライブラリの機能で足りない部分を効率よく拡張している	https://commons.apache.org/
log4j	プログラムの随所で効率よくログ（実行中の状況を出力したもの）を出力する	https://logging.apache.org/log4j/2.x/
JSON in Java	JSONの読み書きをする	https://github.com/stleary/JSON-java

この他にもたくさんのライブラリが提供されています。「Java ライブラリ 対象の技術」のようなキーワード（「対象の技術」はデータベースやXMLなど、具体的なものに置き換える）で検索してみてください。

ライセンスについて

無料で使えるライブラリが多いですが、無料だからといって自由に使ってもよいというわけではありません。ライブラリの著作権の明記や商用で使ってはいけないなどといった条件が付けられていたりすることがほとんどです。このような条件は「ライセンス」と呼ばれています。外部のライブラリを使うときには、ライセンス違反を起こさないように注意して利用してください。

Javaのライブラリでよく使われるライセンスと、ライセンス文書へのリンクを、いくつか紹介します。

- Apache License
  比較的自由に使ってよいライセンスです。ただし、完成したプログラムには、使用したライブラリについて著作権の明記が必要となります。Apache Licenseを生んだApacheソフトウェア財団自身が有用なライブラリの公開も行っているため、よく使われています。
  https://ja.osdn.net/projects/opensource/wiki/
  licenses%2FApache_License_2.0

- GPL
  GPLは、ソフトウェアが自由に使えることを促進するために生み出されたライセンスです。GPLのライセンス化で提供されているプログラムは自由に使えるけれども、そのプログラムを組み込んだプログラムもGPLのライセンスで提供しなければならないという義務が発生します。
  https://ja.osdn.net/projects/opensource/wiki/
  licenses%252FGNU_General_Public_License_version_3.0

外部ライブラリを組み込む

　外部ライブラリは、jarファイルの形式で配布されています。入手したjarファイルをプログラムに組み込むためには、jarファイルをクラスパスに追加する

必要があります。

クラスパスとは、Javaがクラスを探すときの起点となる場所です。クラスパスには、フォルダーとjarファイルのどちらかを指定することができます。

クラスパスにフォルダーを指定した場合は、指定したフォルダーを起点としてクラスが含まれるパッケージと同じ階層のフォルダーにある<u>class ファイル</u>（拡張子が「.class」のファイル）を探しにいきます。クラスパスにjarファイルを指定した場合は、jarファイルに含まれるclassファイルを探しにいきます。

クラスパスによるクラスの探し方

クラスパス	クラス名	読み込むclassファイル
C:¥surasura¥project16	com.nakagaki.MyClass	C:¥surasura¥project16¥com¥nakagaki¥MyClass.class
C:¥surasura¥libs¥other.jar	com.other.OtherClass	C:¥surasura¥libs¥other.jar ファイルに圧縮保存されている com/other/OtherClass.class ファイル

import com.nakagaki.MyClass;
クラスパス1：**"C:¥surasura¥project16"**

import com.other.OtherClass;
クラスパス1：**"C:¥surasura¥libs¥other.jar"**

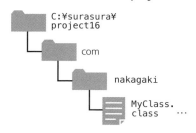

```
other.jar
    com/other/OtherClass.class
            ⋮
```

クラスパスによるクラスの探し方

クラスパスは複数指定することが可能です。3つの外部ライブラリを使いたい場合には、クラスパスに3つの外部ライブラリのjarファイルを指定します。

IntelliJ IDEAでのクラスパスの指定方法

IntelliJ IDEAでは、コンパイル時と実行時では同一のクラスパスの設定が利用されます。クラスパスの設定画面は、次の操作で開きます。

❶ プロジェクトを右クリックして、[Open Module Settings] を開く

❷ [Project Settings] → [Libraries] を選択して [+] ボタンをクリックし、サブメニューから [Java] を選択する。

❸ 追加するjarファイルを指定する

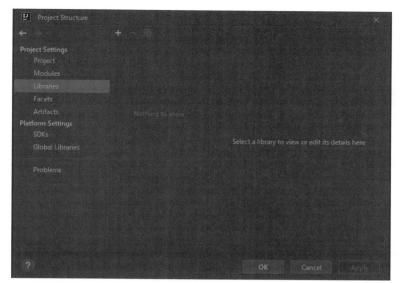

IntelliJ IDEA でのクラスパスの指定方法1

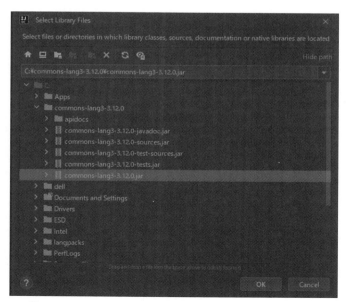

IntelliJ IDEA でのクラスパスの指定方法2

3　外部ライブラリ

453

IntelliJ IDEAの場合、自分自身のクラスパスは自動的に含まれます。そのため実行時に、自分自身のクラスパスを指定し忘れることはありません。

<< Memo >>

IntelliJ IDEAでのjarファイル追加方法について

IntelliJ IDEAではjarファイルを追加するときに、jarファイルそのものを追加する方法に加えて、ライブラリの名前を指定することで必要なjarファイルをインターネットから自動的にダウンロードする方法も用意されています。詳しくは、この章の最後のコラムをご覧ください。

Eclipseでのクラスパスの指定方法

Eclipseでは、コンパイル時と実行時で同一のクラスパスの設定が利用されます。クラスパスの設定画面は、次の操作で開きます。

① プロジェクトを右クリックして、［プロパティー］を開く
② ［Javaのビルド・パス］を選択する
③ ［ライブラリー］タブを選択し、［クラスパス］をクリックする
④ ［JARの追加］または［外部JARの追加］をクリックして、クラスパスに追加するjarファイルを指定する

Eclipse でのクラスパスの指定例

　Eclipse の場合、自分自身のクラスパスは「Eclipse でのクラスパスの指定例」
の「ソース」タブであらかじめ指定されています。そのため実行時に、自分自
身のクラスパスを指定し忘れることはありません。

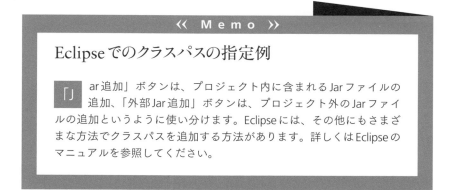

《 M e m o 》

Eclipse でのクラスパスの指定例

「Ｊar 追加」ボタンは、プロジェクト内に含まれる Jar ファイルの
追加、「外部 Jar 追加」ボタンは、プロジェクト外の Jar ファイ
ルの追加というように使い分けます。Eclipse には、その他にもさまざ
まな方法でクラスパスを追加する方法があります。詳しくは Eclipse の
マニュアルを参照してください。

コマンドラインでのクラスパスの指定方法

　コマンドラインでクラスパスを指定する場合、コンパイルと実行のそれぞれ
で異なる方法で指定します。

コンパイル時にクラスパスを指定する場合、javacコマンドの
–classpathオプション（または–cpオプション）でクラスパスを指定します。

コンパイル時のクラスパスの指定方法

```
javac –classpath クラスパス コンパイルするクラス名.java
```

クラスパスが2つ以上ある場合には、セミコロン（;）で区切ります。また
クラスパスにスペースが含まれる場合には、クラスパス全体をダブルクォーテー
ション（"）で囲みます。

コンパイル時のクラスパスの指定例

```
javac –classpath "C:¥surasura¥My libs¥library_a.jar;
C:¥surasura¥My libs¥library_b.jar" Hello.java
```

javac –classpath ライブラリA.jar; ライブラリB.jar XxxClass.java
YyyClass.java

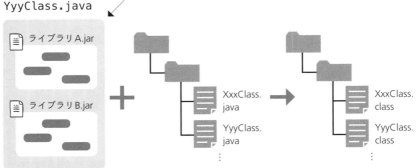

コンパイル時のクラスパスの指定例

実行時にクラスパスを指定する場合には、javaコマンドの–classpath
オプションでクラスパスを指定します。

3 外部ライブラリ

| 構文 | 実行時のクラスパスの指定方法 |

```
java -classpath クラスパス クラス名
```

　実行時のクラスパスを指定するときには、利用する外部ライブラリに加えて自分自身もクラスパスに指定しなければならないということに注意してください。javaコマンドを実行するときのカレントフォルダーが、自分自身のクラスパスと同じ場合は、完全なフォルダー名を指定する代わりにカレントフォルダーを表す「.」を使うこともできます。

| 構文 | 実行時のクラスパスの指定例 |

```
java -classpath ".;C:¥surasura¥My libs¥other1.jar;
C:¥surasura¥My libs¥other2.jar" Hello
```

java -classpath .;ライブラリA.jar;ライブラリB.jar XxxClass

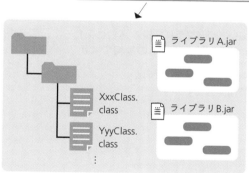

実行時のクラスパスの指定例

カレントフォルダーの指定について

javaコマンドの実行時にカレントフォルダーを「.」を使って指定する方法は、カレントフォルダーの場所を誤って指定したり、またはウィルスなどで意図的に想定外のフォルダーへ変更されたりして、思わぬ動作を引き起こす可能性があります。そのため、実行時のクラスパスにカレントフォルダーを指定することは、あまり好ましくない習慣だと指摘されることもあります。

業務で使うプログラムやストアに公開するゲームなどを作るときには、カレントディレクトリによるクラスパスの指定はなるべく避けて、代わりに完全なフォルダー名を指定するようにしましょう。

Check Test

Q1 公開されているライブラリを組み込むにあたって、著作権の関係から調べなければいけないものは何ですか?

Q2 Javaがライブラリを探す場所は、何を使って指定しますか?

解答は巻末に掲載

4 ライブラリの作り方

　自分たちで便利なクラスを作成した場合、それをライブラリとして配布することも簡単にできます。ライブラリをソースコードのままではなくライブラリの形式に変換して配布することには、次のようなメリットがあります。

- クラスがたくさんあっても、それらをまとめた1つのjarファイルだけを渡すだけでよいので、手間がかからない
- ソースコードが勝手に改造されて、思わぬ動作を引き起こしてしまう心配が少ない
- ソースコードに含まれているノウハウが盗まれにくい

Column

ライブラリ化とソースコード

実はJavaのライブラリからは、比較的簡単に元のソースコードに近いものを作り出すことができてしまいます。ライブラリ化によるソースコードのノウハウ保護については、あくまで「盗まれにくい」程度だと理解しておきましょう。世の中には、ライブラリから変換したソースコードを解析しにくくするための商品なども存在します。

┃ IntelliJ IDEAでのライブラリファイルの作り方

　IntelliJ IDEAでは、次の2つの手順でjarファイルを作成することができます。

● 手順1：artifactsの作成

❶ プロジェクトを右クリックして、〔Open Module Settings〕を開く

❷ ［Project Settings］→［Artifacts］を選択して［+］ボタンをクリックする。サ
ブメニューから［JAR］→［From modules with dependencies...］を選択する

❸ ダイアログ上で出力する jar ファイルの設定を行う（次図）

　手順1は一度だけ行えばよいです。

artifactsの作成

Note
アーティファクト
artifact とは、生成する Jar ファイルや Web アプリケーションの各種設定を
まとめたものを保存する、IntelliJ IDEA 固有の機能です。

● 手順2：artifactsのビルド

❶ メインメニューから［Build］→［Build Artifacts…］を選択する。表示されたサ
ブメニュー（次図）から［Build］を選択する

　手順2を実行すると、jar ファイルが所定のフォルダーに出力されます。

artifactsのビルド

Eclipseでのライブラリファイルの作り方

Eclipseでは、次の手順でjarファイルを作成することができます。

① プロジェクトを右クリックして、エクスポートを選択する

② ［一般］→［アーカイブ・ファイル］を選択する

③ 圧縮するファイルと、jarファイルの出力場所を指定する

［一般］→［アーカイブ・ファイル］を選択する

4　ライブラリの作り方

圧縮するファイルと、jar ファイルの出力場所を指定する

この手順により、jar ファイルが作成されます。

コマンドラインでのライブラリの作り方

コマンドラインからライブラリを作成するには、次の手順に沿って行います。

① Java のプログラムをコンパイルする
② クラスファイルを jar コマンドで圧縮する

まず、Java のプログラムをコンパイルします。これは通常のプログラムと同様です。コンパイルが行われると、class ファイルができあがります。このクラスファイルは、パッケージの階層と合ったフォルダー構造で保存されます。

次にこの class ファイルを、jar コマンドで圧縮します。jar コマンドの使い方は、次のとおりです。最後にピリオドがあるのを忘れないようにしてください。

| 構文 | jar コマンドでの jar ファイルの作成方法 |

```
jar オプション jarファイル名 -C classファイルのあるフォルダー  .
```

例えば、C:¥surasura¥MyLibrary フォルダー以下に存在する class ファイルを `mylibrary.jar` という jar ファイルにまとめて、jar コマンドを実行したフォルダー（「`.`」：カレントフォルダー）に保存するときは、次のように入力します。

| 構文 | jar コマンドでの jar ファイルの作成例 |

```
jar cvf mylibrary.jar -C c:¥surasura¥MyLibrary .
```

このコマンドを実行すると、`mylibrary.jar` ファイルが作成されます。これがライブラリファイルとなります。オプションに指定した「`cvf`」には、それぞれ1文字ずつに次のような意味があります。

- c：ライブラリを新規作成する
- v：詳細な情報を画面に出力する
- f：ライブラリの jar ファイル名を指定する

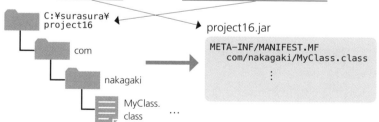

jar コマンドでの jar ファイルの作成例

正しく jar ファイルが作成されたかどうかを確認するためには、`jar` コマンドを次のように実行します。

```
jar tvf mylibrary.jar
```

このコマンドを実行すると、jarファイルの中に保存されているファイルの一覧が表示されます。オプションに指定した「t」には、jarファイルの中身のテストをするという意味があります。

```
>jar tvf hello.jar
     0 Sun Aug 04 14:37:38 JST 2013 META-INF/
    71 Sun Aug 04 14:37:38 JST 2013 META-INF/MANIFEST.MF
   415 Sun Aug 04 14:37:28 JST 2013 Hello.class
   115 Sun Aug 04 11:01:56 JST 2013 Hello.java
```

META-INFフォルダーとMETA-INF/MANIFEST.MFファイルは、jarファイルそのものの説明が記載されたファイルです。jarコマンドでjarファイルを作成したときに、自動的に作成されます。通常はこのファイルを修正したり削除したりする必要はありません。

またこの例では、classファイルの他に元のjavaファイルも、jarファイルに含まれています。これはこのサンプルを作るときに、javacコマンドで作成されるclassファイルの保存先をソースコードと同じ場所にしたからです。

javaファイルをjarファイルに含めることについては、メリットとデメリットがあります。メリットとしては、プログラムがこのライブラリの中の例外で停止した場合、どの行で例外が発生したのかをプログラマーが詳しく知ることができるという点です。デメリットとしては、本来秘密にしておきたいソースコードが丸見えになってしまうという点です。そのため、開発中のライブラリにはjavaファイルを含めたjarファイルにする、完成して配布するときにはjavaファイルを含めないjarファイルにする、というように作り分けることがあります。

ビルドツール

最近のモダンなJava開発では、「ビルドツール」というツールを使って開発を行います。ビルドツールは、基本的には第1章で紹介した「コンパイル」を行うためのツールです。しかしただ単純にコンパイルを行うだけではなく、コンパイル前に行うべき作業や、コンパイル後に行う作業などもあわせて行うことができます。この「コンパイル前に行うべき作業」の一つに、プロジェクトが必要とする外部ライブラリの収集があります。

「16.3　外部ライブラリ」では、jarファイルを直接プロジェクトに登録する方法について説明しました。しかしビルドツールを使うと、インターネットからライブラリを自動的にダウンロードしてプロジェクトに設定することができます。このとき、最新のバージョンを自動的にダウンロードしたり、あるいは外部ライブラリが依存する別の外部ライブラリも自動的にダウンロードしたりします。

ビルドツールとして有名なものは「Maven」と「Gradle」があります。特に Gradle は IntelliJ IDEA で内部的に利用されています。つまり、IntelliJ IDEA を使うということは、Gradle というビルドツールを使うということになります。

外部ライブラリを使うプロジェクトでは、ビルドツールを使って開発することを検討してください。

Check Test

Q1 コマンドラインからライブラリを作るために使う
コマンドの名前は何ですか?

Q2 jarファイルには、必ずjavaファイルを含める必要が
ありますか?

解答は巻末に掲載

第 **17** 章

リフレクションと
アノテーション

統合開発環境などでは、プログラムの構造を実行中に解析できるアプリがあります。この章では、このような解析処理を行うために使われるリフレクションやアノテーションについて学びます。

1 リフレクションの基本

リフレクションとは？

　クラスは、インスタンスを作り出す設計書のようなものです。1つのクラスの設計を元に、たくさんのインスタンスが生成されます。Javaのプログラムでは、たくさんのクラスを作る必要があります。すると、クラス自身を作るための設計書、つまり設計書の設計書のようなものがあるべきです。この、クラスそのものの設計書の情報を扱う機能が、リフレクションです。

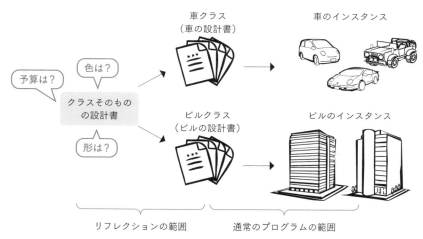

リフレクションの範囲

　クラスそのものの設計書もJavaでは特別なクラスとして定義されています。この特別なクラスはどうやって扱えばよいでしょうか？ また、この特別なクラスにはどのようなフィールドやメソッドがあるのでしょうか？

　これらについて説明するために、CarクラスとSuperCarクラスの2つのサンプルを用意しました。これらを使って、クラスそのものの設計書を表すクラ

第17章 リフレクションとアノテーション

スについて順に見ていきましょう。

クラスの構造

リスト17-1 Carクラス

```java
public class Car {
    /* ここからフィールド */
    /* スピード */
    private int speed = 0;

    /* ここからメソッド */
    /* 最高速度を返す */
    protected int getMaxSpeed() {
        return 180;
    }

    /* 速度を上げる */
    public void speedUp() {
        this.speed += 10;
        if (this.speed > getMaxSpeed()) {
            this.speed = getMaxSpeed();
        }
    }

    /* 速度を下げる */
    public void speedDown() {
        this.speed -= 10;
        if (this.speed < 0) {
            this.speed = 0;
        }
    }
}
```

/ リフレクションの基本

リスト17-2 SuperCarクラス

```
public class SuperCar extends Car {

    /* ここからメソッド */
    /* 最高速度を返す */
    @Override
    protected int getMaxSpeed() {
        return 300;
    }
}
```

Classクラス

クラスそのものの設計書となる特別なクラスは、Javaでは**java.lang.Class**クラス（略して「Classクラス」）として定義されています。プログラムで定義したクラスは、プログラム実行時には**Class**クラスのインスタンスとして扱うことができます。

Classクラスのインスタンスを取得する

Classクラスのインスタンスを取得するために、Javaでは主に3つの方法が用意されています。

- 「**.class**」という構文を使う方法
- インスタンスから取得する方法
- クラスの名前から取得する方法

● .class構文でClassクラスのインスタンスを取得する

「**.class**」という構文を使って**Class**クラスのインスタンスを取得する方法は、次のようになります。

Classクラスのインスタンスを取得する（その1）

```
Class<クラス名> 変数名 = クラス名.class
```

　この構文を使ってCarクラスとSuperCarクラスのClassインスタンスを取得してみましょう。

リスト17-3　Classクラスのインスタンスの取得

```
/* CarクラスのClassインスタンス */
Class<Car> carClass = Car.class;

/* SuperCarクラスのClassインスタンス */
Class<SuperCar> superCarClass = SuperCar.class;
```

　< >は、第15章で説明したジェネリクス機能です。< >の中をクラス名に置き換えると、指定したクラス、およびそのサブクラスに種類を限定できます。

リスト17-4　ジェネリクスによる、Classオブジェクトに代入できるクラスの制限方法

```
/* これは正しい */
Class<Car> carClass1 = Car.class;

/* TeacherクラスはCarクラスと継承関係がないのでコンパイルエラー */
Class<Teacher> carClass2 = Car.class;
```

● インスタンスからClassクラスのインスタンスを取得する

　Objectクラスに用意されているgetClassメソッドを使って、インスタンスからClassクラスを取得することができます。構文は次のとおりです。

構文　Classクラスのインスタンスを取得する（その2）

```
クラス名 インスタンスの変数名 = new クラス名();
Class<? extends クラス名> 変数名 = インスタンスの変数名.getClass();
```

　この構文を使うと、先ほど紹介したプログラムは次のようになります。

リスト 17-5　クラスのインスタンスから Class クラスのインスタンスの取得

```
/* Car クラスの Class インスタンス */
Car car = new Car();
Class<? extends Car> carClass = car.getClass();

/* SuperCar クラスの Class インスタンス */
SuperCar superCar = new SuperCar();
Class<? extends SuperCar> superCarClass = superCar.getClass();
```

　この構文では第13章で説明したワイルドカードが使われているので、
Classクラスのジェネリクス指定がクラスそのものではなく、サブクラスも
指定できるようになっていることに注意してください。Car型の変数には、
Carクラスのサブクラスのインスタンスが参照される可能性もあるためです。

◉ クラス名から Class クラスのインスタンスを取得する

　最後に、クラスの名前から Class クラスのインスタンスを取得する、
Class.forName メソッドです。構文は以下のようになります。

構文　Class クラスのインスタンスを取得する（その3）

```
Class<?> 変数名 = Class.forName("クラスの名前");
```

　この構文を使うと、先ほど紹介したプログラムは次のようになります。

リスト 17-6　名前による Class クラスのインスタンスの取得

```
try {
    Class<?> carClass = Class.forName("Car");
    Class<?> superCarClass = Class.forName("SuperCar");
} catch (ClassNotFoundException e) {
    /* クラスが見つからなかったときの処理 */
    System.out.println("クラスが見つかりませんでした"); ———❶
}
```

　Classクラスのジェネリクス指定が?になっています。Class.forName

メソッドは名前の指定次第であらゆるクラスを返す可能性があるので、このような指定方法になります。

ここで❶に注目してみてください。**クラス名**.classやgetClassメソッドを使った場合と違い、例外処理が追加されています。これは、クラス名が間違っていた場合、Class.forNameメソッドのコンパイル時にエラーが発生するのではなく、プログラム実行時に例外が発生するからです。

例えば「**"NoClass"**」という、実際には定義されていないクラスの名前を使ってClassインスタンスを取得しようとしたときの動作は、次のようになります。

クラスが存在しないときのClassクラスのインスタンス取得の挙動

ソースコード	コンパイル時の挙動	実行時の挙動
NoClass.class;	コンパイルエラーとなる	—
Class.forName("NoClass");	コンパイルは正常に終了する	例外が発生する

/ リフレクションの基本

そのような準備をしておくと、プラグインを作成したときに必要なクラスの名前を渡してあげることで、本体は再コンパイルすることなくプラグインのクラスをインスタンス化して処理することができます。

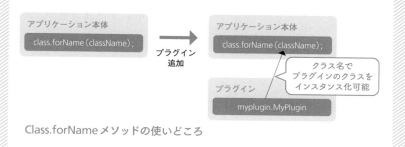

Class.forName メソッドの使いどころ

Class クラスの情報を取得する

Class クラスには、主に次のような情報が用意されています。

- クラスの名前
- 親クラス
- 定義されているフィールド
- 定義されているコンストラクター
- 定義されているメソッド

先に定義した Car クラスと SuperCar クラスから、これらの情報を取得してみましょう。

第8章で紹介したカプセル化の概念により、Class クラスの中のこれらの情報は直接取得できません。代わりに、これらの情報を取得するためのメソッドが用意されているので、それらを利用します。

フィールド情報を取得するメソッド

メソッド名	返り値の型	取得できるオブジェクト
getName	String型	クラス名
getSuperClass	Class<?>型	スーパークラスのClassクラスのインスタンス
getDeclaredConstructors	Constructor[]型	定義されているコンストラクターの配列
getDeclaredFields	Field[]型	定義されているフィールドの配列
getDeclaredMethods	Method[]型	定義されているメソッドの配列

　それでは先に出てきた Car クラスと SuperCar クラスを対象にして、これらのメソッドの使い方を見ていきましょう。

リスト 17-7　Class クラスのフィールド取得

```
Class<Car> carClass = Car.class;
System.out.println(
    "クラス名　　:" + carClass.getName() + "¥n" +
    "親クラス名　:" + carClass.getSuperclass().getName() + "¥n" +
    "フィールド数:" + carClass.getDeclaredFields().length + "¥n" +
    "メソッド数　:" + carClass.getDeclaredMethods().length
);

Class<SuperCar> superCarClass = SuperCar.class;
System.out.println(
    "クラス名　　:" + superCarClass.getName() + "¥n" +
    "親クラス名　:" + superCarClass.getSuperclass().getName() +
    "¥n" +
    "フィールド数:" + superCarClass.getDeclaredFields().length +
    "¥n" +
    "メソッド数　:" + superCarClass.getDeclaredMethods().length
);
```

このプログラムを実行すると、次のような結果が得られます。

Note

Carクラスでは、スーパークラスは指定されていません。しかしすべての
クラスはObjectクラスから継承されるため、java.lang.Objectクラ
スが返されます。

このようにClassクラスには、実装されたクラスそのものの情報が保存さ
れています。

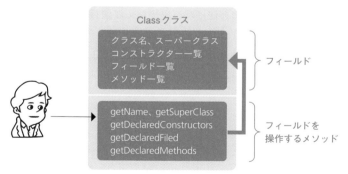

Classクラスの情報

インスタンスを作成する

Classクラスを使って、インスタンスを作成することもできます。その前に、通常のクラスのインスタンス化について復習しましょう。

クラスをインスタンス化するときには、newを使いました。newは、クラスに定義されているコンストラクターを呼び出すために使う構文です。

インスタンス化（newを使用）

Javaのリフレクションではnewを使わずにコンストラクターを呼び出す方法が、2つ提供されています。

❶ Class.newInstanceメソッドを使う
❷ Constructorクラスを使う

❶ の方法は手軽ですが、引数のないコンストラクターしか呼び出せないという制限があります。❷ の方法は呼び出すために何行かコードを書かなければなりませんが、どのようなコンストラクターでも呼び出すことができます。

では、次のPersonクラスを用意して、このオブジェクトを2つの方法で作成してみましょう。

```java
public class Person {
    private String name;
    private int age;

    /* 引数のないコンストラクター */
    public Person() {
        this.name = "名無しさん";
        this.age = 18;
    }

    /* 引数のあるコンストラクター */
    public Person(String name, int age) {
        this.name = name;
        this.age = age;
    }

    public String getInfo() {
        return this.name + ":" + this.age + "歳";
    }
}
```

● Class.newInstanceメソッドでインスタンスを作成する

まずは`Class.newInstance`メソッドを使った方法です。

インスタンス化（newInstanceメソッドを使用）

リスト 17-9　newInstanceメソッドを使ったインスタンスの生成

```java
/* Person person = new Person()と同等の処理 */
Class<Person> personClass = Person.class;
Person person = personClass.newInstance(); ──❶

System.out.println(person.getInfo());
```

❶で、`newInstance`メソッドを使って引数のないコンストラクターを呼ん

でいます。newInstanceメソッドには、引数のあるコンストラクターを呼ぶ方法はありません。

実行結果は次のとおりになります。

● Constructorクラスでインスタンスを作成する

次にConstructorクラスを使う方法です。Constructorクラスは
Classクラスに用意されたメソッドで取得することができます。

getDeclaredConstructorメソッドの説明

メソッド名	型	取得できるオブジェクト
getDeclaredConstructor	Constructor型	定義されているコンストラクター

getDeclaredConstructorメソッドは、0個以上のClassオブジェクト
の引数を指定します。Classオブジェクトが省略された場合は引数のないコ
ンストラクターが取得できます。Classオブジェクトが指定された場合は、
指定されたClassオブジェクトと同じ引数を持つコンストラクターが取得で
きます。

構文 getDeclaredConstructorメソッド

```
getDeclaredConstructor(Classオブジェクト1, Classオブジェクト2,…)
```

このメソッドを使って、引数ありのコンストラクターを呼び出してみましょう。

インスタンス化（Constructorクラスを使用）

リスト **17-10** getDeclaredConstructorで取得したインスタンスのメソッド呼び出し

```
/* Person person = new Person("イチロー", 44) と同等の処理 */
Class<Person> personClass = Person.class;
Constructor<Person> personConstructor =
  personClass.getDeclaredConstructor(String.class, int.class);  ❶
Object[] initArgs = { "イチロー", 44 };  ❷
Person person = personConstructor.newInstance(initArgs);  ❸

System.out.println(person.getInfo());
```

❶ で は Constructor クラスのオブジェクトを取得しています。getDeclaredConstructorでは、1つ目がStringクラス、2つ目がint型の引数を持つコンストラクターを取得する、と指定しています。❷ではConstructorクラスのnewInstanceメソッドに渡す引数を用意しています。そして❸で、引数を指定してコンストラクターを呼び出しています。

実行結果は次のとおりです。

実行結果

イチロー：44歳

フィールドの操作

リフレクションを使うと、クラスに定義されたフィールドを操作することもできます。例えば、動物を表すAnimalクラスを用意します。

```
public class Animal {
    private String name;

    public Animal(String name) {
        this.name = name;
    }

    public String getName() {
        return this.name;
    }
}
```

　このクラスのnameフィールドはprivate指定されており、カプセル化されています。そのため一度インスタンスを作成したら、nameフィールドの値は通常の方法では変更することができません。

リスト**17-12**　カプセル化されたフィールドへのアクセス

```
Animal animal = new Animal("キリン");
animal.name = "ゾウ"; /* カプセル化されているのでコンパイルエラー */
```

カプセル化されたフィールドへのアクセス

　しかし、リフレクションを使うと、privateとしてカプセル化されたフィールドを直接編集することができます。

getDeclaredField メソッドの説明

メソッド名	型	取得できるオブジェクト
getDeclaredField	Field型	定義されているフィールド。引数にはフィールド名を指定する

取得したFieldクラスには、次のようなメソッドが用意されています。

Fieldクラスのメソッド一覧

メソッド名	動作
setAccesible	publicでないフィールドを操作できるように設定できる
set	第1引数で指定したオブジェクトのフィールドの値を、第2引数に設定する
get	第1引数で指定したオブジェクトのフィールドの値を取得する

● フィールドの編集

Fieldクラスを使って、フィールドの値を編集するプログラムを作成してみましょう。

リスト 17-13　Fieldクラスを使ったフィールドへのアクセス

```
Animal animal = new Animal("キリン");
/* animal.name = "ゾウ"と同じ処理 */
Class<Animal> animalClass = Animal.class;
Field nameField = animalClass.getDeclaredField("name"); ←①
nameField.setAccessible(true); ←②
nameField.set(animal, "ゾウ"); /* 正常に処理される */ ←③

System.out.println(animal.getName());
```

実行結果

ゾウ

①では、名前を指定してAnimalクラスのClassオブジェクトからField
オブジェクトを取得しています。②は、本来はprivateメソッドで外部から
のアクセスが禁止されているフィールドを直接編集できるように、
setAccessibleメソッドを使って指定しています。そして、③で対象となる
オブジェクトのフィールドを書き変えています。

Fieldクラスを使ったprivateなフィールドへのアクセス

メソッドの操作

リフレクションを使うと、メソッドの実行も行うことができます。次のよう
なクラスを考えてみましょう。これは、複数のテストを実行するメソッドが登
録されているクラスのサンプルです。

```
public class TestSuite {
    public void testDoTest1() {
        Animal animal = new Animal("キリン");
        if ("キリン".equals(animal.getName())) {
            System.out.println("等しい");
        } else {
            System.out.println("等しくない");
        }
    }

    public void testDoTest2() {
        Animal animal = new Animal("ゾウ");
        if ("キリン".equals(animal.getName())) {
            System.out.println("等しい");
        } else {
            System.out.println("等しくない");
        }
    }
}
```

TestSuiteというクラスには、テストを行うメソッドを2つ用意しています。リフレクションを使わずにこれらのテストを実行するには、通常はこのようなプログラムを作るでしょう。

リスト17-15 通常のメソッド呼び出し

```
TestSuite testSuite = new TestSuite();
testSuite.testDoTest1();
testSuite.testDoTest2();
```

しかしこのようなプログラムを書くと、TestSuiteクラスに新しいテストを書くたびに、テスト用のメソッドを実行するプログラムも追加しなければなりません。この追加は面倒ですし、忘れてしまう可能性もあります。このようなときにリフレクションを使うと、クラスに定義されているメソッドの一覧を取得して、すべてのメソッドをもれなく実行することができます。

以下、メソッドを操作するリフレクションについて説明していきます。

getDeclaredMethodメソッドの説明

メソッド名	型	取得できるオブジェクト
getDeclaredMethod	Method型	定義されているメソッド

getDeclaredMethodメソッドは、1個のメソッド名と0個以上のClass
オブジェクトの引数を指定します。Classオブジェクトが省略された場合は
引数のないメソッドが取得できます。Classオブジェクトが指定された場合は、
指定されたClassオブジェクトと同じ引数を持つメソッドが取得できます。

構文 getDeclaredMethodメソッド

```
getDeclaredMethod(メソッド名, Classオブジェクト1, Classオブジェクト2,…)
```

Methodクラスには次のようなメソッドが用意されています。

Methodクラスのメソッド一覧

メソッド名	動作
setAccesible	publicでないフィールドを操作できるように設定できる
invoke	第1引数で指定したオブジェクトのメソッドを実行する

● Methodクラスで特定のメソッドを呼び出す

Methodクラスを使って、まずはメソッドを1つずつ呼び出すプログラムを
作成してみます。

リスト 17-16 Methodクラスを使って特定のメソッドを呼び出す

```
TestSuite testSuite = new TestSuite();
/* testSuite.testDoTest1()と同じ動作をする */
Class<TestSuite> testSuiteClass = TestSuite.class;
Method method1 = testSuiteClass.getDeclaredMethod
    ("testDoTest1"); ──❶
method1.invoke(testSuite); ──❷
```

❶では、TestSuiteクラスから"testDoTest1"という名前を持つ
Methodオブジェクトを取得しています。そして❷で、testSuiteオブジェ
クトのtestDoTest1メソッドを実行しています。

これを実行すると、次のような実行結果が表示されます。

実行結果

等しい ────── testDoTest1の結果

● getDeclaredMethodsメソッドですべてのメソッドを呼び出す

このままでは、リフレクションを使うメリットがないように感じますね。そ
こで次に、getDeclaredMethodsメソッドを使って、TestSuiteクラス
に登録してあるすべてのメソッドを実行する処理を書いてみましょう。

リスト17-17　getDeclaredMethodsを使ってすべてのメソッドを呼び出す

```
TestSuite testSuite = new TestSuite();
Class<TestSuite> testSuiteClass = TestSuite.class;
Method[] methods = testSuiteClass.getDeclaredMethods(); ────❶
for(Method method : methods) { ────❷
    method.invoke(testSuite);
}
```

実行結果

等しい ────── testDoTest1の結果
等しくない ────── testDoTest2の結果

❶では、TestSuiteクラスに定義されているすべてのメソッドを、
Methodクラスとして配列に保存しています。そして❷で、配列内のすべての
Methodクラスに対応するメソッドを呼び出します。クラスのメソッドをfor
文で処理しているので、TestSuiteクラスにメソッドを追加しても、呼び出
し側のプログラムを修正することなくすべてのメソッドが実行されます。

/　リフレクションの基本

リフレクションの危険性

　このように、クラスの中身を解析できることが、リフレクションの特長です。リフレクションは便利ですが、次のような危険性があることを十分に知っておく必要があります。

◉ クラスやメソッドなどの名前を間違えても、コンパイルエラーにならない

　通常のJavaプログラムでは、クラスやメソッドの名前を間違えるとコンパイルエラーが発生します。そのため、プログラム実行時には、クラスの名前が違うなどの理由で異常な動作を起こすことはありません。しかしリフレクションでは、文字列で名前を指定してクラス、メソッド、フィールドのオブジェクトを取得します。この文字列を間違えた場合、コンパイル時にはエラーは発生せず、プログラムを実行したときに初めて実行時例外が発生します。

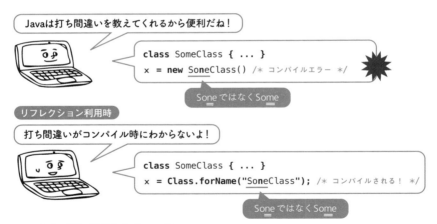

コンパイル時に発見されないエラー

◯ カプセル化の破壊

　本来オブジェクト指向では、不用意に外部から操作してほしくないフィールドやメソッドを見えないようにすることで、安全に使えるクラスを外部に提供します。しかしリフレクションを使うと、そのような意図を無視してフィールドの編集やメソッドの実行ができてしまいます。このような操作はクラスを作った人にとって想定外のことなので、クラスが正常に動作しなくなる恐れが出てきます。

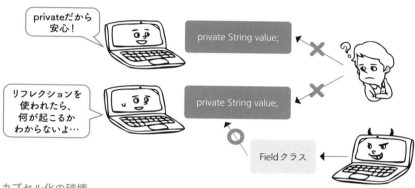

カプセル化の破壊

◯ 危険なモジュールの読み込み

　コンパイル済みのJavaのプログラムは、通常はコンパイル時に存在したクラスしか利用できません。しかしリフレクションを使ったプログラムでは、クラスパスにコピーされた「不正な処理の入ったjarファイル」のクラスを読み込んで実行してしまう危険性があります。

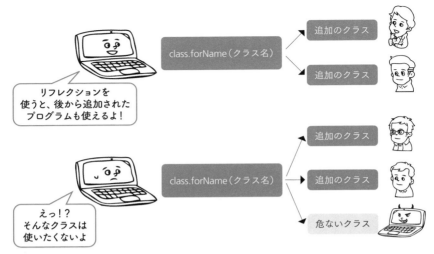

危険なモジュールの読み込み

Note

もちろん、正しくリフレクションを使えば問題は発生しません。そしてこのようなことを防ぐためのセキュリティ機能も、Javaには備わっています。しかし通常のプログラムに比べると、より注意してプログラムを作る必要があります。

/ リフレクションの基本

Q1 Classクラスのインスタンスを取得する方法を
2つ挙げてください。

Q2 クラスに定義された、フィールド、コンストラクター、メソッドの
情報を取得するために、Classクラスに用意されている
メソッドの名前をそれぞれ挙げてください。

Q3 「リフレクションを使うと、privateなどでカプセル化された
情報も見ることができてしまう」という説明は正しいですか?

解答は巻末に掲載

第17章

リフレクションとアノテーション

2 アノテーションの利用

次に、リフレクションと関係の深い、アノテーションについて説明します。アノテーションとは、クラスやメソッドなどに独自の特性を指定するための機能です。

Java言語そのものの開発者は、クラスやメソッドに対して「名前は何か」「publicかprivateか」「引数はいくつあるか」、など、すべてのJava利用者が必要とする特性を注意深く設計しています。しかし個々の開発者は「自分の作るプログラムでは、こういう特性がクラスにあると便利だ」というものをそれぞれ必要とするときが来ます。アノテーションを使うと、「今となっては古いので、今後は使ってほしくない」「ログインしているときだけ呼び出せる」などといった特性を自由に指定できるようになります。

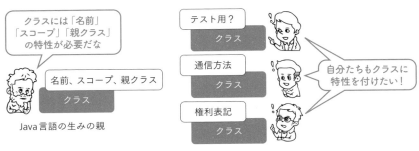

アノテーション

アノテーションの書き方

まず、クラスやメソッドなどに標準で用意されている特性と、アノテーションを使ってあとから指定できる特性についてまとめておきます。

通常使用できる情報と、アノテーションで追加できる情報

Java標準の特性	あとから指定できる特性
• 名前 • スコープ • 引数の数 　など 　（あらかじめ用意されている）	Java標準のアノテーション 　• オーバーライドしたものか？ 　• 利用が推奨されないかどうか？ 　• 古い警告を無視するかどうか？ 独自のアノテーション 　• テスト用かどうか？ 　• 実行するための条件を満たしているかどうか？ その他

次に、アノテーションの基本的な構文を確認します。

構文　アノテーションの指定

```
@アノテーション　アノテーションの対象
あるいは
@アノテーション
アノテーションの対象
```

この2つの違いは、アノテーションとアノテーションの対象の区切りをスペースにするか改行にするかです。機能的な違いはなく、読みやすさだけで使い分けることができます。

アノテーションの具体的な使い方を次に示します。

リスト17-18　アノテーションの例

```
@アノテーションA ━━━❶
public class Counter {
    @アノテーションB private int count; ━━━❷

    @アノテーションC ━━━❸
    public void increment() {
        this.count++;
    }
}
```

アノテーションは、クラスの前（❶）、フィールドの前（❷）、そしてメソッドの前（❸）に付けることができます。ただし、アノテーションの種類によって付けることのできるオブジェクトは限定されます。

Java標準のアノテーション

Javaでは、いくつかのアノテーションを標準機能として提供しています。これらの多くは、プログラムを実行するときではなく、コンパイルするときに機能するよう用意されています。

Java標準のアノテーション

アノテーション	対象	動作
@Override	メソッド	オーバーライドされたメソッドであることを明示する
@Deprecated	クラス、メソッド	メソッドが古くなり、今後は使うべきないことを明示する
@SuppressWarnings	クラス、メソッド	コンパイル時の警告を無視することを明示する

これらのアノテーションは、コンパイル時には動作に従って警告を出すことがあります。しかし実行時には、これらアノテーションの有無で動作が変わることはありません。

これは標準のアノテーションが、Javaコンパイラーから利用されるために用意されているからです。Javaのプログラムを実行するJava仮想マシンは、これらJava標準のアノテーションを無視します。

独自のアノテーションを作成する

Javaで用意されているアノテーション以外にも、独自のアノテーションを作成することができます。独自アノテーションの作成方法を次に示します。

```
@Target(アノテーションの適用対象) ────❶
@Retention(アノテーションの適用タイミング) ────❷
public @interface アノテーション名 { ────❸
    型名 アノテーション要素(); ────❹
    :
}
```

❸のアノテーション名には、クラスやインターフェイスと同じPascal形式（先頭と単語の区切りを大文字にする形式）で名前を付けます。❹のアノテーション要素には、アノテーションに指定する引数を用意することができます。クラスのフィールドとほぼ同じですが、最後に()が付くことに注意してください。

❶の@Targetは、独自アノテーションに指定することができる、Java標準のアノテーションです。独自アノテーションが、クラス、フィールド、メソッドのどれに適用できるかを指定します。

❷の@Retentionは、アノテーションが適用されるタイミング（例：コンパイル時、プログラム実行時）を指定します。省略するとプログラム実行時となります。

独自アノテーションの利用

この作成方法を元に、レベルに応じてメソッドの実行有無を決めるメソッドを作成してみましょう。

```
@Target(ElementType.METHOD)
@Retention(RetentionPolicy.RUNTIME)
public @interface ExecuteLevel {
    int level();
}
```

　この例では、特定のレベルでないとメソッドを実行しないように、メソッド
に対してレベルを指定するアノテーションを作成しています。また、コンパイ
ル時ではなく実行時にもこのアノテーションが有効となるよう、Retention
で"RUNTIME"を指定しています。

　このアノテーションを使ったクラスは次のようになります。

リスト 17-20　独自アノテーションを指定したクラスのサンプル

```
public class ExecuteSample {
    public static void main(String[] args) {
        /* ExecuteLevelアノテーションを指定したメソッドを呼び出す */
        ExecuteSample logSample = new ExecuteSample();
        logSample.method01(); ────❶
        logSample.method02(); ────❷
    }

    @ExecuteLevel(level=1) ────❸
    public void method01() {
        System.out.println("method01を実行");
    }

    @ExecuteLevel(level=2) ────❹
    public void method02() {
        System.out.println("method02を実行");
    }
}
```

　❸のmethod01メソッドではレベルが1以上のとき、❹のmethod02メソッ
ドではレベルが2以上のとき、それぞれ実行されるよう準備しました。
　このプログラムの実行結果を見てください。

method01を実行
method02を実行 ─── アノテーションが使われていない

　ExecuteLevelアノテーションはまったく機能していないように思いますか？そのとおりです。❶や❷のように普通にメソッドを呼び出すだけでは、独自アノテーションは無視されるだけです。独自アノテーションを処理するためには、リフレクションを使ってクラスやメソッドから独自アノテーションの情報を取得する必要があります。

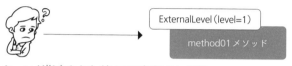

独自アノテーションが指定されただけでは無視される例

独自のアノテーションを利用する

　それでは先ほど作成したプログラムを、指定した独自のアノテーション（ExecuteLevelアノテーション）を認識するように変更してみましょう。

　クラス、フィールド、メソッドのアノテーションは、getAnnotationメソッドを使って取得することができます。getAnnotaionメソッドは、リフレクションで説明した3つのクラス（ClassクラスFieldクラス、Methodクラス）のいずれにも用意されています。アノテーションを取得する方法を次に示します。

構文 アノテーションを取得する

```
アノテーション名 変数名 =
リフレクションインスタンス.getAnnotation(アノテーション名.class);
```

　それでは、メソッドを呼び出すときに独自アノテーションを認識するよう、リフレクションを使って書き直してみましょう。

独自アノテーションを使用したメソッド呼び出し

```
ExecuteSample logSample = new ExecuteSample();

Class<ExecuteSample> clazz = ExecuteSample.class;

/* logSample.method01(); */ ────❶
/* logSample.method02(); */ ────❷

/* ❶の処理を、以下の処理で置き換えます */
Method method01 = clazz.getDeclaredMethod("method01");
/* メソッドに指定された独自アノテーションを取得する */
ExecuteLevel executeLevel01 = method01.
    getAnnotation(ExecuteLevel.class);
/* アノテーションが条件に合うときだけ、method01メソッドを呼び出す*/
if(executeLevel01 != null && executeLevel01.level() > 1) { ────❸
    method01.invoke(logSample);
}

/* ❷の処理を、以下の処理で置き換えます */
Method method02 = clazz.getDeclaredMethod("method02");
/* メソッドに指定された独自アノテーションを取得する */
ExecuteLevel executeLevel02 = method02.
    getAnnotation(ExecuteLevel.class);
/* アノテーションが条件に合うときだけ、method02メソッドを呼び出す*/
if(executeLevel02 != null && executeLevel02.level() > 1) { ────❹
    method02.invoke(logSample);
}
```

　変更後は、まずリフレクションを使って、呼び出したいメソッドを取得して
います。そしてそのリフレクションに指定されているアノテーションを取得して、
条件に合うときだけ呼び出すようにしています。実行結果は、次のとおりです。

実行結果

method02 を実行

　アノテーションの条件により、**method01**は実行されませんでした。次に、
先のプログラムの❸や❹を次のように変えて、もう一度実行してみましょう。

　　　　　　　　　　　　　　　2　アノテーションの利用

リスト 17-22 独自アノテーションの解析ルールを変更（部分）

```
if(executeLevel01.level() > 0) { /* レベルを1→0に変更 */ ───❸
    method01.invoke(logSample);
}
```

実行結果は次のようになります。

実行結果

```
method01 を実行
method02 を実行
```

このようにアノテーションを使うと、クラスやフィールド、そしてメソッドなどに独自の情報を付与することができます。またリフレクションを使って付与した情報を取得し、プログラムの動作を変えることができます。

アノテーションを使う例

Column

リフレクションやアノテーションの使い道

リフレクションやアノテーションを使ったプログラムは、とても複雑になります。そのため、通常のプログラムではリフレクションや独自アノテーションを使うことは少ないです。しかし、他のプログラムに組み込まれることを想定したプログラム（「ライブラリ」「フレームワーク」「SDK」などと呼ばれたりするもの）を作るときには、リフレクションやアノテーションが活用されています。

2 アノテーションの利用

Q1 Javaに用意されている標準のアノテーションを3つ挙げてください。

Q2 アノテーションを指定できる対象を3つ挙げてください。

解答は巻末に掲載

第 18 章

関数型
プログラミング

Javaはオブジェクト指向プログ
ラミングができるように開発さ
れた言語ですが、Java 8からは
関数型プログラミングの基本的
な機能も取り込まれました。そ
こで、この章では「関数型プロ
グラミング」について、基本的
なことを説明します。

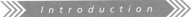

502

関数型プログラミングとは?

　大規模なプログラムは、分割して管理することが大切です。そのための考え方として、これまで「手続き型プログラミング」と「オブジェクト指向プログラミング」の2つについて説明してきました。

　手続き型プログラミングについては第7章で、プログラムにおける複雑な手続きを「順次」「分岐」「繰り返し」の3つの構造を使った組み合わせに分割できることを説明しました。

　オブジェクト指向プログラミングについては第8章で、プログラムを、オブジェクトは「処理」と「データ」から構成されるオブジェクト単位で分割できることを説明しました。

　関数型プログラミングでは、プログラムを小さな関数の組み合わせで分割します。

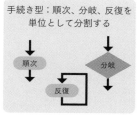

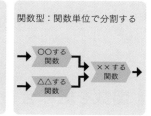

プログラムの分割手法

この章以降では、関数型プログラミングにおける関数を、以下の記号で表しています。

△△する
関数

関数表記

関数とは？

関数とは、ある引数を渡すと返り値が返ってくる小さなプログラムのようなものです。引数は複数あってもよいし、0個でもかまいません。ただし、返り値は常に1つである必要があります。Javaの場合は、メソッドがほぼ同じ役割を持っています。

引数と返り値を持つ関数

関数を組み合わせる

ある関数の返り値を次の関数の引数として扱うことで、関数を組み合わせることができます。

例えば、次の3つの関数を用意します。

• 足し算関数——2つの引数を足した結果を返す
• 引き算関数——1つ目の引数から2つ目の引数を引いた結果を返す

- 掛け算関数──2つの引数を掛けた結果を返す

　まず2つの値を、足し算関数と引き算関数の引数とします。それぞれの返り値をさらに掛け算関数の引数とします。このように複数の関数を組み合わせると、「足した値と引いた値を掛ける関数」という複雑な関数を作り出すことができます。

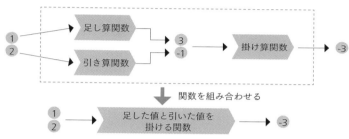

関数を組み合わせる

参照透過性

　関数型プログラミングで関数を扱うときには、**参照透過性**（さんしょうとう か せい）があるかないかが重要になってきます。「参照透過性がある」といえるのは、同じ引数に対して常に同じ値が返ってくるという条件を満たすことです。例えば指数関数や対数関数といった基本的な数値処理を実行する関数や、書式に沿って数値や日付を文字列に変換する関数などは、参照透過性があります。

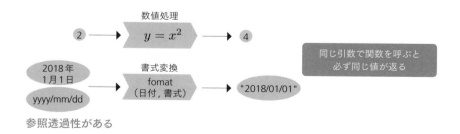

参照透過性がある

しかし第9章で説明したCarクラスにおける現在のスピードを取得するgetSpeedメソッドは、車の状態によって異なる値が返るため、参照透過性がありません。

Carクラスのメソッド
getSpeed → ???
同じ引数（ここでは0個の引数）で関数を呼んでも、返る値は状況による

参照透過性がない

参照透過性のある関数には、テストがしやすくなったり実行効率をあげやすくなったりするなどのメリットがあります。しかし、すべての関数に参照透過性を持たせることは、現実的には不可能です。そのため、関数を分割するときに、参照透過性を持たない関数を局所化するよう検討します。

Check Test

Q1 関数に関する説明です。空欄を埋めてください。

「関数とは、ある　A　を渡すと　B　を返してくれるものです」

Q2 次の関数から参照透過性がないと思われるものを選んでください。

- ⑦ 三角形の底辺と高さを渡すと、面積を返す関数
- ⑦ 日付と地名を入れると、最高気温を返す関数
- ⑦ 口座番号を入れると、残高を返す関数

解答は巻末に掲載

Javaでの
関数型プログラミング

　一般的な関数型プログラミングは、それだけでオブジェクト指向プログラミングと同じくらいの規模を持つ概念です。ただしJavaでは、その概念をすべて取り込んでいるわけではありません。オブジェクト指向という概念と矛盾せず、かつ特定のアルゴリズムがシンプルに記述できるものを、注意深く選んで取り込んでいます。

ラムダ（lambda）

　関数型プログラミングでは「**ラムダ**（lambda）」という言葉がたくさん出てきます。この聞き慣れないラムダとは何者なのでしょうか？　その説明をするために、まずは第9章と第10章で説明したクラスと関数を比較して話を進めましょう。

　オブジェクト指向プログラミングでは、複雑なプログラムをオブジェクト単位で分割していきます。Javaでは、第9章で説明したように、オブジェクトを「クラス」で定義します。ほとんどのクラスは、定義をするときにクラス名が付けられています。しかしとても小さくてその場だけで使われるクラスは、第10章で説明した「無名内部クラス」という仕組みを使って、いちいちクラス名を付けないでもクラスを定義することができます。

　関数型プログラミングでは、複雑なプログラムを関数単位で分割していきます。クラスと同じように、メソッド名を付けて定義することもできますし、とても小さくてその場だけで定義される無名関数もあります。ただし関数型プログラミングでは、ほぼすべての関数がメソッド名を付けない無名関数として定義されます。

　Java言語の開発者はこの無名関数を定義する文法について、Java独自の方式ではなく、一般的な関数型プログラミングで使われている「**ラムダ記法**」を参考にすることにしました（具体的な文法については、第19章で説明します）。そのため、無名関数はラムダと呼ばれます。

つまりラムダとは、Javaでは無名関数のこととほぼ等しくなります。ただしラムダがとても一般的なので、無名関数と呼ぶことはほとんどありません。

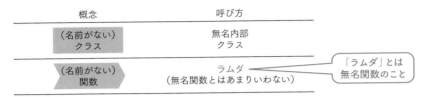

ラムダとは

《 Memo 》

ラムダ式

「ラムダ式」という表現もよく出てきます。これは、ラムダは変数に代入することもできるので、その意図をより明確にするために第2章で説明した「式」の概念を流用しています。

ストリーム

ストリームは、第6章で説明したコレクションなど、まとまったデータに対するさまざまな処理を便利にするために用意されたものです。まとまったデータの要素を順番にラムダに渡していきます。要素が順にラムダに渡される様子が、あたかもベルトコンベヤーでのストリーム（流れ）のように見えるので、ストリームという名前になったのではないかと、筆者は考えています。

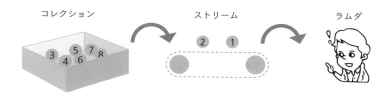

コレクション　　　　　ストリーム　　　　ラムダ

ストリームのイメージ

　ラムダに渡された要素は自由に加工できますが、よく使われる加工方法は以下の3つに大別されます。より具体的な例は、第20章で説明します。

ストリームでよく使われる加工方法

加工方法	説明
Map	すべての要素に対して変換を行う
Filter	条件を満たす要素のみを抽出する
Reduce	すべての要素をまとめて1つにする

Map

Filter

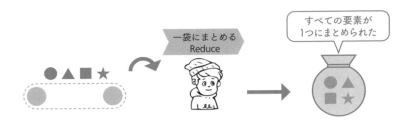

Reduce

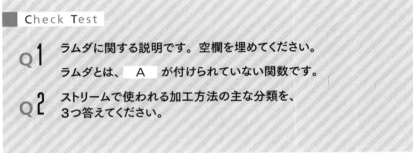

2 Javaでの関数型プログラミング

第 **19** 章

ラムダ式

Java で関数型プログラミングを
するときには、関数を「ラムダ
式」として定義します。この章
では、このラムダ式の特徴や使
い方について見ていきましょう。

19 _____ *1* 関数

　ラムダ式の説明をする前に、関数について説明します。関数型プログラミングにおける関数とは、数学で使われる関数と似ています。関数は、0個以上の変数とそれを使った式で表されます。

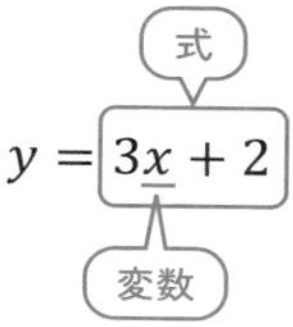

$$y = \boxed{3\underline{x} + 2}$$

関数の構造

　関数の特徴として、変数が決まると関数の計算結果が決まります。例えば上図の変数xの値を変えると、計算結果も次のように決まります。

変数と計算結果

変数xの値	関数の計算結果
1	5
2	8
3	11

　変数は2つ以上指定することもできます。例えば「三角形の面積（S）を求める関数」は、底辺（a）と高さ（h）という2つの変数を使って次のように定義できます。

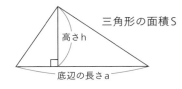

三角形の面積を求める関数

このように、関数は変数と式を使って定義することができます。

ここで紹介した関数の左辺にはyやSといった変数が指定されていました。これは関数そのものではなく、関数の計算結果に興味があるときの表記方法です。関数の式そのものに興味があるときには、代わりに$f(x)$という表記方法を使います。

$$y = 3x + 2$$

3x + 2 という関数の計算結果に
興味があるときの書き方

$$f(x) = 3x + 2$$

3x + 2 という関数の式そのものに
興味があるときの書き方

関数の表記方法の違い

$\boxed{N\ o\ t\ e}$

関数型プログラミングでは関数の式そのものに興味があることが多いので、$f(x)$のような表記方法が基本になります。

Q1 次の関数について、x = 1，2，3のとき、
それぞれの関数の結果を答えてください。

y = 2x + 1

Q2 円の面積を求める関数を定義してください。円の面積は、円周
率（π）＊半径（r）の二乗で求められます。

解答は巻末に掲載

2 ラムダ式を定義する

第18章で説明したとおり、ラムダ式の実体は名前が付けられていない関数です。したがってラムダ式は、引数と式で定義することができます。ただし引数の型は数値だけではなく、メソッドの引数として使える型（文字列、日付、コレクション、クラスなど）も指定することができます。また関数の式に相当する箇所には、Javaのコードで書かれた処理を書くことができます。基本的なラムダ式の定義は、次のようになります。

| 構文 | ラムダ式の定義 |

```
( 型名 引数名 , 型名 引数名 , …) -> {
    処理1;
    処理2;
    :
    return ラムダ式の返り値 ;
}
```

例えば、「半径がrの円の面積S（円周率×r^2）を求める関数」をラムダ式で定義すると、次のようになります。

| リスト19-1 | 円の面積を返すラムダ式 |

```
(double r) -> {
    double s = Math.PI * r * r; /* Math.PIは円周率を表す定数 */
    return s;
}
```

引数が0個の場合、引数を定義する箇所は「()」と記載します。ラムダ式が値を返さないときは、処理の最後のreturnは省略します。

引数の省略記法

　実際にラムダ式を定義するときには、引数がいくつあり、その型が何であるかがわかっていることがあります。そのような場合には、引数の型名を省略することができます。

構文 ラムダ式の定義（引数の型名の省略）

```
(引数名, 引数名, …) -> {
    処理1;
    処理2;
    :
    return ラムダ式の返り値;
}
```

　実際には次のようになります。

リスト 19-2 引数の型名を省略したラムダ式

```
(r) -> {
    dobule s = Math.PI * r * r; /* Math.PIは円周率を表す定数 */
    return s;
}
```

　さらに引数が1つだけの場合には、引数を囲むカッコも省略することができます。

構文 ラムダ式の定義（引数のカッコの省略）

```
引数名 -> {
    処理1;
    処理2;
    :
    return ラムダ式の返り値;
}
```

この省略記法を使うと、ラムダ式は次のようになります。

引数のカッコを省略したラムダ式

```
r -> {
    double s = Math.PI * r * r;   /* Math.PIは円周率を表す定数 */
    return s;
}
```

処理の省略記法

ラムダ式の処理が1行で書ける場合、処理本体を囲む中カッコと処理の最後のセミコロンを省略できます。

構文 ラムダ式の定義（処理が1行のときの省略）

(型名 引数名 , 型名 引数名 , …) -> 処理

さらに、その1行がreturnの場合、「return」を省略することもできます。

構文 ラムダ式の定義（処理が1行でかつreturnのときの省略）

(型名 引数名 , 型名 引数名 , …) -> 返り値

この省略記法を使うと、先ほど登場した円の面積を返すラムダ式は次のようになります。

リスト 19-4 returnを省略したラムダ式

```
(double r) -> Math.PI * r * r
```

2 ラムダ式を定義する

ラムダ式の省略の実際

　ここまで説明した省略記法を最大限活用すると、半径rを引数として円の面積S（円周率×r²）を返すラムダ式は、次のように省略して書くことができます。

省略なしと省略ありのラムダ式

省略なし	省略あり

`(double r) -> {`
`    return Math.PI * r * r;`
`}`
	`r -> Math.PI * r * r`

　省略されたラムダ式の定義は、初学者にはとても読みづらいものです。しかし一度慣れてしまうと、省略されているほうが読みやすいものになります。ぜひ、省略された書き方に慣れてください。

Check Test

Q1 ラムダ式の引数として使える型をすべて選んでください。

- ㋐　数値
- ㋑　文字列
- ㋒　日付
- ㋓　コレクション
- ㋔　自作のクラス

Q2 1から指定した数値（n）までの合計を返すラムダ式です。省略のルールを使ってなるべく短く書き直してください。

```
(int n) -> {
    int s = n * (n + 1) / 2;
    return s;
}
```

解答は巻末に掲載

2　ラムダ式を定義する

次に、定義したラムダ式を実際に使う方法について説明します。Javaに標準で用意されているクラスに、ラムダ式を引数として渡すことのできるものがあります。ここでは「スレッド」と「Listオブジェクトの並べ替え」の2つを例にとって、ラムダ式の使い方を見ていきます。

スレッドでラムダ式を使う

スレッドは、並列で処理を動作させる部分と、具体的な処理の2つからなります。第15章では具体的な処理を、Runnableインターフェイスを実装した内部クラスで実装する方法を説明しました。ここでは具体的な処理を、ラムダ式で実装する方法について説明します。

	処理を並列に動作させる		具体的な処理
内部クラスを使った実装	Threadクラス	+	Runnableインターフェイスの実装
ラムダを使った実装	Threadクラス	+	ラムダ式による実装

スレッドでラムダ式を使う

ラムダ式を使ったスレッドを作るために、Threadクラスには引数にラムダ式を取るコンストラクターが用意されています。

構文 ラムダ式を引数に取るThreadクラスのコンストラクター

```
new Thread( ラムダ式 );
```

このラムダ式は、引数は0個で返り値がないものである必要があります。こ

こでは、1から3までを表示するラムダ式を定義しましょう。

リスト 19-5 数字を1から3まで表示するラムダ式

```
() -> {
    System.out.println("ラムダ式の処理を開始しました");
    for (int i = 1; i <= 3; i++) {
        System.out.println(i);
    }
    System.out.println("ラムダ式の処理を終了しました");
}
```

このラムダ式をそのまま Thread クラスのコンストラクターの引数に指定します。ソースコードは次のようになります。網掛け部分がラムダ式となります。

リスト 19-6 ラムダ式を使ったスレッドの実装

```
public class LambdaExample {
    public static void main(String[] args) {
        System.out.println("mainメソッドを開始しました");
        new Thread(() -> {
            System.out.println("ラムダ式の処理を開始しました");
            for (int i = 1; i <= 3; i++) {
                System.out.println(i);
            }
            System.out.println("ラムダ式の処理を終了しました");
        }).start();
        System.out.println("mainメソッドを終了しました");
    }
}
```

このソースコードを実行すると、ラムダ式で書かれた処理が Thread クラスにより並列に動作します。実行結果は次のようになります。

```
mainメソッドを開始しました
mainメソッドを終了しました
ラムダ式の処理を開始しました
1
2
3
ラムダ式の処理を終了しました
```

List オブジェクトの並べ替え

Listクラスには、中身を並べ替えるsortメソッドが用意されています。このメソッドの第1引数に、並べ替えのルールをラムダ式として渡すことができます。

ラムダ式を使ったリストの並べ替え

```
List.sort(ラムダ式)
```

ラムダ式を使ってリストを並べ替える

このラムダ式は、引数を2つと、int型の返り値を返す必要があります。そして、2つの引数の大小を比較して次のルールで返り値を返す必要があります。

引数の比較	返り値
引数1＜引数2	任意のマイナス値（通常は−1）
引数1＝引数2	0
引数1＞引数2	任意のプラス値（通常は1）

　このルールは昇順に並べ替える場合になります。降順に並べ替えたい場合は、返り値の正負を入れ替えます。ここでは、引数を降順で並べ替えるためのラムダ式を作成します。

リスト19-7 降順で並べ替えるラムダ式（省略なし）

```
(Integer o1, Integer o2) -> {
    return o1.compareTo(o2) * -1;
}
```

　`Integer.compareTo` メソッドはJavaライブラリで用意されているメソッドで、正しく昇順で並べ替えるための処理ができています。なので、降順にするためには、単純に−1を掛けるだけです。
　このラムダ式は正しいですが、省略のルールが適用されていません。省略のルールを適用すると、以下のように書き直すことができます。

リスト19-8 降順で並べ替えるラムダ式（省略あり）

```
(o1, o2) -> o1.compareTo(o2) * -1
```

　このラムダ式を `sort` メソッドの引数に指定します。ソースコードは次のようになります。網掛け部分がラムダ式になります。

```java
import java.util.Arrays;
import java.util.List;

public class SortExample {
    public static void main(String[] args) {
        List<Integer> list = Arrays.asList(1, 5, 2, 8);
        list.sort((o1, o2) -> o1.compareTo(o2) * -1);
        System.out.println(list);
    }
}
```

このプログラムの実行結果は、次のとおりです。

実行結果

```
[8, 5, 2, 1]
```

これらのサンプルでわかるとおり、ラムダ式の定義はそのままコンストラクターやメソッドの引数に指定することができます。

Check Test

Q1　ラムダ式の使い方に関する説明です。空欄を埋めてください。

Javaで標準に用意されているクラスには、　A　や　B　にラムダ式を指定することができるものがあります。

解答は巻末に掲載

19 —— 4 関数型インターフェイス

ラムダ式は基本型やインスタンスと同じく、変数に代入することができます。
ラムダ式を代入する変数の型として使えるように、関数型インターフェイスが
用意されています。

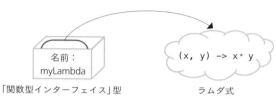

「関数型インターフェイス」型の変数

関数型インターフェイスは、あらかじめよく使われるものがJavaライブラリ
に用意されています。必要なものが見つからない場合は、独自の関数型インター
フェイスを作ることもできます。

標準の関数型インターフェイス

主に`java.util.function`名前空間の中に、よく使われると思われる関
数型インターフェイスが用意されています。これらの関数型インターフェイス
は大きく次の4つに分類することができます。

標準の関数型インターフェイスの分類

種類	抽象メソッド	説明
Supplier	get	呼び出し元に結果を返すラムダ式向けのインターフェイス
Consumer	accept	呼び出し元から渡された引数を使って処理を行うラムダ式向けのインターフェイス
Predicate	test	呼び出し元から渡された引数を評価して、真偽の結果を返すラムダ式向けのインターフェイス
Function	apply	呼び出し元の引数を加工して、別の結果を返すラムダ式向けのインターフェイス

　それぞれの種類の関数型インターフェイスには、型パラメーターのTやR以外に、基本型のint、long、doubleを引数に取る専用のものが存在します。分類と型の組み合わせにより40個以上の関数型インターフェイスが用意されています。

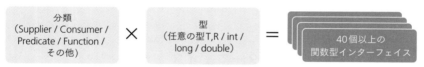
標準の関数型インターフェイス

　関数型インターフェイスの名前には、分類や型が含まれています。そのため名前を見ただけで、どの種類の関数型インターフェイスか判断することができます。

• 例——IntSupplier、LongConsumer など

独自の関数型インターフェイス

　標準の関数型インターフェイスの中に必要とするものが見つからなかった場合、独自の関数型インターフェイスを作ることもできます。関数型インターフェイスは、抽象メソッドが1つしかないインターフェイスとして作成します。関数型インターフェイスと関数型ではないインターフェイスの例を次に示します。

関数型インターフェイスの例

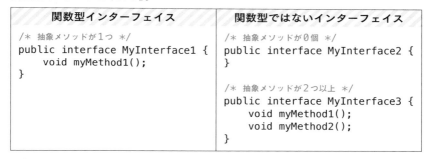

関数型インターフェイス	関数型ではないインターフェイス

`/* 抽象メソッドが1つ */`
`public interface MyInterface1 {`
`    void myMethod1();`
`}`
	`/* 抽象メソッドが0個 */`
	`public interface MyInterface2 {`
	`}`
	
	`/* 抽象メソッドが2つ以上 */`
	`public interface MyInterface3 {`
	`    void myMethod1();`
	`    void myMethod2();`
	`}`

関数型インターフェイスのルール

より正確な関数型インターフェイスの条件

上の説明では、関数型インターフェイスの本質的な条件についてのみ説明しました。より正確には、以下の条件を満たしている必要があります。

- 抽象メソッドを1つだけ持つ
- Objectクラスにあるメソッドと同じメソッド（例：equals、toStringなど）は、抽象メソッド数に数えない
- 抽象メソッド以外のメソッド（例：defaultメソッド、staticメソッドなど）は、抽象メソッド数に数えない

● FunctionalInterfaceアノテーション

Memo「より正確な関数型インターフェイスの条件」で解説したとおり、関数型インターフェイスの条件は複雑です。そのため関数型インターフェイスとして正しいかどうかをコンパイル時に判定できるように@FunctionalInterface アノテーションが用意されています。

構文 FunctionalInterfaceアノテーション

```
@FunctionalInterface
public interface インターフェイス名 {
    …
}
```

関数型インターフェイスとして使いたいインターフェイスに、FunctionalInterfaceアノテーションを付けると、コンパイル時に条件を満たしているかどうかがチェックされます。

例として、抽象メソッドを2つ持つ、つまり関数型の条件を満たさないインターフェイスを用意します。

```
@FunctionalInterface
public interface MyInterface3 {
    void myMethod1();
    void myMethod2();
}
```

コンパイルすると、以下のようなコンパイルエラーが発生します。

```
Multiple non-overriding abstract methods found in interface ➡
MyInterface3
```

意訳：MyInterface3インターフェイスには、
2つ以上の抽象メソッドが定義されています

Column

独自の関数型インターフェイス作成の是非について

関数型プログラミングには、「このような使い方がよい」というノウハウがあります。Javaでもこれらのノウハウをもとに標準の関数型インターフェイスが用意されています。

ここから先は筆者の考えですが、多くの場合は標準の関数型インターフェイスを使って作りたいものが作れます。他人がソースコードを見るときにも、標準の関数型インターフェイスを使っていれば、意図が伝わりやすくなります。独自の関数型インターフェイスを作ろうとするときは、標準の関数型インターフェイスが使えないかどうか、いったん立ち止まって考えてみてください。

Q1 あらかじめ用意されている関数型インターフェイスの分類について、代表的なものを4つ挙げてください。

Q2 関数型インターフェイスの特徴について、最も基本的なものを1つ挙げてください。

Q3 関数型インターフェイスの条件を満たしているかどうかをコンパイル時に確認するために、インターフェイスに指定するアノテーションは何ですか?

解答は巻末に掲載

4 関数型インターフェイス

5 メソッド参照と コンストラクター参照

ここまでの説明では、引数を書く場所にラムダ式を直接定義していました。しかし、メソッドやコンストラクターの名前だけを指定して、それらの実装を参照することもできます。これを**メソッド参照**、あるいは**コンストラクター参照**といいます。

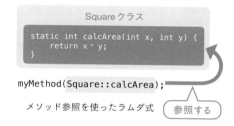

Square クラス

```
static int calcArea(int x, int y) {
    return x * y;
}
```

直接定義する

```
myMethod((x, y) -> x * y);
```

通常のラムダ式

```
myMethod(Square::calcArea);
```

メソッド参照を使ったラムダ式

参照する

メソッド参照を使ったラムダ式

メソッド参照を使うと、複数の箇所で同じラムダ式を共有することができます。ラムダ式の修正をするときも、参照先のメソッドのみ修正すればよくなります。

それでは、メソッド参照とコンストラクター参照の具体的な書き方について説明します。

メソッド参照

メソッド参照の構文は、そのメソッドが静的メソッドか通常のインスタンスメソッドかによって異なります。

静的メソッドの場合の構文は、次のとおりです。

静的メソッドのメソッド参照

クラス名::メソッド名

　静的メソッドのメソッド参照の使用例を、次に示します。網掛けの場所がメ
ソッド参照になります。Integerクラスには、昇順で並べ替えを行う
compareという静的メソッドが、あらかじめ用意されています。❶ではそれ
を参照しています。

リスト19-10　　静的メソッドのメソッド参照

```
List list = Arrays.asList(1, 3, 2, 4);
Collections.sort(list, Integer::compare); ────❶
```

　インスタンスメソッドの場合の構文は、次のとおりです。

構文　インスタンスメソッドのメソッド参照

変数::メソッド名

　インスタンスメソッドのメソッド参照の使用例を、次に示します。網掛けの
部分がメソッド参照になります。System.outはJavaで用意されているイン
スタンスです。Listの中身をforEachメソッドで順番に呼び出し、メソッ
ド参照しているprintlnに渡しています。

リスト19-11　　インスタンスメソッドのメソッド参照

```
List list = Arrays.asList(1, 3, 2, 4);
list.forEach(System.out::println);
```

コンストラクター参照

コンストラクター参照の構文は、次のとおりです。

コンストラクター参照

クラス名::new

　コンストラクター参照の使用例を次に示します。コンストラクター参照で参照されるコンストラクターの多くは、引数を持たないコンストラクターです。そのため Supplier 関数型インターフェイス型の変数で受けることができます。get メソッドを使うとインスタンスを取得することができます。

リスト 19-12 コンストラクター参照

```java
/* List<Integer> list = new ArrayList<>()と同等の処理 */
Supplier<List<Integer>> supplier = ArrayList::new;
List<Integer> list = supplier.get();
```

Column

メソッド参照とコンストラクター参照について

メソッド参照とコンストラクター参照の例は、回りくどく感じられたかもしれません。実はこれらは主に、第20章で説明する StreamAPI のために用意されています。StreamAPI を使わずに単体で使おうとすると、あまりよさを感じないかもしれません。

Q1 ラムダ式を直接記入せずに、他の場所で定義されている
メソッドやコンストラクターをラムダ式として指定する仕組みを
何と呼びますか?

解答は巻末に掲載

第 **20** 章

ストリーム

コレクションには、個々のデータを追加／取得するためのメソッドはありますが、データ全体に対して、特定の条件のものだけ取得したり、合計を計算したりするには、独自にプログラムを作る必要があります。Stream API を使うと、コレクション全体を操作するプログラムをが作りやすくなります。

1 ストリームとは?

ストリームとは、コレクションなどから順番に値を取り出してくれるものです。
ベルトコンベヤーのようなものを想像すると、わかりやすいかもしれません。

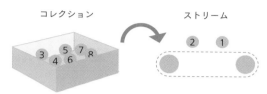

コレクションとストリーム

ストリームの型として $\overset{\text{ストリーム}}{\textbf{Stream}}$ インターフェイスが用意されています。コレ
クションからストリームを取得する方法は次のとおりです。

構文 streamメソッド

```
Stream<T> stream = オブジェクト.stream()
```

Note

Tは第13章で説明した型パラメーターです。オブジェクトの型を指定します。

コレクション以外にも、さまざまなオブジェクトからストリームを取得する
ことができます。以下に例を示します。

　さまざまなストリームの取得方法

```
Arrays.stream(配列);        /* 配列から取得 */
IntStream.range(1, 5);      /* 1から5までの数列から取得 */
File.lines("mytext.txt");   /* mytext.txt ファイルから取得 */
Random.ints();              /* 乱数から取得 */
```

Streamインターフェイスには、次の2種類のメソッドが用意されています。

種類	説明
中間操作	ストリーム上のデータを加工して、新たなストリームを返すメソッド
終端操作	ストリーム上のデータを加工して、値やコレクションなどを返すメソッド

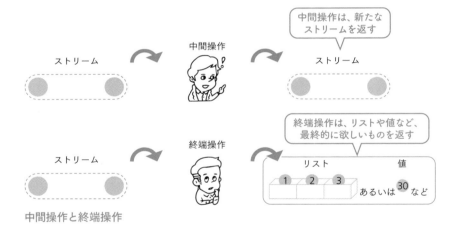

中間操作と終端操作

　ストリームを使った処理では、コレクションなどのデータに対して、0個以上の中間操作と1個の終端操作を組み合わせて、希望する結果を取得します。

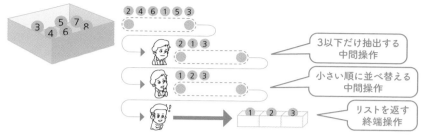

一般的なストリーム操作

　ストリームを扱うためのこれらの機能は、Stream API と呼ばれています。それでは、Stream APIにどのような中間操作や終端操作があるか、見ていきましょう。

第20章　ストリーム

中間操作

中間操作は、元のストリームから新しいストリームを作り出します。中間操作には、大きく**ステートレス**なものと**ステートフル**なものの2種類があります。両者の特徴を次に示します。

中間操作の種類

種類	特徴
ステートレス	一つ一つの要素を独立して処理できる
ステートフル	ある要素を処理するときに、他の要素を参照する

特徴に書かれた内容について説明します。ここでは「"apple"、"orange"、"strawberry"」という3つの要素を持つストリームを例に使います。

ステートレスな中間操作の例として「すべての要素にカッコを付ける（例："apple" → "[apple]"）」を考えてみます。この中間操作は、"apple"という文字列から"[apple]"という文字列を作るときに、その他の要素に何があるかを気にする必要がありません。

対して、ステートフルな中間操作の例として、「要素を長い順に並べ替える」を考えてみます。"apple"という文字列が長い順で何番目に来るかどうかは、その他の要素と比較しなければわかりません。

中間操作がステートレスかステートフルかの違いは、実行速度を気にするときに考慮する必要が出てきます。ステートレスの場合には、処理をスレッドに分割して並行して動作させやすいですが、ステートフルの場合には並行して動作させにくくなります。

それではそれぞれの中間操作について、詳しく見ていきましょう。

ステートレス

　ステートレスな中間操作では、一つ一つの要素を独立して処理することができます。ここではよく使われるメソッドとしてmapメソッドとfilterメソッドを説明します。

● mapメソッド

　map（マップ）メソッドはそれぞれの要素に対して、加工した結果を返します。例えば「すべての要素（型はint）を2倍する」や「すべての要素（型は文字列）の左右にカッコを付ける」などといったものです。加工方法はラムダ式で指定します。

　mapメソッドの構文を次に示します。

構文 ｜ mapメソッドの構文

```
map( ラムダ式 )
```

　このラムダ式は、引数を1つと、返り値を返すものである必要があります。引数と返り値の型は同じでもよいし、違っていてもかまいません。いくつかのサンプルでmapメソッドの使い方を学んでいきましょう。まずは、引数と返り値の型が同じ場合のサンプルです。

リスト20-2　　すべての要素にカッコを付ける

```
List<String> list =
    Arrays.asList("apple", "orange", "strawberry");
list.stream().map(s -> "[" + s + "]")
    .forEach(System.out::println);
```

　このサンプルでは、要素が文字列のリストの要素に対してカッコを結合した文字列を、表示しています。網掛けの部分「s -> "[" + s + "]"」がラムダ式になっています。左辺も右辺も文字列になっています。このサンプルの

実行結果は次のとおりです。

```
[apple]
[orange]
[strawberry]
```

すべての要素にカッコを付ける

次に引数と返り値の型が異なる場合のサンプルです。

リスト20-3　すべての要素の文字数を計算する

```
List<String> list =
    Arrays.asList("apple", "orange", "strawberry");
list.stream().map(s -> s.length())
    .forEach(System.out::println);
```

このサンプルでは、要素が文字列のリストの中身について文字数（int型）を計算して、表示しています。網掛けの部分「s -> s.length()」がラムダ式になっています。左辺は文字列で右辺はint型になっています。このサンプルの実行結果は次のとおりです。

実行結果

```
5
6
10
```

s -> s.length()

すべての要素の
文字数が計算された

strawberry orange apple

10 6 5

すべての要素の文字数を計算する

Note

forEach メソッドは、ストリームのすべての要素を引数のラムダ式に適用する終端操作です。「20.3 終端操作」で説明します。

● filter メソッド

filter メソッドは、要素の中から条件に合うものだけを抽出します。例えば、「6文字以上の文字列のみ」や「偶数のみ」などといったものです。条件はラムダ式で指定します。

filter メソッドの構文を次に示します。

構文 | filter メソッド

```
filter( ラムダ式 )
```

このラムダ式は、引数を1つと、結果を boolean 型で返す必要があります。結果が true で返された要素のみが抽出されます。それではサンプルを使って見ていきましょう。

次の例は、6文字以上の文字列のみ抽出するものです。

```
List<String> list =
    Arrays.asList("apple", "orange", "strawberry");
list.stream().filter(s -> s.length() >= 6)
    .forEach(System.out::println);
```

このサンプルでは、要素が文字列のリストの中身について文字数（int型）を計算して、6文字以上のもののみ表示しています。網掛けの部分「s -> s.length() >= 6」がラムダ式になっています。このサンプルの実行結果は次のとおりです。

実行結果
```
orange
strawberry
```

ステートフル

ステートフルな中間操作では、すべての要素を確認したうえで処理を行うことができます。ここではよく使われるメソッドとして、sortedメソッドを説明します。

● sortedメソッド
sortedメソッドは、ストリームの要素を与えられた条件に従って並べ替えます。例えば「文字の長い順に並べ替える」「アルファベット順に並べ替える」などです。条件はラムダ式で指定します。
sortedメソッドの構文を次に示します。

構文　sortedメソッド
```
sorted(ラムダ式)
```

このラムダ式は、2つの引数（ここでは引数a、引数bとする）を取ります。この引数の大小関係に応じて、次のように結果を返します。

引数の比較	返り値
引数a ＜ 引数b	任意の負の値
引数a ＝ 引数b	0
引数a ＞ 引数b	任意の正の値

これもサンプルを使って見ていきましょう。

次の例は、文字列を長い順に並べ替えます。

リスト20-5　文字列の長い順に並べ替える

```
List<String> list =
    Arrays.asList("apple", "orange", "strawberry");
list.stream().sorted((a, b) -> b.length() - a.length())
    .forEach(System.out::println);
```

このサンプルでは、listの中身を降順に並べ替えて表示しています。網掛けの部分「(a, b) -> b.length() - a.length()」がラムダ式になっています。条件として、文字の大きいほうが早い順に並ぶので、文字の大きさと順序が逆順になっています。そのため、引数aの文字列が引数bの文字列より大きいときに負の値を返すような式を指定しています。

実行結果は次のとおりです。

実行結果

```
strawberry
orange
apple
```

2　中間操作

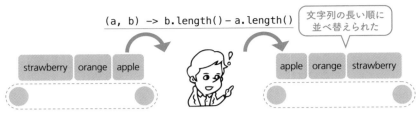

文字列の長い順に並べ替える

中間操作の結合

　中間操作は、いくつでもつなげることができます。シンプルな中間操作を結合することで、複雑な条件を作ることができます。例えば今まで説明してきたサンプルを使って、「6文字以上の文字列を、カッコを付けて、長い順に並べ替える」新たなサンプルを作ってみましょう。

リスト20-6　中間操作の結合

```
List<String> list =
    Arrays.asList("apple", "orange", "strawberry");
list.stream()
        .filter(s -> s.length() >= 6)
        .map(s -> "[" + s + "]")
        .sorted((a, b) -> b.length() - a.length())
        .forEach(System.out::println);
```

　一つ一つの中間操作は、これまで説明してきたものです。実行結果は次のとおりです。

実行結果

```
[strawberry]
[orange]
```

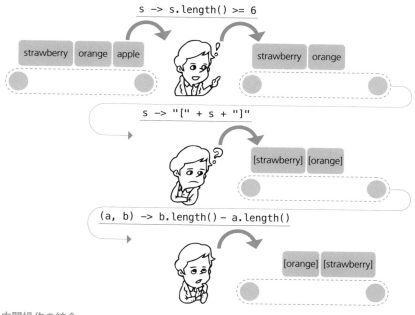

中間操作の結合

　このように、中間操作をつなげていくことで、複雑な条件を作ることができます。

《 Memo 》

プログラムのスタイルについて

中間操作を結合するときには、中間操作の結果を毎回変数に代入することはせず、このサンプルのように中間操作を次々に呼び出すスタイルが好まれます。また、一つ一つの中間操作が明確になるように、中間操作ごとに改行をして、インデントを揃えるスタイルも好まれます。

第20章 ストリーム

2 中間操作

547

Q1 次の中間操作を、ステートレスなものとステートフルなものに
分類してください。

　ア　filterメソッド
　イ　mapメソッド
　ウ　sortedメソッド

解答は巻末に掲載

3 終端操作

　終端操作は、ストリームの要素を最終的に求めたい結果に変換したり、あるいはストリームの要素の一つ一つを処理したりするものです。

　ストリームはあくまで作業中の状態であり、最終的に終端操作を経てストリームでないものに変換しないと、Stream API以外のオブジェクトで使うことはできません。

　Streamインターフェイスに用意されている終端操作は複数ありますが、本書では以下の3つに分類して説明していきます。

終端操作の分類

分類	説明
要素を返すもの	ストリームの要素を1つ、あるいはリストで返す
結果を返すもの	ストリームの要素に対する計算結果、あるいは評価した結果を返す
何も返さないもの	ストリームの要素を画面に表示したりする

　終端操作として用意されているメソッドのうち、よく使われるものを見ていきましょう。

▌要素を返すもの

　要素を返す終端操作は、ストリームの要素を1つ、あるいはリストで返します。ここではよく使われるメソッドとして、collectメソッド、findFirstメソッドを紹介します。

● collectメソッド
　collectメソッドは、ストリームの要素をリストや文字列に変換するときによ

く使われます。collectメソッドの構文は用途に応じてさまざまなものがあ
ります。ここでは代表的な構文を紹介します。

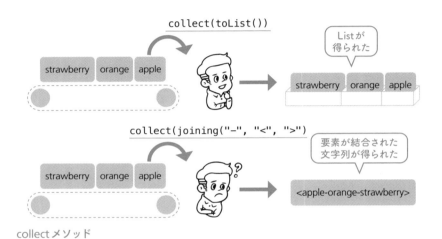

collectメソッド

toListメソッドとjoiningメソッドは、java.util.stream.
Collectorsクラスで用意されているメソッドです。この構文のように使う
には、import staticをする必要があります。サンプルで見てみましょう。

リスト20-7 toListとjoining

```
import static java.util.stream.Collectors.joining;
import static java.util.stream.Collectors.toList;

(略)
```

```
List<String> list = Arrays.asList("apple", "orange",
"strawberry");

/* toListを使った例 */
List<String> resultList1 = list.stream().collect(toList());
System.out.println("resultList1 = " + resultList1);

/* joiningを使った例 */
String resultList2 = list.stream().collect(joining(" - ", "< ",
    " >"));
System.out.println("resultList2 = " + resultList2);
```

結果は次のとおりです。

実行結果

```
resultList1 = [apple, orange, strawberry]
resultList2 = < apple - orange - strawberry >
```

Collectorsクラスにはこの他にも、collectメソッドに渡すことのできるメソッドが定義されています。collectメソッドの引数には、これらのメソッドを渡してあげる使い方が一般的です。

Note

Collectorsクラスに用意されているメソッドでは実現できないような返り値が必要なときは、独自のラムダ式を引数に取ることもできます。例えばtoListメソッドと同様の処理を行うcollectメソッドは、次のように書くことができます。

```
list.stream().collect(
    ArrayList::new, ArrayList::add, ArrayList::addAll);
```

このような独自のラムダ式を使った書き方は、本書のレベルを超えます。collectメソッドのAPIドキュメントを参照してください。

● findFirstメソッド

findFirst メソッドは、ストリームの要素のうち、最初の1件目を返します。
構文は次のとおりです。

構文 findFirstメソッド

```
findFirst()
```

ソースコードは次のようになります。

リスト20-8 findFirstメソッド

```
List<String> list =
    Arrays.asList("apple", "orange", "strawberry");
Optional<String> s = list.stream().findFirst();
System.out.println("s = " + s.get());
```

findFirst メソッドの返り値は、文字列（String）ではなく、
Optional<String>型となっていることに注意してください。Optional
型はget()メソッドで実際の値を取得できます。ただし、findFirstメソッ
ドの返り値がない場合は、isPresent()メソッドがfalseを返します。終
端操作では、Optional型を返すメソッドが多いことに注意してください。
このソースコードの実行結果は次のとおりです。

実行結果

```
s = apple
```

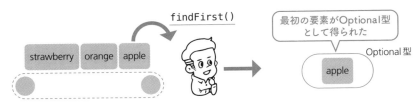

findFirstメソッド

3 終端操作

結果を返すもの

結果を返す終端操作は、ストリームの要素を計算したり評価したりした結果を返します。よく使われるメソッドは、countメソッド、sumメソッド、anyMatchメソッドです。

● countメソッド

count メソッドは、ストリームの要素の数を返します。構文は次のとおりです。

> 構文 countメソッド

```
count()
```

ソースコードは次のようになります。

> リスト20-9　countメソッド

```
List<String> list =
    Arrays.asList("apple", "orange", "strawberry");
long count = list.stream().count();
System.out.println("count = " + count);
```

実行結果は次のとおりです。

> 実行結果

```
count = 3
```

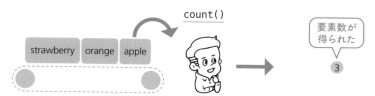

countメソッド

● sum メソッド

sum メソッドは、ストリームの要素を足し合わせた合計を返します。構文は
次のとおりです。

構文 sum メソッド

```
sum()
```

ソースコードは次のようになります。なお、この例だけはストリームの要素
が数値である必要があるため、int 型の配列と Arrays クラスを利用してスト
リームを作成しています。

リスト20-10 sum メソッド

```
int[] list = {1, 2, 3, 4};
long sum = Arrays.stream(list).sum();
System.out.println("sum = " + sum);
```

実行結果は次のとおりです。

実行結果

```
sum = 10
```

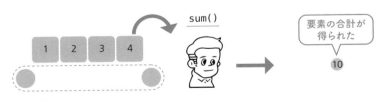

sum メソッド

● anyMatch メソッド

anyMatch メソッドは、ストリームの要素の中に条件に合うものがあるかど
うかを調査します。調査結果により、次の値を返します。

3 終端操作

- true──1つでも条件に合うものがあった場合
- false──すべての要素が条件に当てはまらなかった場合

anyMatchメソッドの構文を次に示します。

> 構文 anyMatchメソッド
>
> anyMatch(ラムダ式)

ラムダ式は、引数を1つと、返り値をboolean型で返します。要素の中に1つでもラムダ式を満たすものがある場合にはtrueを、そうでない場合にはfalseを返します

ソースコードは次のようになります。

> リスト20-11 anyMatchメソッド

```
List<String> list =
    Arrays.asList("apple", "orange", "strawberry");
boolean isMatch =
    list.stream().anyMatch(s -> s.startsWith("o"));
System.out.println(isMatch ? "Matched!" : "Unmatched!");
```

網掛けの部分「s -> startWith("o")」がラムダ式です。引数に対して条件を満たしていればtrue、満たしていなければfalseを返しします。実行結果は次のとおりです。

> 実行結果
>
> Matched!

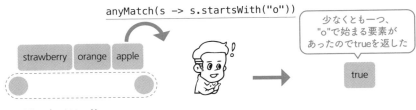

anyMatchメソッド

何も返さないもの

　何も返さない終端操作は、要素に対して処理を行うもののその結果を返さないものです。よく使われるメソッドは、forEachメソッドです。

● forEachメソッド
　forEach（フォーイーチ）メソッドは、ストリームの要素に対して1つずつ処理を行います。構文は次のとおりです。

> 構文 | forEachメソッド
>
> forEach(ラムダ式)

　ラムダ式は、引数を1つと、結果は何も返しません。ラムダ式で、要素を1つずつ画面に表示したり、ファイルに保存したりする処理を行います。
　ソースコードは次のようになります。

リスト20-12　forEachメソッド

```
List<String> list =
    Arrays.asList("apple", "orange", "strawberry");
list.stream()
    .forEach(s -> System.out.println("要素の内容 = " + s));
```

網掛けの部分「s -> System.out.println("**要素の内容 = **" + s)」がラムダ式です。引数の内容を加工して画面に表示しています。

実行結果は次のとおりです。

```
要素の内容 = apple
要素の内容 = orange
要素の内容 = strawberry
```

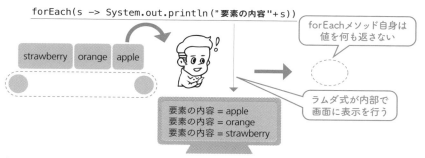

forEach メソッド

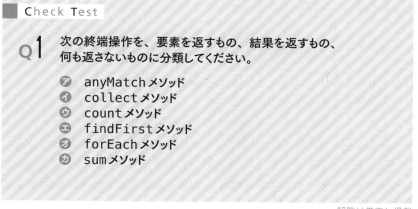

Check Test

Q1 次の終端操作を、要素を返すもの、結果を返すもの、何も返さないものに分類してください。

- ㋐ anyMatch メソッド
- ㋑ collect メソッド
- ㋒ count メソッド
- ㋓ findFirst メソッド
- ㋔ forEach メソッド
- ㋕ sum メソッド

解答は巻末に掲載

20 ─── 4 まとめ

最後に、この章で説明したStreamクラスのメソッドをまとめておきます。

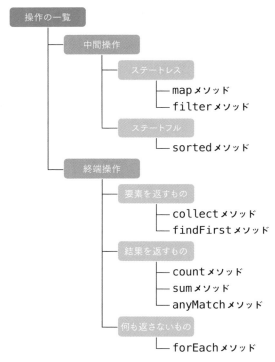

Streamクラスに用意されている操作の一覧

　Streamクラスには、ここで紹介した以外にもいくつか操作がメソッドとして用意されています。ドキュメントでこれらのメソッドを調べるときには、上の図のどこに当てはまるメソッドなのかを考えると、探しているメソッドの理解が深まるでしょう。

付　録

各節末にある「Check Test」の解答例を示します。間違えてしまった箇所やわからなかった箇所は、もう一度本文を見直して、理解度をアップさせましょう。

Ａｎｓｗｅｒ

Ｃｈｅｃｋ　Ｔｅｓｔ　の　解　答　例

第1章

1.1

A1 （省略）

A2 プログラミング

1.2

A1 .java

A2 A) ソースコード（または .java ファイル）　B) class ファイル

A3 Write once, run anywhere

1.3

A1 Android アプリケーション、Web アプリケーション

> 解説：他にも、携帯電話（ガラケー）用のアプリや Microsoft Office 互
> 換の LibreOffice など、たくさんのアプリケーションが Java で作られてい
> ます。

A2 コンパイラーのチェック機能によってバグの数を減らすことができる。

1.4

A1 Java でプログラムのコンパイルやデバッグなどの開発を行うためのキット（ツー
ル一式）

A2 Java のプログラムを実行するための環境

1.5

A1 数行のプログラムであれば、動作確認することが容易

A 2 IDEが裏側で行っていることを理解し、学習を深められる

A 3 ボタン操作のみで開発を行うことができ、デバッグや入力補完などもあり、開発効率の向上が図れる

A 4 IntelliJ IDEA、Eclipse、Android Studio などの IDE（統合開発環境）

1.6

A 1 A) 半角

A 2 セミコロン（;）

A 3 中カッコ（{…}）

A 4 B) 単語　C) 読みやすく

A 5
- コメント（/*…*/）を使う
- 1行コメント（//…）を使う

第2章

2.1

A 1 ❶ A：整数／B：小数

A 2 真偽値

2.2

A 1 int型、long型、short型、byte型、char型

A 2 int型

> 解説：Javaの内部では、基本的な計算が32bitで行われることが多いため、int型がもっとも効率よく扱うことのできる型です。

A 3 char型

> 解説：char型は、文字に付けられた文字コードを扱うための型です。文字コードにはマイナス値が存在しないため、char型もマイナス値が扱えないものとなっています。

2.3

A1

double型

> 解説：double型は保存時のサイズが64bitで、float型は保存時のサイズが32bitです。そのためdouble型はfloat型に比べて$2^{(64-32)} \fallingdotseq$ 42億倍の広い範囲を扱うことができます。

A2

小数を扱うdouble型やfloat型には精度という概念があり、割り切れない小数は丸められてしまうため

2.4

A1

- 1は2より大きい → false
- 10を3で割った余りは2である → false

2.5

A1

- `5 * 8`   → 40
- `9 / 3`   → 3
- `10 % 4`   → 2（10を4で割った余り）
- `5 >= 8`   → false
- `10 != 10` → false
- `false ? 1 : 0` → 0（三項演算子の値Aがfalseなので、値Cの0として評価される）

2.6

A1

double型

A2

A) 範囲

A3

割り算の結果が割り切れなかったときに、double型やfloat型で扱える小数点以下の精度に結果が丸められてしまうから

2.7

A1

A) 評価

3.1

A1 🔲 A：用意／B：データ／C：参照

3.2

A1 基本型

> 解説：基本型の変数は値がそのまま格納されています。対して、参照型の変数は「値の参照先」が格納されており、実際の値は別の場所にあります。

3.3

A1
> 解説：下記は一例です。camel 形式でわかりやすければ正解です。

誕生日　　→ birthday
父親の名前 → fatherName
握力　　　→ graspingPower あるいは akuryoku

> 解説：graspingPower は日本人には難しい単語なので、ローマ字もありえます。

A2
int price → 最後に ; がない。正しくは int price;
doubletax → 型と変数名の間に空白がない。正しくは double tax;
double 　合計金額; → 変数名には日本語を使わない（camel 形式で命名する）

> 解説：最後の「合計金額」は、文法的にはあっていてコンパイルできます。ただ、実際の開発現場では、日本語変数はあまり使われないため、ここでは間違いとしました。

3.4

A1 🔲 13 になる

> 解説：2 行目（value = (1 + 2) * 3;）では、カッコの中が先に計算されます。value には 9 が代入されます。3 行目（value = value + 4;）では、まず右辺が 9 + 4 = 13 と評価されます。そしてこの 13 が value に上書きで代入されます。

A1 3回

> 解説：式の中にある変数が、式を評価するときに参照されます。下記の
> 網掛けの部分で「変数の参照」が行われています。

```
int unitPrice = 100; /* 単価 */
int number = 3; /* 個数 */
int amount = unitPrice * number; /* 合計金額 */
System.out.println("合計金額は" + amount + "円です");
```

A1 ⮕ x = 4, y = 3と表示される

> 1行目（int x = 1;）では、xに1が代入されます。2行目（x += 2;）
> では、xに2を足した値（3）が、同じxに再代入されます。3行目（int
> y = x++;）では、まずxの値（3）がyに代入された後、xが1増えた
> 値（4）がxに再代入されます。

A1 int型からdouble型への拡大変換が行われ、コンパイルは正常に行われる。
実行時も、double型の変数への代入が正常に行われる

A2 float型をchar型に変換できないというコンパイルエラーが発生する

A3 明示的なキャスト変換により、コンパイルは正常に行われる。実行時はint
型の値がbyte型の値に切り捨てられた結果がbyte型の変数に代入される

A1 A) final

\ 第4章 /

A1 1つの変数で文字列を管理できる

A1 A)メソッド　B)引数

A2 ＋（プラス記号）

4.3

A1 ユニコード（Unicode）

A2 utf-16

4.4

A1 A）特殊　B）¥n　C）¥t

第5章

5.1

A1 ミリ秒

A2 **1970年1月1日00:00:00 GMT**

> 解説：最後のGMTは、グリニッジ標準時を表しています。つまり、イギリスにおける1970年1月1日0時00分00秒のことです。

5.2

A1 new

> 解説：newを利用するとDataクラスの情報を保存するための領域を作ることができます。

5.3

A1 Calenderクラスは、人間にわかりやすい形で日付を操作するための機能が用意されている

A2 日付の一部分を表す概念で、年や月、時間などのこと

5.4

A1 Ⓐyyyy/MM/dd　ⒷHH時mm分ss秒

第 6 章

A1 リスト、セット、マップ

A2 要素

A1 LinkedListクラス

> 解説：これに対してArrayListクラスは、要素の取得を得意としています。

A2 できない

> 解説：基本型を保存するときには、代わりにラッパークラスを利用します。

A1 addメソッド

A2 [ぶどう，メロン]

> 解説：同じ要素を追加できないのがセットの特徴です。

A1 キーはマップの中の要素を特定するための鍵の役割を果たしている

A2 キーが指定している要素が上書きされる

A1 配列

A2 できない

> 解説：配列は最初に用意した数までしか要素を保存することはできません。

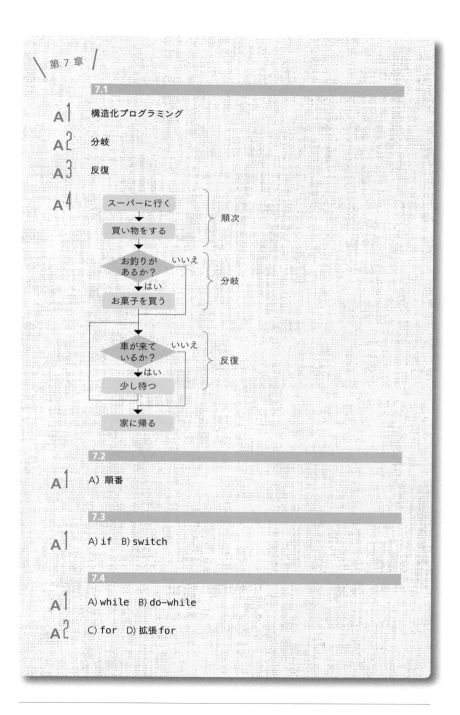

7.1

A1　構造化プログラミング

A2　分岐

A3　反復

A4

スーパーに行く
↓
買い物をする
} 順次

お釣りが
あるか？　いいえ
↓はい
お菓子を買う
} 分岐

車が来て
いるか？　いいえ
↓はい
少し待つ
} 反復

家に帰る

7.2

A1　A) 順番

7.3

A1　A) if　B) switch

7.4

A1　A) while　B) do-while

A2　C) for　D) 拡張 for

8.1

A1 🕐 A：オブジェクト／B：データ／C：処理

8.2

A1 A) データ　B) 処理　C) オブジェクト　D) 名前　E) 処理

8.3

A1 単一継承

> 解説：多重継承は複雑なので、Java では単一継承が採用されています。
> しかし、多重継承の利便性を取り入れるため、第12章で説明する「イ
> ンターフェイス」を導入しています。

A2 クラス

9.1

A1 A) class

> 解説：すべて小文字です。Class や CLASS は間違いです。

A2 フィールド

A3 メソッド

> 解説：メソッドは、カプセル化されたフィールドの値を間接的に外部に
> 公開します。例えば、「フィールドの値を参照することはできるが、更
> 新はできないようにする」などといったことが実現できます。

9.2

A1 A) new

9.3

A1 A) private　B) メソッド

A1　**❶** A：スーパークラス ／ B サブクラス

A2　A) extends

A1　**❼** 「hello」と表示される

> 解説：person変数は、宣言はPerson型ですが、参照しているインスタンスはBilingualPerson型です。この場合は動的束縛により、参照しているインスタンスの型に定義されたメソッドが呼び出されます。

A2　ポリモーフィズム

第10章

A1　newでインスタンスを作成しようとしたとき

A2　できない

> 解説：コンストラクターは、インスタンスを作成しようとするときに一度だけ呼び出される特別な処理です。そのため、すでに作成されたインスタンスのコンストラクターを呼び出すことはできません。

A3　A) コンストラクター　B) 引数　C) 処理

A1　**❷** 状況による。**❸**から呼び出されたときは2のインスタンス、**❺**から呼び出されたときは**❹**のインスタンス

> 解説：Mainでは2つのCarクラスのインスタンスが生成されます。thisはインスタンス自身への参照なので、同じコードでも指し示すインスタンスは異なります。

A1　A) @Override

A2 **super**

10.4

A1
- **⑦**：適切（メソッド名が等しく、引数の数が異なっています）
- **①**：適切ではない（メソッド名も引数の型も同じとなっているため、同一のメソッドが二重に宣言されたとみなされ、コンパイルエラーが発生する。引数の名前ではメソッドを区別できない）
- **⑨**：適切ではない（メソッド名が異なるため、まったく関係のない2つのメソッドとみなされる）
- **⑤**：適切（引数が指定されていない場合は、引数は0個と数える。そのためメソッド名が等しく、引数の数が異なっている）

10.5

A1
❹ 「hello」「メッセージはありません」と表示される

> 解説：**❶**は、Personクラスののの sayHelloメソッドをBilingualPersonクラスの sayHelloメソッドでオーバーライドしています。そのため、サブクラスの sayHelloメソッドが呼び出されます。
> **❷**は、Personクラスに引数なしの sayMessage()メソッドが定義されているため、BilingualPersonクラスにも継承により引数なしの sayMessage()メソッドが存在されている点に注意してください。その結果BilingualPersonクラスには、引数なしの sayMessage()メソッドと、sayMessage(String message)メソッドの2つがオーバーロードを使って定義されている状態です。**❷**では引数なしの sayMessage()メソッドが呼び出されているので、Personクラスに定義された引数なしの sayMessage()メソッドが呼び出されます。

10.6

A1
finalが指定されたメソッドを、サブクラスでオーバーライドできなくなる

A2
finalが指定されたクラスから継承ができなくなる

10.7

A1
❹ プログラムを実行したときに、**❶**で実行時にプログラムが終了する

> 解説：**❶**では、SuperCarクラスにキャスト変換するよう書かれているので、コンパイルは成功します。しかしこのプログラムを実行したときに car変数に代入されているのは、SuperCarクラスとは継承関係のないTruckクラスのインスタンスです。そのためキャスト変換に失敗して、プログラムが終了してしまいます。

A1 A) this B) super C) House.this

A1 参照できる

A2 参照できる（「**クラス名 . 静的フィールド名**」とすれば、参照できる）

A1 static

A2 A) static B) final

> 解説：本文では説明しませんでしたが、A) final B) staticの順でも
> 同じように動作します。

A1
- ソースコードが読みやすくなる
- 列挙型にない値が指定される、という状況を考えなくてもよくなる

A2
```
enum Weather { FINE, CLOUDY, RAINY, SNOW, OTHER }
```

あるいは

```
enum Weather {
    FINE,
    CLOUDY,
    RAINY,
    SNOW,
    OTHER
}
```

第11章

A1
surasura.chapter11.SampleClassA
- 名前空間：surasura.chapter11
- クラス名：SampleClassA

jp.co.shoeisha.JavaBook
- 名前空間：jp.co.shoeisha

Check Testの解答例

- クラス名：JavaBook

Question
- 名前空間：なし、あるいはデフォルト名前空間
- クラス名：Question

> 解説：名前空間がないクラスは、デフォルト名前空間に属しているともいいます。

A2 package

A3 プログラムの中で、長いクラス名を省略して使えるようにするため

11.2

A1 private

A2 protected

A3 public

第12章

12.1

A1 例：乗り物クラス

> 解説：「運転できる」「人が乗れる」「エンジンで走る」などから、乗り物が連想されますね。

12.2

A1 A) 継承　B) メソッド　C) ポリモーフィズム

12.3

A1 A) implements

A2 ❶　コンパイルエラーが発生する

A3 Powerable型

> 解説：Powerable型の変数には、Powerableインターフェイスを実装したすべてのクラスのインスタンスを代入することができます。

A1 ，（カンマ）

A2 ❼ コンパイルエラーが発生する

> 解説：クラスに対して複数のインターフェイスを実装した場合、すべてのインターフェイスのメソッドを実装しない限り、コンパイルは成功しません。

A1 A）extends

> 解説：クラスと違いインターフェイスは、extendsに複数のインターフェイスを指定することができます。

A2 ❷ インターフェイスXとインターフェイスYのメソッドを実装する順序は、どのような順序になっても問題ない

第13章

A1 倉庫クラスから物を取り出すときに、キャストをしなくても対象の型であることが保証されているという利点がある

A2 対象の型が増えても、あらかじめ1つのジェネリクスを使った倉庫クラスだけ用意しておけばよいという利点がある

A1 型パラメーター

A1 A）メソッド

第14章

A1 例外とはエラーの種類と発生を通知するための仕組み

A2
- エラー処理を忘れてしまうことがある
- あらかじめ発生するエラーの種類を把握していなければならない

A3 検査例外

A1 A) try B) catch

A2 finally ブロック

A1 throw

A2 Exception クラスや RuntimeException クラスなどを継承して、新しい例外クラスを作成する

A1 メソッドの中で発生した例外を、呼び出し元のメソッドで処理するようにする仕組み

A2 プログラムが強制終了する

A3 throws

> 解説：あるメソッドの中で発生する例外を呼び出し元に伝播させるには、メソッドに throws を付けて、発生する例外をすべて記載します。

A4 例外の種類。例外が発生した場所。例外が発生したメソッドを呼び出している呼び出し元のメソッドの一覧、など

第15章

A1 シングルスレッドプログラム

A2 スレッドセーフ

A1 A) Thread B) Runnable

A2 runメソッドを直接呼び出してしまうと、メインスレッドの処理として実行
されてしまう

A1 synchronizedメソッドを使う方法と synchronizedブロックを使う方
法がある

\ 第 1 6 章 /

A1 .jar

A2 技術的な違いはないが、プログラムを作った人が、他人から使われること
を意図して作ったプログラムのことを、ライブラリと呼ぶ

A1 ・valueOf：int型からIntegerクラスを取得する
・intValue：Integerクラスからint型を取得する

A2 java.util

A3 A) String B) 読み込む

A1 ライブラリのライセンス

> 解説：ライブラリには、再配布の明記や商用利用禁止など、ライブラリ
> を利用するにあたって条件（ライセンス条項）が付けられています。

A2 クラスパス

A1 jar

A2 いいえ

解説：ライブラリの中に java ファイルを含めるのは、ライブラリを組み込んだときにライブラリのどのクラスでエラーが出たかなど、詳細な情報を提供するときのみです。ソースコードを外部に公開したくないときには、java ファイルを含める必要はありません。

第17章

17.1

A1 「**クラス名.class**」と「**Class.forName("クラス名")**」

解説：**クラス名.class** は、プログラムを作成したときにすでに存在しているクラスを使う方法です。コンパイルエラーが発生する心配がありません。**Class.forName** メソッドは、プログラムを作成したときには存在しないクラスを使う方法です。あとからクラスを追加できるという利点がありますが、クラスが存在しない場合には例外が発生します。

A2
- フィールド：getDeclaredField
- コンストラクター：getDeclaredConstructor
- メソッド：getDeclaredMethod

解説：Field や Constructor ではなく Fields や Constructors といった複数形でも正解です。その場合は、クラスに定義されているすべてのフィールドやコンストラクターが配列で取得できます。

A3 正しい

解説：通常はカプセル化により、private 指定されたフィールドは外部から見ることはできません。しかしフィールドはそのようなフィールドも、無理やり見ることができます。これは、プログラムそのものを解析する高度なアプリケーションで使うことを意図している機能です。

17.2

A1
- @Override → オーバーライドされたメソッドであることを明示する
- @Deprecated → メソッドが古くなり、今後は使うべきでないことを明示する
- @SuppressWarnings → 最新バージョンでのみ有効となるコンパイル時の警告を無視することを明示する

A2 クラス、フィールド、メソッド

18.1

A1 A) 引数　B) 返り値

A2 🠖 口座番号を入れると、残高を返す関数

> 解説：残高は変更されることがあるため、同じ口座番号を指定しても異なる残高が返ることがあります。

18.2

A1 名前

A2 Map、Filter、Reduce

19.1

A1
- x = 1のとき：3
- x = 2のとき：5
- x = 3のとき：7

A2 $f(r) = \pi r^2$

> 解説：$S = \pi r^2$でも間違いではありません。ただ関数型プログラミングでは、fを使った書き方の方がなじみがあります。

19.2

A1 すべて

> 解説：ラムダ式では、Javaで使えるすべての型が利用できます。

A2 n -> n * (n + 1) / 2

19.3

A1 A) メソッド　B) コンストラクター

> 解説：AとBは逆でも正解です。

A1
- Supplier：呼び出し元に結果を返す
- Consumer：呼び出し元から渡された引数を使って処理を行う
- Predicate：呼び出し元から渡された引数を評価して、結果を返す
- Function：呼び出し元の引数を加工して、別の結果を返す

A2 メソッドを1つしか持たない

A3 @FunctionalInterface

A1 メソッド参照／コンストラクター参照

\第20章/

A1 ストリーム

A2 値やコレクションなど

A3 中間操作

A1
- ステートレス：⑦filterメソッド／④mapメソッド
- ステートフル：⑨sortedメソッド

A1
- 要素を返すもの：④collectメソッド／⑤findFirstメソッド
- 結果を返すもの：⑦anyMatchメソッド／⑨countメソッド／⑪sumメソッド
- 何も返さないもの：⑤forEachメソッド

> 解説：要素を返すか結果を返すかの見分け方は、返り値の型がストリームの要素かその集合になっているかどうかを見ます。

索引

装丁・本文デザイン	新井 大輔
イラスト・マンガ	ヤギワタル
DTP	株式会社シンクス
編集	山本 智史

スラスラわかるJava 第3版

2022年9月12日　初版第1刷発行

著　者	中垣 健志（なかがき・けんじ）
	林 満也（はやし・みつや）
発行人	佐々木 幹夫
発行所	株式会社 翔泳社（https://www.shoeisha.co.jp/）
印刷・製本	株式会社 ワコープラネット

ISBN978-4-7981-7563-8
Printed in Japan